世纪高职高专规划教材

高等职业教育规划教材编委会专家审定

计算机网络基础

主 编 张建华 余 平

北京邮电大学出版社
www.buptpress.com

内 容 简 介

本书是根据计算机网络设计和维护职业的任职要求,参照相关的职业资格标准,本着"应用为目的,必需够用为度"的原则,参考国内外相关的书籍和资料及大量网上信息所编写的。

本书系统全面地阐明了计算机网络技术(工程)所涉及的基本概念、基本工作原理和应用技术,为网络结构、网络操作系统、组网技术、网络运行管理及网络应用等提供理论依据。它是计算机网络技术专业各门专业课程的先导课程配套教材,为学习和掌握计算机网络专业知识和技能奠定基础。

本书适用于高职高专计算机网络技术(工程)专业和计算机类的其他专业计算机网络课程的教学,亦可供从事计算机网络工程技术和运行管理人员参考。

图书在版编目(CIP)数据

计算机网络基础/张建华,余平主编. --北京:北京邮电大学出版社,2013.1
ISBN 978-7-5635-2943-8

Ⅰ.①计… Ⅱ.①张…②余… Ⅲ.①计算机网络—基本知识 Ⅳ.①TP393

中国版本图书馆 CIP 数据核字(2012)第 048622 号

书　　　名	计算机网络基础
主　　　编	张建华　余　平
责 任 编 辑	彭　楠
出 版 发 行	北京邮电大学出版社
社　　　址	北京市海淀区西土城路 10 号(邮编:100876)
发 行 部	电话:010-62282185　传真:010-62283578
E-mail	publish@bupt.edu.cn
经　　　销	各地新华书店
印　　　刷	北京源海印刷有限责任公司
开　　　本	787 mm×1 092 mm　1/16
印　　　张	16.5
字　　　数	412 千字
印　　　数	1—3 000 册
版　　　次	2013 年 1 月第 1 版　2013 年 1 月第 1 次印刷

ISBN 978-7-5635-2943-8　　　　　　　　　　　　　　　　　定　价:35.00 元

· 如有印装质量问题,请与北京邮电大学出版社发行部联系 ·

前　　言

　　本教材是为适应高职、高专院校计算机网络技术(工程)专业"计算机网络基础"课程教学需求，贯彻落实 21 世纪高等职业教育应用型人才培养规格，实施"知识、能力、素质、创新"的教改思想和教学方法而编写的。

　　计算机网络是计算机技术与通信技术密切结合的综合性学科，也是计算机应用中一个重要领域，计算机网络已成为当今计算机科学技术最热门的分支之一。它在过去的几十年里得到了快速的发展，尤其是近十多年来 Internet 网络迅速深入到社会的各个层面，对科学、技术、经济、产业乃至人类的生活都产生了重要影响。在计算机网络技术快速发展的新形势下，在跨进 21 世纪的今天，网络技术是计算机相关专业学生必须掌握的知识。"计算机网络"课程是计算机科学与技术专业的重要专业课程之一。计算机网络技术的迅速发展和在当今信息社会中的广泛应用，给"计算机网络"课程的教学提出了新的更高的要求。

　　作为计算机与应用专业重要的专业基础课，要求学生通过对本课程的学习能对计算机网络体系结构、通信技术以及网络应用技术有整体的了解，特别是 Internet、典型局域网、网络环境下的信息处理方式。同时要求学生具备基本的网络规划、设计的能力和常用组网技术。

　　(1) 本课程理论性、综合性强，涉及的相关知识点多，教学难度大。要求在教学工作中尽可能系统地介绍网络的知识，务必使学生掌握一种计算机网络的实际应用。

　　(2) 与同类图书相比，本书具有下列特色和优点。

- 整本教材结构清晰，知识完整。重点掌握方法、强化知识的系统性。
- 本书突出对计算机网络的基本知识和概念的讲解，将内容和网络的发展密切结合起来。
- 本书由浅入深，循序渐进，使学生能快速地掌握知识。
- 教材结合了最新的知识介绍，配合相关的实践配套书，学生能更好地理解网络的概念。

　　(3) 本书主要完成计算机网络体系中涉及的重要应用，全书共 9 章。

- 第 1 章局域网基础主要介绍网络的基础知识、网络的体系结构、IP 地址、网络分类等基础知识。
- 第 2 章局域网设备详细地介绍了常用的传输介质和网络设备等内容。
- 第 3 章 TCP/IP 协议主要介绍了 TCP/IP 协议中各种常用协议的情况以及作用等内容。
- 第 4 章局域网技术主要介绍了当前常用的局域网，着重介绍了 VLAN 和 VPN 网络。

- 第 5 章无线局域网对无线局域网的设备、组成、安全等方面进行了详细介绍。
- 第 6 章局域网互联主要介绍了网络层的连接，着重介绍了路由算法。
- 第 7 章网络服务器组网主要介绍了网络操作系统的相关知识和常用的网络服务。
- 第 8 章局域网安全与管理主要介绍网络安全和网络管理方面的知识。
- 第 9 章网络规划与设计主要介绍了对网络建设的规划，重点在对组建网络的各种设备的选型上。

在每章内容结束后，还提供了一些习题。通过完成习题可以达到强化每一章知识点的目的。

本书的编写过程比较匆忙，如有不足之处，请大家多提意见。

编　者

目　　录

第1章 局域网基础

1.1 计算机网络的基本概念

1.1.1 计算机网络的发展

随着 1946 年世界上第一台电子计算机问世,随后的十多年时间内,由于其价格昂贵,以致数量极少。早期所谓的计算机网络主要是为了解决这一矛盾而产生的,其形式是将一台计算机通过通信线路与若干台终端直接连接,也可以把这种方式看做最简单的网络雏形。

在早期的网络中,人们利用通信线路、集线器、多路复用器以及公用电话网等设备,将一台计算机和多台终端设备相连接,用户通过终端命令以交互的方式使用计算机系统,从而将单一计算机系统的各种资源分散到各个用户手中。但这种面向终端的计算机网络系统存在很明显的缺点:如果计算机的负荷较重,会导致系统响应时间过长,而且单机系统的可靠性一般较低,一旦计算机发生故障,将导致整个网络系统瘫痪。

为了克服第一代计算机网络的缺点,人们开始研究将多台计算机相互连接的方法。1965 年美国国防部高级研究计划局(ARPA)建立了以分组交换技术为主的计算机网络,标志着计算机网络进入一个新纪元。ARPAnet 网络使计算机网络的概念发生了根本性的变化,使早期的面向终端的计算机网络向以资源子网为中心的计算机网络转变。

1974 年 IBM 公司推出了系统网络体系结构 SNA,各个公司都相继推出了自己的网络体系结构,这些网络体系结构推进了网络飞速发展,但相互之间没有统一的标准,难以相连。在这种情况下,国际标准化组织制定了开放系统互连参考模型(OSI),OSI 参考模型的出现,意味着计算机网络发展到第三代。1978—1979 年,ARPAnet 推出了 TCP/IP 体系结构和协议。1980 年前后,ARPAnet 上的所有计算机开始了 TCP/IP 协议的转换工作,并以 ARPAnet 为主干网建立了初期的 Internet。1988 年 Internet 开始对外开放。1991 年 6 月,在连通 Internet 的计算机中,商业用户首次超过了学术界用户,这是 Internet 发展史上的一个里程碑,从此 Internet 成长速度一发不可收拾。

计算机网络是利用通信线路将地理上分散的、具有独立功能的计算机系统和通信设备按不同的形式连接起来,以通信协议实现资源共享和信息传递的复合系统。

计算机网络按其覆盖范围的大小,分为三类:局域网、城域网、广域网。

1. 局域网

局域网(Local Area Network,LAN)是结构复杂程度最低的计算机网络。局域网仅是在同一地点上经网络连在一起的一组计算机。局域网通常挨得很近,它是目前最广泛使用的一类网络。通常将具有如下特征的网络称为局域网。

(1) 网络所覆盖的地理范围比较小。通常不超过几十千米,甚至只在一幢建筑物或一个房间内。

(2) 信息的传输速率比较高,至少是 10 Mbit/s,有的甚至高达 10 Gbit/s。具有低延迟和低误码率的特点。

(3) 网络的经营权和管理权属于某个单位,相对而言,易于管理和维护。

2. 城域网

城域网(Metropolitan Area Network,MAN)是一种界于局域网与广域网之间的网络,一般的作用范围在几十到几千千米之间,覆盖一个城市的地理范围,是用来将同一区域内的多个局域网互联起来的中等范围的计算机网。

3. 广域网

广域网(Wide Area Network,WAN)是影响广泛的复杂网络系统。WAN 通常跨越很大的物理范围,如一个国家。WAN 由两个以上的 LAN 构成,这些 LAN 间的连接可以穿越 30 英里以上的距离。大型的 WAN 可以由各大洲的许多 LAN 和 MAN 组成。最广为人知的 WAN 就是 Internet,它由全球成千上万的 LAN 和 WAN 组成。

有时 LAN、MAN 和 WAN 间的边界非常不明显,很难确定 LAN 在何处终止、MAN 或 WAN 在何处开始。但是可以通过四种网络特性,即通信介质、协议、拓扑以及私有网和公共网间的边界点来确定网络的类型。通信介质是指用来连接计算机和网络的电线电缆、光纤电缆、无线电波或微波。通常 LAN 结束在通信介质改变的地方,如从基于电线的电缆转变为光纤。电线电缆的 LAN 通常通过光纤电缆与其他的 LAN 连接。

1.1.2 网络拓扑结构

网络拓扑(Topology)结构是指用传输介质互连各种设备的物理布局,指构成网络的成员间特定的物理的即真实的,或者逻辑的即虚拟的排列方式。如果两个网络的连接结构相同,我们就说它们的网络拓扑相同,尽管它们各自内部的物理接线、结点间距离可能会有不同。

在有线局域网中使用的拓扑结构主要有星型拓扑、环型拓扑、总线拓扑、树型拓扑和网状拓扑。

1. 星型拓扑结构

星型拓扑结构也称"集中式拓扑"结构,通过点到点链路接到中央结点的各站点组成的。

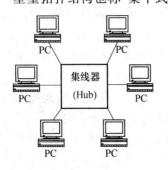

图 1-1　星型拓扑结构

通过中心设备实现许多点到点连接。在数据网络中,这种设备是交换机或集线器,是目前局域网最常见的方式。在星型网中,可以在不影响系统其他设备工作的情况下,非常容易地增加和减少设备。星型拓扑结构如图 1-1 所示。

星型拓扑结构的优点如下。

(1) 网络传输数据快。整个网络连接中央结点是不共享带宽的,每个结点的数据传输对其他结点的数据传输影响较小。

(2) 实现容易,成本低。利用中央结点可方便地提供服务和重新配置网络。

（3）结点扩展、移动方便。单个连接点的故障只影响一个设备，不会影响全网，容易检测和隔离故障，便于维护；任何一个连接只涉及中央结点和一个站点，因此控制介质访问的方法很简单，从而访问协议也十分简单。

星型拓扑结构的缺点如下。

（1）中心交换机工作负荷重。每个站点直接与中央结点相连，如果中央结点产生故障，则全网不能工作，所以对中央结点的可靠性和冗余度要求很高。

（2）网络布线复杂。每个结点采用专门的网线与集线设备相连，需要大量电缆，因此费用较高，网线数量大，结构复杂，不易维护。

（3）广播传输，容易影响网络性能。这是以太网的主要缺点，集线器和交换机在网络中转发数据时，通常采用的是广播发送方式。

2．总线型拓扑结构

总线型网络采用单根传输线作为传输介质，所有的站点都通过相应的硬件接口直接连接到传输介质或称总线上。使用一定长度的电缆将设备连接在一起，设备可以在不影响系统中其他设备工作的情况下从总线中取下。任何一个站点发送的信号都可以沿着介质传播，而且能被其他所有站点接收。总线型拓扑结构如图 1-2 所示。

总线型拓扑结构的优点如下。

（1）网络结构简单，易于布线。总线结构是共享传输介质，结构简单，布线容易。

（2）扩展方便。

（3）维护容易。总线结构的某结点坏掉，不影响其他结点的工作，更换容易。

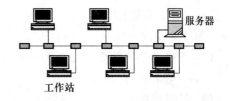

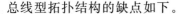

图 1-2　总线型拓扑结构

总线型拓扑结构的缺点如下。

（1）速率低。

（2）故障诊断和隔离困难。虽然总线结构布线简单，但是如果故障发生在传输介质上，排除和隔离就有一定的困难。

（3）网络效率和传输性能不高。因为所有的结点都在一条总线上，信息传输容易发生冲突，这种结构的网络实时性不强，网络传输性能低。

（4）　难以实现大规模扩展。总线型结构的网络性能随着结点的增多而下降。当结点数量达到一定数量时，网络难以实现扩展。

3．环型拓扑结构

环型拓扑结构由连接成封闭回路的网络结点组成，每一结点与它左右相邻的结点连接。环型网络的一个典型代表是令牌环局域网，它的传输速率为 4 Mbit/s 或 16 Mbit/s，这种网络结构最早由 IBM 推出，但现在被其他厂家采用。在令牌环网络中，拥有"令牌"的设备允许在网络中传输数据，这样可以保证在某一时间内网络中只有一台设备可以传送信息。在环型网络中信息流只能是单方向的，每个收到信息包的站点都向它的下游站点转发该信息包。信息包在环网中"旅行"一圈，最后由发送站进行回收。由于信息是沿固定方向流动，两个结点间仅有唯一的通路，简化了路径选择的控制。但是，当网络中的结点过多时，传输效率低，网络响应时间变长，但当网络确定时，其延时固定，实时性强；而且由于环路封闭，扩充不方便。环型拓扑结构如图 1-3 所示。

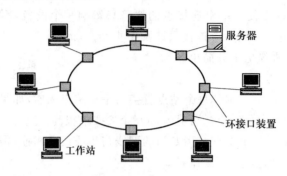

图 1-3　环型拓扑结构

环型拓扑结构的主要优点如下。

（1）网络路径选择和网络组建简单。在环型拓扑结构中，信息的流动比较单一，信息路径的选择简单，路径选择效率高。

（2）投资成本低。线材成本低，而且在网络中没有其他网络专用设备，因此投入低。

环型拓扑结构的主要缺点如下。

（1）传输速度慢和效率低。环型结构之所以没有得到较大发展，主要是因为传输速率低，后期又没有得到改善；共享一条传输介质，每发送一个令牌数据都要在整个网络从头到尾走一遍，传输效率低。

（2）连接的用户数少。在环型结构中，传输速率不高，结点共享带宽，这种网络结构一般接入的结点不超过 20 个。

（3）扩展性能差。环型结构，如果要增加结点，必须断开网络，在适当位置切断网线，增加中继转发器。

（4）维护困难。环型结构的网络一旦出现故障，整个网络都受到影响，查找结点的故障也在全网络进行，因此维护相当困难。

4．树型拓扑结构

树型拓扑结构可以认为是星型拓扑结构的一种扩展，也称扩展星型拓扑。它采用分层结构，包括根结点和各分支结点。在树型结构的网络中，任意两个结点之间不产生回路，每条通路都支持双向传输。如图 1-4 所示。

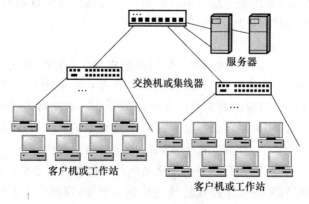

图 1-4　树型拓扑结构

这种结构的特点是扩充方便、灵活,成本低,易推广,适合于分主次或分等级的层次型管理系统。数据在传输中要经过多条链路,时延较大,适用于汇集信息的场合,如需要进行分级管理和收集信息的网络。

5. 网状拓扑结构

网状拓扑结构是由分布在不同地点的计算机系统经信道连接而成,其形状任意。每个结点都有多条线路和其他结点相连,这样使得结点之间存在多条路径可选,在传输数据时可以灵活地选用空闲路径或者避开故障线路,这对点对点通信最为理想。如图 1-5 所示。

所有设备间采用点到点通信,没有争用信道现象,带宽充足;而且每条电缆之间都相互独立,当发生故障时,故障隔离定位很方便。任何两站点之间都有两条或者更多条线路可以互相连通,网络拓扑的容错性极好。但由于结构比较复杂,建设成本较高。而且电缆数量多,结构复杂,不易管理和维护。从网状拓扑结构的特点可以看出,该结构可以充分、合理地使用网络资源,并且具有可靠性高的优点。所以该结构主要用于广域网。

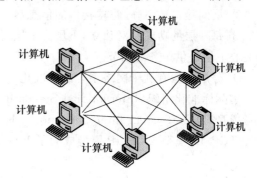

图 1-5　网状拓扑结构

1.2　局域网的结构

1.2.1　基本概念与原理

1. 网络协议

计算机网络由多个互联的结点、各种服务器及计算机终端组成,各种设备要不断地交换数据和控制信息。要做到各个互联设备能正常地相互通信,必须遵守一些事先约定好的共同规则。为网络上的数据交换而制定的规则、约定和标准统称为网络协议(Network Protocol)或通信协议(Communication Protocol)。网络协议是通信双方所约定的标准规则,就像说话用某种语言一样。

网络协议是网络中实现通信功能最基本的机制,不同的计算机之间必须使用相同的网络协议才能进行通信。

网络协议包括语法、语义和同步三个方面。

① 语法:数据的结构或格式,也就是数据呈现的顺序,定义怎么做。

② 语义:是比特流的每一部分的意思,定义做什么。

③ 同步:数据在何时应当发送出去以及数据应当发送得多快,定义何时做。

为了减少网络协议的复杂性,网络设计者并不是设计一个单一、巨大的协议来为所有形式的通信规定完整的细节,而是采用把通信问题划分成许多小问题,然后为每个小问题设计一个单独的协议的方法。分层模型是一种用于开发网络协议的设计方法。本质上,分层模型描述了把通信问题分为几个小问题(称为层次)的方法,每个问题对应一层。

2. 网络体系结构

计算机网络的体系结构(architecture)是指计算机网络的各层及其协议的集合。网络体系结构分层时,有以下原则。

① 层数要适中。层次过多则结构过于复杂,各层组装困难,而层次过少则层间功能划分不明确,多种功能在同一层,造成每层协议复杂。

② 层间接口要清晰,跨越接口的信息尽可能少。

③ 每一层的功能相对独立,下层为上层提供服务,上层通过接口调用下层的功能,而不必关心下层提供服务的细节。

④ 分层结构有利于网络系统的标准化。

国际标准化组织(International Standard Organization,ISO)制定开发了开放系统互连参考模型(Open System Interconnection / Reference Model,OSI 参考模型)。美国国防部开发 TCP/IP 模型,TCP/IP 模型成为了 Internet 赖以发展的实际标准(工业标准)。

1.2.2　OSI 参考模型

国际标准化组织(ISO)在 1977 年建立了一个分委员会来专门研究计算机网络体系结构,提出了开放系统互连参考模型(OSI/RM),定义了连接异种计算机的标准主体结构。OSI 不断发展,得到了国际上的广泛认可,使计算机网络向着标准化、规范化的方向发展。

OSI 参考模型中的"开放"指只要遵循 OSI/RM 标准,一个系统就可以与位于世界上任何地方、同样遵循同一标准的其他任何系统进行通信。在 OSI/RM 标准制定过程中,采用的方法是将整个庞大而复杂的问题划分为若干个容易处理的小问题,这就是体系结构的分层方法,在 OSI/RM 标准中采用的是三级抽象,即体系结构、服务定义和协议规格说明。体系结构部分定义了 OSI/RM 的层次结构、各层间关系及各层可能提供的服务;服务定义部分详细说明了各层所具有的功能;协议规格说明部分的各种协议精确定义了每一层在通信中发送控制信息及解释信息的过程。

OSI 参考模型已经被许多厂商所接受,成为指导网络发展方向的重要思想。但 OSI/RM 只给出了计算机网络系统的一些原则性说明,并不是一个具体的标准,而是一个在制定标准时所使用的概念性框架。OSI/RM 将整个网络的功能划分为 7 个层次,如图 1-6 所示。七层模型从下到上分为物理层(Physical Layer)、数据链路层(Data Link Layer)、网络层(Network Layer)、传输层(Transport Layer)、会话层(Session Layer)、表示层(Presentation Layer)和应用层(Application Layer)。层与层之间的联系是通过各层之间的接口进行的,上层通过接口向下层提出服务请求,而下层通过接口向上层提供服务。两个计算机通过网络进行通信时除物理层外,其他各对等层之间均不存在直接的通信关系,而是通过各对等层之间的通信协议来进行通信,只有两端的物理层之间通过传输介质才实现真正的数据通信。最高层是应用层,它是面向用户提供应用服务的。

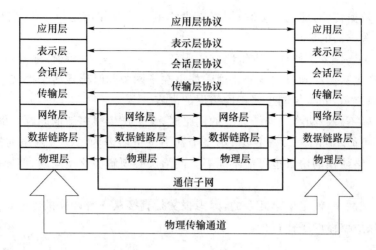

图 1-6　OSI 参考模型

七层模型中,低三层属于通信子网的范畴,它主要通过硬件来实现,高三层协议为用户提供网络服务,属于资源子网的范畴,主要由软件实现。传输层的作用是屏蔽具体通信子网的通信细节,使得高层不关心通信过程而只进行信息处理。

1. 物理层

物理层位于 OSI 参考模型的最底层,它直接面向原始比特流的传输。该层是由网络通信的数据传输介质、连接不同结点的电缆与设备共同构成。物理层协议关心的典型问题是使用什么样的物理信号来表示数据“1”和“0”;一位持续的时间多长,数据传输是否可同时在两个方向上进行;最初的连接如何建立以及完成通信后连接如何终止;物理接口(插头和插座)有多少针以及各针的用处。

物理层的主要功能是:利用传输介质为数据链路层提供物理连接,负责处理数据传输率和监控数据出错率点之间的传输链接,以确保点到点传输不中断,以及管理数据交换等功能。物理层的设计主要涉及物理接口的机械、电气、功能和规程特性。

2. 数据链路层

数据链路层确保数据的可靠传输(基于数据帧)、建立可靠的数据链路及连接。数据链路层协议涉及目的地(物理地址)寻址、网络介质访问、差错控制和流量控制等方面的标准。

为了保证数据的可靠传输,发送方把用户数据封装成帧,并按顺序传送各帧。由于物理线路的不可靠,发送方发出的数据帧有可能在线路上发生出错或丢失(所谓的丢失实际上是数据帧的帧头或帧尾出错),从而导致接收方不能正确接收到数据帧。为了保证接收方能对接收到的数据进行正确性判断,发送方为每个数据块计算出 CRC(循环冗余检验)并加入到帧中,这样接收方就可以通过重新计算 CRC 来判断数据接收的正确性。一旦接收方发现接收到的数据有错,则发送方必须重传这一帧数据。然而,相同帧的多次传送也可能使接收方收到重复帧。数据链路层必须解决由于帧的损坏、丢失和重复所带来的问题。

数据链路层要解决的另一个问题是防止高速发送方的数据把低速接收方“淹没”,因此需要某种信息流量控制机制使发送方得知接收方当前还有多少缓存空间。为了控制的方便,流量控制和差错控制一同实现。

3. 网络层

网络层主要负责从源主机到目的主机的路由(基于数据报),沿着该路径逐结点转发,最终实现跨网络数据传输,即网络互联;网络层协议主要涉及如何定位主机的网络位置,如何选择传输路径等方面的标准。

网络层的关键任务是使用数据链路层的服务将每个报文从源端传输到目的端。在广域网中,这包括产生从源端到目的端的路由。如果在子网中同时出现多个报文,子网可能形成拥塞,必须加以避免,此类控制也属于网络层的内容。

当报文不得不跨越两个或两个以上的网络时,又会产生很多新的问题。例如,第二个网络的寻址方法可能不同于第一个网络;第二个网络也可能因为第一个网络的报文太长而无法接收;两个网络使用的协议也可能不同等。网络层必须解决这些问题,使异构网络能够互相通信。

在单个局域网中,网络层是冗余的,因为报文是直接从一台计算机传送到另一台计算机的,所以网络层所要做的工作很少。

4. 传输层

传输层承上启下,依靠"物理层＋数据链路层＋网络层"提供的网络通信功能建立两台主机之间的连接,为"会话层＋表示层＋应用层"的应用程序之间的信息交互提供数据传输服务,即建立位于两台主机之上的应用进程之间的传输链路。

如果主机上运行多个网络应用程序,如何区分通过网络传送的数据到底属于哪个应用进程? 为了区分不同的网络应用,传输层为每一种网络应用分配唯一的端口号。

传输层要决定对会话层用户,最终对网络用户,提供什么样的服务。最好的传输连接是一条无差错的、按顺序传送数据的管道,即传输层连接是真正端到端的。换言之,源端机上的某进程,利用报文头和控制报文与目标机上的对等进程进行对话。在传输层下面的各层中,协议是每台机器与它的直接相邻机器之间的协议,而不是最终的源端机和目标机之间的协议。

5. 会话层

会话层在通信双方一次完整的信息交互中,负责发起、维护、终止应用程序之间的通信(会话)。会话层协议涉及传输方式(半双工、全双工)、会话质量(传输延迟、吞吐量等)、同步控制等方面的标准。

6. 表示层

在 OSI 参考模型中,表示层是第六层。表示层的主要功能是:处理两个通信系统中交换信息的表示方法,主要包括数据格式变换、数据加密与解密、数据压缩与恢复等功能。

表示层以下各层只关心从源端机到目标机可靠地传送比特,而表示层关心的是所传送的信息的语法和语义。表示层是用大家一致选定的标准方法对数据进行编码。大多数用户程序之间并非交换随机的比特,而是交换如人名、日期、货币数量和发票之类的信息。这些对象是用字符串、整型数、浮点数的形式,或几种简单类型组成的数据结构来表示。

网络上的计算机可能采用不同的数据表示,所以需要在数据间进行数据格式的转换。例如,在不同的机器上常用不同的代码表示字符串(ASCII 和 EBCDIC)、整型数(二进制反码和补码)以及机器字的不同字节顺序等。为了让采用不同数据表示法的计算机之间能够相互通信并交换数据,我们在通信过程中使用抽象的数据结构来表示传送的数据,而在机器内部仍然采用各自的标准编码。管理这些抽象的数据结构,并在发送方将机器的内部编码转换为适合网上传输的传送语法,以及接收方做相反的转换等工作,都是表示层来完成的。

7. 应用层

在 OSI 参考模型中,应用层是最高层。应用层直接为应用进程提供服务,使应用进程能进入操作系统接口,如文件传输、访问管理、电子邮件等服务以及其他网络软件服务。

从总体上看,计算机网络分为两个大的层次(见图 1-6),即通信子网和网络高层。通信子网(1～3 层)支持通信接口,提供网络访问;解决了网络上任何两台主机之间的通信问题,无论两台计算机位于网络的什么位置。网络高层(4～7 层)支持端到端通信,提供网络服务。无论怎样分层,较低的层次总是为与它紧邻的上层提供服务。

1.2.3　TCP/IP 体系结构

TCP/IP(Transmission Control Protocol/Internet Protocol)模型是美国国防部开发的、Internet 赖以发展的实际标准(工业标准)。TCP/IP 模型分为 4 层。

(1) 接口层：仅定义了网络接口;任何已有的数据链路层协议和物理层协议都可以用来支持 TCP/IP,如 Ethernet、Token Ring、HDHL、X. 25、ATM、PPP、SLIP、ARP、代理 ARP、RARP 等。

(2) 网络层：把数据报通过最佳路径送到目的端〔寻址(IP 地址)、路由选择、封包/拆包〕,如 IP、ICMP、ARP、RARP、IGMP 等。

(3) 传输层：提供进程间(端到端)可靠的传输服务,如 TCP 和 UDP。

(4) 应用层：为文件传输、电子邮件、远程登录、网络管理、Web 浏览等应用提供支持,如 FTP、SMTP、POP3、TELNET、HTTP、SNMP、DNS 等。

1.3　IP 地址

Internet 依靠 TCP/IP 协议,在全球范围内实现不同硬件结构、不同操作系统、不同网络系统的互联。在 Internet 上,每一个结点都依靠唯一的 IP 地址相互区分和相互联系。

每一台联网的计算机无权自行设定 IP 地址,由一个统一的机构 IANA 负责对申请的组织分配唯一的网络 ID,而该组织可以对自己的网络中的每一个主机分配一个唯一的主机 ID,正如一个单位无权决定自己在所属城市的街道名称和门牌号,但可以自主决定本单位内部的各个办公室编号一样。

IP 地址是一个 32 位的二进制数,通常被分割为 4 个"8 位二进制数"(也就是 4 字节)。IP 地址通常用"点分十进制"表示成(a. b. c. d)的形式,其中,a,b,c,d 都是 0～255 之间的十进制整数,如点分十进制 IP 地址(100.4.5.6)。理论上讲,有大约 40 亿(2^{32})个可能的地址组合,这似乎是一个很大的地址空间。

一个互联网包括了多个网络,而一个网络又包括了多台主机,因此互联网是具有层次结构的。与互联网的层次结构对应,互联网使用的 IP 也采用了层次结构,IP 地址由网络号(net-id)和主机号(host-id)构成。网络 ID 标识同一个物理网络上的所有宿主机,主机 ID 标识该物理网络上的每一个宿主机,因此 IP 地址的编址方式明显携带了位置信息。如果给出一个具体的 IP 地址,马上就能知道它位于哪个网络,于是整个 Internet 上的每个计算机都依靠各自唯一的 IP 地址来标识。

1.3.1 IP 地址分类

IP 地址的长度为 32 位,这 32 位包括网络 ID 和主机 ID。那么,在这 32 位中,哪些位表示网络号?哪些位表示主机号?根据网络 ID 和主机 ID 的不同位数规则,Internet 委员会将 IP 地址分为 A～E 类。其中 A、B、C 3 类(见表 1-1)由 Internet NIC 在全球范围内统一分配,D、E 类为特殊地址,其层次结构如图 1-7 所示。

表 1-1 IP 地址分类

网络类别	最大网络数	第一个可用的网络号	最后一个可用的网络号	每个网络中的最大主机数	适用的网络规模
A	126	1	126	16 777 214	大型网络
B	16 383	128.1	191.255	65 534	中型网络
C	2 097 151	192.0.1	223.255.255	254	小型网络

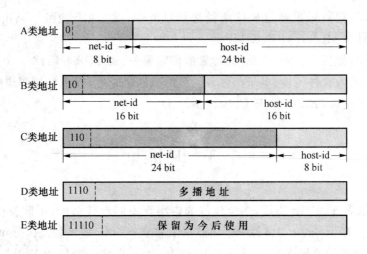

图 1-7 IP 地址

每类地址所包含的网络数与主机数不同,用户可以根据自己的网络规模进行选择。A 类 IP 地址是指在 IP 地址的 4 段号码中,第一段号码为网络号码,剩下的三段号码为本地计算机的号码。如果用二进制表示 IP 地址的话,A 类 IP 地址就由 1 字节的网络地址和 3 字节的主机地址组成,网络地址的最高位必须是"0"。A 类 IP 地址中网络的标识长度为 7 位,主机标识的长度为 24 位,A 类网络地址数量较少,可以用于主机数达 1 600 多万台的大型网络。A 类 IP 地址的地址范围为 1.0.0.1～126.255.255.254(二进制表示为 00000001 00000000 00000000 00000001～01111110 11111111 11111111 11111110)。A 类 IP 地址的子网掩码为 255.0.0.0,每个网络支持的最大主机数为 $256^3-2=16\,777\,214$ 台。

B 类 IP 地址是指,在 IP 地址的 4 段号码中,前两段号码为网络号码。如果用二进制表示 IP 地址的话,B 类 IP 地址就由 2 字节的网络地址和 2 字节的主机地址组成,网络地址的最高位必须是"10"。B 类 IP 地址中网络的标识长度为 14 位，主机标识的长度为 16 位，适用于中等规模的网络，每个网络所能容纳的计算机数为 6 万多台。B 类 IP 地址的地址范围为 128.1.0.1～191.255.255.254（二进制表示为 10000000 00000001 00000000 00000001～10111111 11111111 11111111 11111110）。B 类 IP 地址的子网掩码为 255.255.0.0，每个网络支持的最大主机数为 $256^2-2=65\ 534$ 台。

C 类 IP 地址是指，在 IP 地址的 4 段号码中，前 3 段号码为网络号码，剩下的一段号码为本地计算机的号码。如果用二进制表示 IP 地址的话，C 类 IP 地址就由 3 字节的网络地址和 1 字节的主机地址组成，网络地址的最高位必须是"110"。C 类 IP 地址中网络的标识长度为 21 位，主机标识的长度为 8 位，C 类网络地址数量较多，适用于小规模的局域网络，每个网络最多只能包含 254 台计算机。C 类 IP 地址的地址范围为 192.0.1.1～223.255.254.254（二进制表示为 11000000 00000000 00000001 00000001～11011111 11111111 11111110 11111110）。C 类 IP 地址的子网掩码为 255.255.255.0，每个网络支持的最大主机数为 $256-2=254$ 台。

除了以上三种类型的 IP 地址外，还有几种特殊类型的 IP 地址，不能分配给主机使用。

（1）主机地址全为 0 的地址表示网络地址；网络地址表示网络本身，不能分配给某个具体的主机。

（2）主机地址全为 1 的地址叫定向全为广播地址。它是指定网络内所有主机的共有地址，包含了一个有效的网络地址和广播主机标识，不能分配给主机使用。例如，132.121.0.0 这个 B 类网络，它的广播地址为 132.121.255.255，其中后 16 位主机地址都为 1，表示这个网络上的所有主机。当需要广播时，信息就被发送到本网的所有主机。

（3）还有一种广播地址，叫有限广播地址或者本地网络广播地址，IP 地址中的每一个字节都为 1 的 IP 地址（"255.255.255.255"），这种地址只适应网络内部，且不知道本网的网络地址的情况下。当为有限广播地址的时候，信息发给本网络的所有主机。

（4）网络地址全为 0 的地址表示的是本网络，当网络内某一主机需要跟本网内某一主机通信而又不知道本网络地址时，就可以网络地址全为 0，如 0.0.1.2。IP 地址中的每一个字节都为 0 的地址（"0.0.0.0"）对应于当前所有主机。

（5）IP 地址中凡是以"11110"的地址都留着将来作为特殊用途使用。

（6）IP 地址中不能以十进制"127"作为开头，该类地址用做网络测试地址，如 127.0.0.1 用来测试本机中配置的 Web 服务器。

（7）D 类 IP 地址第一个字节以"1110"开始，它是一个专门保留的地址。它并不指向特定的网络，目前这一类地址被用在多点广播（Multicast）中。多点广播地址用来一次寻址一组计算机，它标识共享同一协议的一组计算机，地址范围为 224.0.0.1～239.255.255.254。

（8）E 类 IP 地址以"11110"开始，保留以备将来实验使用。

1.3.2　公有地址和私有地址

公有地址（Public Address）由因特网信息中心（Internet Network Information Center，Inter NIC）负责。这些 IP 地址分配给向 Inter NIC 提出申请并注册的组织机构。通过公有

地址可以直接访问因特网。私有地址(Private Address)属于非注册地址,专门为组织机构内部使用。以下列出留用的内部私有地址:

(1) A 类,10.0.0.0~10.255.255.255;

(2) B 类,172.16.0.0~172.31.255.255;

(3) C 类,192.168.0.0~192.168.255.255。

1.3.3 子网划分

在 ARPAnet 的早期,IP 地址的设计不够合理。一方面,公网上的 IP 地址越来越少;另一方面,在 IP 地址的使用过程中又存在严重的浪费。例如,路由器实现两个网络互连时,需要两个 IP 地址,若分配一个网段地址,则存在很大的浪费,因此产生了子网划分。

两级的 IP 地址在使用过程中存在以下缺点。

(1) IP 地址空间的利用率有时很低。

(2) 给每一个物理网络分配一个网络号会使路由表变得太大,从而使网络性能变坏。

(3) 两级的 IP 地址不够灵活。

从 1985 年起,在 IP 地址中又增加了一个"子网号字段",使两级的 IP 地址变成三级的 IP 地址。这种做法叫做划分子网(subnetting)。划分子网已成为因特网的正式标准协议。

原来的 IP 地址分为网络号部分和主机号部分。现在进一步划分,将主机号部分分为子网号和主机号两部分。如图 1-8 所示。

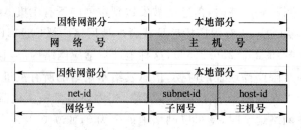

图 1-8 三级 IP 地址

子网划分是借用 IP 地址的主机部分的高位作为子网号,剩下的依然是主机号。如果我们借用了 M 位作为子网号,剩下 N 位为主机号,那么可以产生的子网个数为 2^M 个(包括全 0 和全 1 子网),每个子网可以容纳的主机数为 2^N-2。

子网属于一个单位内部的事情,单位对外表现为没有划分子网的网络。子网划分是从主机号借用若干个比特作为子网号(subnet-id),而主机号(host-id)也就相应减少若干个比特。

子网划分具有以下的优点:

(1) 充分使用地址;

(2) 减少网络流量;

(3) 提高网络性能;

(4) 简化管理;

（5）易于扩大地理范围。

1.3.4　子网掩码

IP 地址的网络号和主机号各是多少位呢？如果不指定，就不知道哪些位是网络号、哪些位是主机号，这就需要通过子网掩码来实现。子网掩码不能单独存在，它必须结合 IP 地址一起使用。子网掩码只有一个作用，就是将某个 IP 地址划分成网络地址和主机地址两部分。子网掩码的设定必须遵循一定的规则。与 IP 地址相同，子网掩码的长度也是 32 位，左边是网络位，用二进制数字"1"表示；右边是主机位，用二进制数字"0"表示。例如，IP 地址为"192.168.1.1"和子网掩码为"255.255.255.0"的二进制对照。其中，"1"有 24 个，代表与此相对应的 IP 地址左边 24 位是网络号；"0"有 8 个，代表与此相对应的 IP 地址右边 8 位是主机号。这样，子网掩码就确定了一个 IP 地址的 32 位二进制数字中哪些位是网络号、哪些位是主机号。这对采用 TCP/IP 协议的网络来说非常重要。只有通过子网掩码，才能表明一台主机所在的子网与其他子网的关系，使网络正常工作。图 1-9 表示 A、B、C 三类网络的默认掩码。

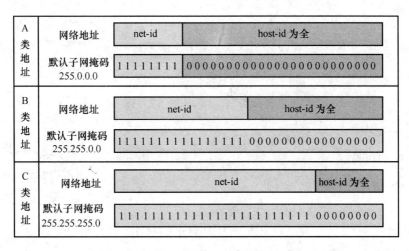

图 1-9　A、B、C 三类网络的标准默认掩码

判断 TCP/IP 网络中两台计算机是否属于同一个网络，只需要使用子网掩码与它们的 IP 地址进行与（AND）运算即可。如果运算结果得到的网络地址部分相同，这两个 IP 地址就属于同一个网络。

当借用 IP 地址主机部分的高位作为子网编号时，子网掩码也随着扩展，这样就可以在某类地址中划分出更多的子网。如果在主机部分的地址中借两位作为子网掩码，理论上可以划分出 4 个子网；如果借 3 位作为子网掩码，理论上可以划分出 8 个子网……但是实际上必须避免使用全 0 和全 1 的子网和主机地址。子网划分越多，每个子网内可用的主机地址数量就越少，且由于 IP 协议规定主机地址为全 0 时表示的是网络，主机地址为全 1 时为广播地址，子网划分越多，上述情况浪费的 IP 地址资源就越多。

1.3.5　VLSM

虽然子网划分的方法是对 IP 地址结构有价值的扩充,但是它还要受到一个基本的限制:整个网络只能有一个子网掩码。因此,当用户选择了一个子网掩码(也就意味着每个子网内的主机数确定了)之后,就不能支持不同尺寸的子网了。任何对更大尺寸子网的要求意味着必须改变整个网络的子网掩码。毫无疑问,这将是复杂和耗时的工作。

1987 年 IETF 发布了 RFC 1009,针对这一问题提出了解决方法。这个文档规范了如何使用多个子网掩码分子网。表面上,每个子网可以有不同的大小;否则,它们应该有相同的掩码——它们的网络前缀应相同。因此,新的子网化技术称为可变长子网掩码(VLSM)。

VLSM 允许使用不同大小的子网掩码,对 IP 地址空间进行灵活地子网化。例如,一家用 VLSM 进行地址规划的企业总部在重庆,总部共有 60 台主机设备,另外有一家分公司和一个办事处,总部、分公司和办事处之间通过 ISP 提供的广域网链路相连。分公司有 30 台电脑设备,办事处有 10 台电脑设备。该企业申请了一个 C 类网络 218.75.16.0/24(斜线后的数字 24 表示子网掩码的前面 24 位为 1)。如图 1-10 所示。

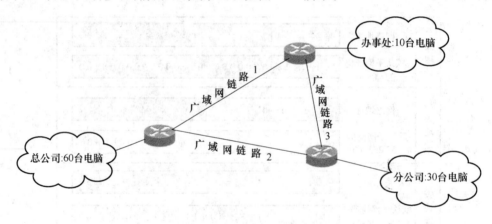

图 1-10　VLSM 划分公司拓扑

为此,我们采用 VLSM 划分方法进行地址规划,其过程如下。

(1) 先满足最大主机数的总公司的需求。需要 60 个 IP 地址,主机位需要 6 位,则借用 2 位进行子网划分。那么子网掩码的位数为 26 位(24+2=26),得到 4 个主机规模为 62 的子网。把第一个子网 218.75.16.0/26 分给总公司,剩下 3 个规模为 62 的子网。

(2) 把上步使用剩下的 3 个子网中的第二个子网 218.75.16.64/26 拿来进一步划分,以满足需要 30 个主机的分公司。主机位需要 5 位,再借用 1 位进行子网划分(子网掩码为 26+1=27)。分为 2 个可容纳 30 个主机的子网,将其中一个分给分公司。

(3) 将第(2)步剩下的子网 218.75.16.96/27 进行子网划分,以满足办事处的需求。用同样的方法,借用 1 位划分子网,产生两个规模为 14 的子网,其中一个分给办事处。

(4) 将第(3)步产生的另外一个子网 21.75.16.112/28 进行子网划分,以满足路由器之间的广域网链路。广域网链路需要 2 个 IP 地址。借用 2 位进行划分,分成 4 个子网,分别给 3 条广域网链路。如图 1-11 所示。

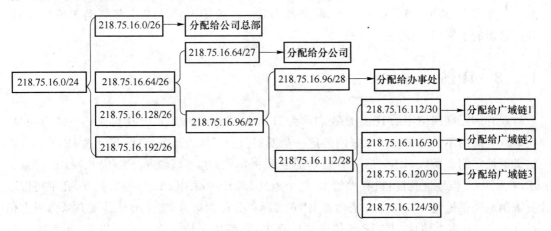

图 1-11　VLSM 子网划分过程

1.3.6　CIDR

无分类域间路由选择（Classless Inter-Domain Routing，CIDR）是在 VLSM 的基础上发展起来的，可以进一步利用 IP 地址空间，其主要特点如下。

（1）强化的路由汇聚。CIDR 允许将若干个较小的网络合并成一个较大的网络。CIDR 使 Internet 路由器（任何符合 CIDR 规范的路由器）更有效地汇聚路由信息。换句话说，路由表中一个表项能够表示许多网络地址空间。这就大大减小了在任何互联网络中所需路由表的大小，能使网络具有更好的可扩展性。

（2）消除地址分类。CIDR 消除了传统的 A 类、B 类和 C 类地址以及划分子网的概念，因而可以更加有效地分配 IPv4 的地址空间。

（3）超网化。设计超网化的目的是消除由于 B 类地址快速消耗所带来的压力。超网化就是把一块连续的 C 类地址空间模拟成一个单一的更大一些的地址空间。如果得到足够多的连续 C 类地址，就能够重新定义网络和主机识别域中位数的分配情况，模拟一个 B 类地址。

CIDR 使用各种长度的"网络前缀"（network-prefix）来代替分类地址中的网络号和子网号。CIDR 使用"斜线记法"，又称为 CIDR 记法，即在 IP 地址后面加上一个斜线"/"，然后写上网络前缀所占的比特数（这个数值对应于三级编址子网掩码中比特 1 的个数），如192.168.3.5/28。

1.3.7　静态 IP 和动态 IP

IP 地址可以分为静态 IP 地址和动态 IP 地址两大类。静态 IP 地址是分配给某个主机的固定 IP 地址，由这个主机一直占用而不管这个主机是否与 Internet 进行通信，因此不能再分配给其他主机使用。动态 IP 地址在不同时间内可以分配给不同的计算机用户使用。

例如,普通的 Internet 用户,当使用电话拨号通过 ISP 接入 Internet 时,ISP 为其计算机分配一个动态 IP 地址,当它结束上网,断开和 Internet 的接入后,ISP 会将该动态地址收回,分配给新的上网用户使用。

1.3.8 IPv6

现有的互联网使用的 IP 地址我们称为 IPv4 协议版本。现在 IPv4 协议地址即将耗尽,而地址空间的不足必将妨碍互联网的进一步发展。为了扩大地址空间,拟通过 IPv6 以重新定义地址空间。所以,IPv6 是下一版本的互联网协议,也可以说是下一代互联网的协议。IPv4 采用 32 位地址长度,只有大约 43 亿个地址,而 IPv6 采用 128 位地址长度,几乎可以不受限制地提供地址。按保守方法估算 IPv6 实际可分配的地址,整个地球每平方米面积上仍可分配 1 000 多个地址。在 IPv6 的设计过程中,除解决了地址短缺问题以外,还考虑了在 IPv4 中解决不好的其他一些问题,主要有端到端 IP 连接、服务质量(QoS)、安全性、多播、移动性、即插即用等。

当前使用的 IPv4 协议的缺点主要表现如下。

(1) IP 地址结构有严重缺陷。如果一个组织分配了 A 类地址,大部分地址空间被浪费了;如果一个组织分配了 C 类地址,地址空间又严重不足,而且 D 类和 E 类地址都无法利用。虽然出现了子网和超网这样的弥补措施,但这使得路由策略十分复杂。

(2) IPv4 协议的设计没有考虑音频流和视频流的实时传输问题,不能提供资源预约机制,不能保证稳定的传输延迟。

(3) IPv4 没有提供加密和认证机制,不能保证机密数据的安全传输。

为了克服这些缺点,出现了新的互联网协议第 6 版。IPv6 的地址格式和地址长度都改变了,分组格式也变了。有关的协议 ICMPv4 被新的 ICMPv6 取代,其他协议(如 ARP、RARP 和 IGMP 等)或者被删除,或者被包含在 ICMPv6 中。路由协议 RIP 和 OSPF 作了相应调整,以适应 IPv6 的运行。IPv6 已经被 IETF 确定为下一代互联网协议的标准(RFC 2640),并得到了产业界的支持,许多网络设备制造商推出了运行 IPv6 的网络产品,各个国家和地区都开通了 IPv6 实验网。中国教育和科研计算机网 CERNET2 成为我国下一代互联网示范工程的核心网络,目前是世界上规模最大的采用纯 IPv6 技术的主干网。

IPv6 的新特点表现在以下方面。

(1) 扩展了寻址能力。IPv6 的地址长度扩展到 128 位,可编址的结点数更多了。这种扩展被形容为地球表面每平方可以分配 6×1 023 个地址。同时 IPv6 支持更多的寻址模式,还提供 IP 地址的自动配置功能,组播路由的可伸缩性被改善,新的寻址模式(anycast)可以把分组发送给地址组中的任意一个结点。

(2) 简化了分组头的格式。IPv4 分组头中不常用的字段被丢弃,或者作为任选项处理,限制了 IPv6 分组头的带宽,提高了路由处理的效率。

(3) 改善了扩展能力。IP 分组头的改变提供了更高的灵活性,可以根据需要添加任选项,或者根据将来的发展增加新的任选项。

(4) 提供了通信流标记功能。新增加的这个功能可以为分组加上一个流标记,用于识别属于发送方要求特殊处理的通信流,这样可以提供满足一定服务质量的实时传输服务。

(5) 增加了认证和加密机制。这种机制提供数据源认证、数据完整性认证和保密通信的基本要求。

IPv6 地址以十六进制数表示,每 4 个十六进制数为一组,128 位划分为 8 组,组之间用冒号分隔,示例如下:aaaa:aaaa:aaaa:aaaa:aaaa:aaaa:aaaa:aaaa。

aaaa 是一组长度为 16 bit 的十六进制数值,而 a 是一位长度为 4 bit 的十六进制数值。下面就是一个 IPv6 地址的具体例子:ADBF:0000:FEEA:0000:0000:00EA:00AC:DEED。

有时候 IPv6 的地址长度可以压缩,主要用于下面两种情况。

情况 1:每项数字前导的 0 可以省略,省略后前导数字仍是 0 则继续,如下组 IPv6 地址是等价的。

2001:0DB8:02de:0000:0000:0000:0000:0e13

2001:DB8:2de:0:0:0:0:e13

情况 2:若有连贯的 0000 的情形出现,可以用双冒号“::”代替。例如,如果 4 个数字都是 0,可以被省略,下组 IPv6 地址是等价的。

2001:DB8:2de:0:0:0:0:e13

2001:DB8:2de::e13

需要注意的是,双冒号只能出现一次,否则是非法的。例如,2001::25de::cade,这个 IPv6 地址是非法的。

IPv6 的地址类型如下。

(1) 单播地址(Unicast):用于表示一个特定的接口,具有这种目标地址的分组被提交给由该地址标识的特定接口。

(2) 组播地址(Multicast):用于表示属于不同结点的一组接口,具有这种目标地址的分组被提交给由该地址标识的所有接口。

(3) 任意播地址(Anycast):用于表示属于不同结点的一组接口,具有这种目标地址的分组被提交给由该地址标识的任意一个接口,这样的接口可能是根据路由协议选择的最近的结点。

随着互联网的飞速发展以及互联网用户对服务水平要求的不断提高,IPv6 在全球将会越来越受到重视。

1.4 局域网

局域网是一个数据传输系统,它允许在有限地理范围的许多独立设备相互连接,直接进行通信并共享网络资源。它的基本特征是网络所覆盖的地理范围较小、数据传输距离短,这使得局域网在选择通信方式、通信控制方法、网络拓扑结构、网络协议等方面具有自己的特色。

由于局域网的通信距离较短,通信线路的成本在网络建设的总成本中所占的比例较小,所以可以使用价格较高的高速传输介质,由各个结点一起共享。因此,局域网一般不采用网状拓扑结构,而是使用总线型、环型以及星型结构,从而使网络的管理和控制变得简单很多。同时,由于传输距离较短,传输速率较高,大大地提高了可靠性。

局域网多为一个组织所拥有及使用。从使用者的角度来看,一个组织内部的通信是频繁而且多点同时进行的。由于共享信道,且同时使用了多种传输介质,如何协调和控制多个用户同时对共享信道的使用,成为最迫切的问题。所以,局域网所要解决的最主要问题是多源多目的链接的管理,由此产生了多种传输介质的访问控制技术,这也就意味着局域网与OSI 参考模型之间存在着较大差异。

综上所述,局域网的主要特点如下。

(1) 其覆盖范围是有限的,一般在一个建筑物或一个校园内,用于企业、机关、学校等某单一组织有限范围内的计算机互联,从而实现内部的资源共享。范围小、传输距离短是产生其他特点的原因。

(2) 局域网可以采用多种传输介质,主要有双绞线、同轴电缆、光纤及无线介质。使用不同的介质有不同的低层协议。

(3) 传输速率及可靠性高。所有的站点共享较高的总带宽,即较高的数据传输速率(一般大于 10 Mbit/s,常见 1 Gbit/s,可达 10 Gbit/s),具有较小的时延和较低的误码率。

(4) 拓扑结构简单,一般采用总线型、环型、星型结构,便于网络的控制与管理,低层协议也就比较简单。

(5) 传输控制比较简单。对于共享信道的局域网来说,网络没有中间结点,也就不需要转接和路由选择等控制功能。

1.4.1 IEEE 802

IEEE 是 Institute of Electrical and Electronics Engineers 的简称,其中文译名是电气和电子工程师协会。该协会的总部设在美国,主要开发数据通信标准及其他标准。IEEE 802委员会负责起草局域网草案,并送交美国国家标准协会(ANSI)批准和在美国国内标准化。IEEE 还把草案送交国际标准化组织(ISO)。ISO 把这个 802 规范称为 ISO 802 标准,因此,许多 IEEE标准也是 ISO 标准。例如,IEEE 802.3 标准就是ISO 802.3标准。IEEE 802 规范定义了网卡如何访问传输介质(如光缆、双绞线、无线等)以及如何在传输介质上传输数据的方法,还定义了传输信息的网络设备之间连接建立、维护和拆除的途径。遵循IEEE 802标准的产品包括网卡、桥接器、路由器以及其他一些用来建立局域网络的组件。

IEEE 802 是一个局域网标准系列,包括:

- IEEE 802.1A——局域网体系结构
- IEEE 802.1B——寻址、网络互连与网络管理
- IEEE 802.2——逻辑链路控制(LLC)
- IEEE 802.3——CSMA/CD 访问控制方法与物理层规范
- IEEE 802.3i——10Base-T 访问控制方法与物理层规范
- IEEE 802.3u——100Base-T 访问控制方法与物理层规范

- IEEE 802.3ab——1000Base-T 访问控制方法与物理层规范
- IEEE 802.3z——1000Base-SX 和 1000Base-LX 访问控制方法与物理层规范
- IEEE 802.4——Token-Bus 访问控制方法与物理层规范
- IEEE 802.5——Token-Ring 访问控制方法
- IEEE 802.6——城域网访问控制方法与物理层规范
- IEEE 802.8——宽带局域网访问控制方法与物理层规范
- IEEE 802.8——FDDI 访问控制方法与物理层规范
- IEEE 802.9——综合数据话音网络
- IEEE 802.10——网络安全与保密
- IEEE 802.11——无线局域网访问控制方法与物理层规范
- IEEE 802.12——100VG-AnyLAN 访问控制方法与物理层规范
- IEEE 802.15——定义了近距离个人无线局域网的标准
- IEEE 802.16——定义了宽带无线局域网标准

1. IEEE 802 模型层次结构

IEEE 802 标准所描述的局域网参考模型与 OSI 参考模型的对应关系如图 1-12 所示。局域网参考模型只对应 OSI 参考模型的数据链路层与物理层，将数据链路层划分为逻辑链路控制（Logical Link Control，LLC）子层与介质访问控制（Media Access Control，MAC）子层。由于局域网是一个通信子网，只涉及有关的通信功能和数据链路层的功能。

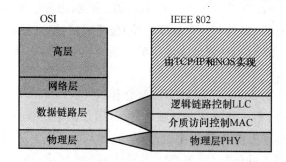

图 1-12　IEEE 802 参考模型

物理层主要用来实现比特流的传输与接收以及数据的同步控制等。IEEE 802 规定了下述局域网物理层使用的信号与编码、传输介质、拓扑结构和传输速率等规范。

- 采用基带信号传输。
- 数据的编码采用曼彻斯特编码。
- 传输介质可以是双绞线、同轴电缆、光缆和无线介质等。
- 拓扑结构可以是总线型、树型、星型、环型及其混合结构。
- 传输速率有 10 Mbit/s、11.2 Mbit/s、16 Mbit/s、54 Mbit/s、100 Mbit/s、1 000 Mbit/s 等。

局域网的数据链路层分为两个功能子层，即逻辑链路控制（LLC）子层与介质访问控制（MAC）子层。LLC 和 MAC 共同完成类似 OSI 数据链路层的功能：将数据组合成帧进行传输，并对数据帧进行顺序控制、差错控制和流量控制。此外，LAN 可以支持多重访问，即实现数据帧的单播、广播和多播。

IEEE 802 对逻辑链路子层进行了统一的规定,是数据链路层的上层,它按数据链路层统一要求进行规范工作,而隐藏了不同物理层实现的差异,向网络层提供了统一的格式和接口,这些格式、接口和协议都紧密地基于 OSI 模型。LLC 子层不是针对特定的体系结构,其对于所有的 LAN 协议都适用。MAC 子层是 IEEE 802 数据链路层的下层,其基本功能是解决共享介质的竞争使用问题。它包含了数据传输所必需的同步、标记等规范,并包括下一个接收数据帧站点的物理地址。MAC 协议对于不同的 LAN 是特定的,如以太网 MAC层、令牌总线 MAC 层等。如图 1-13 所示。

图 1-13　　IEEE 802 标准结构

局域网对 LLC 子层是透明的,LLC 为上层协议提供 SAP 服务访问点,并为数据加上控制信息。IEEE 802.3 标准提供了 MAC 子层的功能说明,内容主要有数据封装和介质访问管理两个方面。数据封装(发送和接收数据封装)包括成帧(帧定界和帧同步)、编址(源地址和目的地址的处理)和差错检测(物理媒体传输差错的检测)等;媒体访问管理包括媒体分配和竞争处理。

由于数据链路层中有 MAC 子层的支持及合作,使得 LLC 的功能相对比较简单,从逻辑上可以分为三个部分:第一部分是网络层的界面,用以向上层提供服务;第二部分是 LLC通信协议,说明了 LLC 本身应具备的功能;第三部分是 MAC 子层界面,说明了 LLC 为实现其功能而对下层所要求的服务。

2. CSMA/CD

在传统局域网中,传输介质是共享的,所有结点都可以通过共享介质发送和接收数据,但不允许两个或多个结点在同一时刻同时发送数据。利用共享介质进行数据信息传输时,可能出现两个或多个结点同时发送、相互干扰的情况,导致接收结点收到的信息可能出现错误,出现所谓的"冲突"。当局域网中共用信道的使用产生竞争时,解决分配信道使用权问题的方法就是介质访问控制。目前局域网常用的介质访问控制方法主要有两种:争用型介质访问控制协议(随机型的介质访问控制协议)如 CSMA/CD(Carrier Sense Multiple Access with Collision Detection,载波侦听多路访问/冲突检测协议)和确定型介质访问控制协议(有序的访问控制协议),如 Token(令牌)方式。

这里主要介绍 CSMA/CD 的工作过程,如图 1-14 所示。

当一个站点想要发送数据的时候,检测网络,查看是否有其他站点正在传输数据,即侦听信道是否空闲。

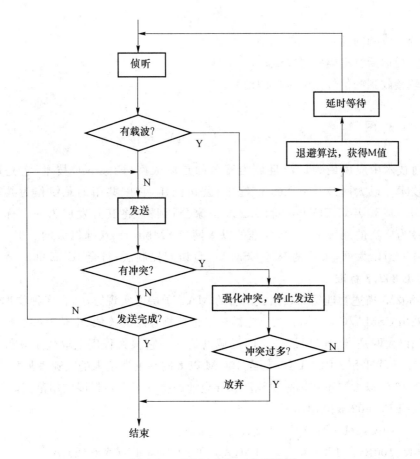

图 1-14 CSMA/CD 工作流程图

如果信道忙,则等待,直到信道空闲;如果信道空闲,站点就准备好要发送的数据。

在发送数据的同时,站点继续侦听网络,确信没有其他站点在同时传输数据才继续传输数据。边发送边继续侦听,若无冲突则继续发送,直到发完全部数据。

若有冲突,则立即停止发送数据,并要发送一个加强冲突的 JAM(阻塞)信号,使网络上所有工作站都知道发生了冲突,然后等待一个预定的随机时间,且在总线为空闲时再重新发送数据。

既然每一个站点在发送数据之前已经侦听到信道空闲,那么为什么还会发生冲突呢?这是因为总线有一定的长度,而且数据信号以有限的速度在信道上传输。因此,当一个站点发送数据时,另一个站点要经过一段传输时延才能检测到载波信号。也就是说,某站点侦听到的信道空闲,并非是真正的空闲。

如果此时发送数据,肯定会发生冲突。CSMA/CD 是如何处理该问题的?它采用这样的解决方法,就是在发送数据的同时,进行冲突检测,一旦发现冲突,立刻停止发送,并等待冲突平息以后再进行侦听,直到将数据成功发送出去为止。为了使每个站点都能尽可能早地知道是否发生了冲突,发送数据站点一旦发现了冲突,除了立即停止发送数据外,还要再继续向总线上发送若干比特的阻塞信号,强化冲突,让所有站点都知道有冲突发生,以便尽早空出信道,提高信道的利用率。如何来检测有冲突的发生?CSMA/CD 主要依据如下几点来实现：

- 比较接收到的信号电压的大小；
- 检测曼彻斯特编码的过零点；
- 比较接收到的信号与刚发出的信号。

1.4.2　以太网

局域网技术中应用最为广泛且最为著名的是以太网（Ethernet）技术，它是局域网的主导网络技术。以太网最早由 Xerox（施乐）公司创建，它以共用的总线作为共享的性能来传输数据。1980 年，DEC、lntel 和 Xerox 三家公司联合将其开发成为一个标准。以太网是应用最为广泛的局域网，包括标准的以太网（10 Mbit/s）、快速以太网（100 Mbit/s）和 10 G（10 Gbit/s）以太网，采用的都是 CSMA/CD 访问控制法，符合 IEEE 802.3。

1. IEEE 802.3 标准

IEEE 802.3 描述物理层和数据链路层的 MAC 子层的实现方法，在多种物理媒体上以多种速率采用 CSMA/CD 访问方式。它规定了包括物理层的连线、电信号和介质访问层协议的内容。以太网是当前应用最普遍的局域网技术。它很大程度上取代了其他局域网标准，如令牌环、FDDI 和 ARCNET。历经 100 M 以太网在上世纪末的飞速发展后，目前千兆以太网甚至 10 G 以太网正在国际组织和领导企业的推动下不断拓展应用范围。

常见的 IEEE 802.3 应用如下。

- 10M：10Base-T（铜线 UTP 模式）。
- 100M：100Base-TX（铜线 UTP 模式）和 100Base-FX（光纤线）。
- 1 000M：1 000Base-T（铜线 UTP 模式）。

早期的 IEEE 802.3 描述的物理媒体类型包括：10Base-2、10Base-5、10Base-F、10Base-T 和 10Broad-36 等；快速以太网的物理媒体类型包括：100Base-T、100Base-T4 和 100Base-X 等。

2. 以太网的分类

1）标准以太网

开始以太网只有 10 Mbit/s 的吞吐量，使用的是 CSMA/CD 访问控制方法，这种早期的 10 Mbit/s 以太网称为标准以太网。以太网可以使用粗同轴电缆、细同轴电缆、非屏蔽双绞线、屏蔽双绞线和光纤等多种传输介质进行连接。在 IEEE 802.3 标准中，为不同的传输介质制定了不同的物理层标准，在这些标准中前面的数字表示传输速度，单位是"Mbit/s"，最后的一个数字表示单段网线长度（基准单位是 100 m），Base 表示"基带"的意思，Broad 代表"宽带"。所以常用的标准有粗缆以太网（10Base-5 配置）、细缆以太网（10Base-2 配置）、双绞线以太网（10Base-T 配置）、光纤以太网（10Base-FX 配置）以及混合结构的以太网，如表 1-2 所示。

表 1-2 以太网主要技术标准

特性	10Base-5	10Base-2	10Base-T	10Base-F
数据速率	10 Mbit/s	10 Mbit/s	10 Mbit/s	10 Mbit/s
拓扑结构	总线型	总线型	星型	点对点
网段的最大长度	500 m	185 m	100 m	2 000 m
网段上的最大工作站数目	100 台	30 台	1 024 台	没限制
网络介质	粗同轴电缆	细同轴电缆	UTP	光缆
信号传输方式	基带	基带	基带	基带
最大网络跨度	2 500 m	925 m	500 m	4 000 m

2) 快速以太网

随着网络的发展,传统标准的以太网技术已难以满足日益增长的网络数据流量速度需求。在 1993 年 10 月以前,对于要求 10 Mbit/s 以上数据流量的 LAN 应用,只有光纤分布式数据接口(FDDI)可供选择,但它是一种价格非常昂贵的、基于 100 Mbit/s 光缆的 LAN。1993 年 10 月,Grand Junction 公司推出了世界上第一台快速以太网集线器 Fastch10/100 和网络接口卡 FastNIC100,快速以太网技术正式得以应用。随后 Intel、SynOptics、3COM、BayNetworks 等公司亦相继推出自己的快速以太网装置。与此同时,IEEE 802 工程组亦对 100 Mbit/s 以太网的各种标准,如 100Base-TX、100Base-T4、MII、中继器、全双工等标准进行了研究。1995 年 3 月,IEEE 宣布 IEEE 802.3u 100Base-T 快速以太网标准(Fast Ethernet),开始了快速以太网的时代。

快速以太网与原来在 100 Mbit/s 带宽下工作的 FDDI 相比具有许多优点,主要体现在快速以太网技术可以有效地保障用户在布线基础实施上的投资,它支持 3、4、5 类双绞线以及光纤的连接,能有效地利用现有的设施。快速以太网的不足其实也是以太网技术的不足,那就是快速以太网仍是基于 CSMA/CD 技术,当网络负载较重时,会造成效率的降低,当然这可以使用交换技术来弥补。100 Mbit/s 快速以太网标准又分为 100Base-TX、100Base-FX 和 100Base-T4 三个子类。

100 Mbit/s 快速以太网系统主要由双绞线、光纤和集线器构成。网络的组成如图 1-15 所示。系统中包括 100Base-TX 和 100Base-FX 集线器各一个,100Base-TX 的集线器用非屏蔽双绞线连接了 3 个结点,100Base-FX 的集线器用光纤连接了 3 个结点。集线器之间也用光纤连接,所以媒体上都传输 100 Mbit/s 的信息。

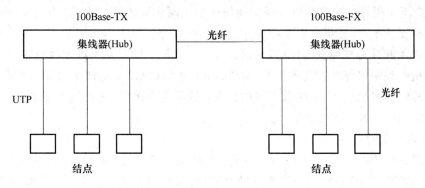

图 1-15 快速以太网系统组成

3) 千兆以太网

千兆(1 Gbit/s)以太网技术作为最新的高速以太网技术,给用户带来了提高核心网络速率的有效解决方案,这种解决方案的最大优点是继承了传统以太技术价格便宜的优点。千兆技术仍然是以太技术,它采用与 10 Mbit/s 以太网相同的帧格式、帧结构、网络协议、全/半双工工作方式、流控模式以及布线系统。由于该技术不改变传统以太网的桌面应用、操作系统,所以可与 10 Mbit/s 或 100 Mbit/s 的以太网很好地配合工作。升级到千兆以太网不必改变网络应用程序、网管部件和网络操作系统,能够最大程度地保护投资。此外,IEEE 标准支持最大距离为 550 m 的多模光纤、最大距离为 70 km 的单模光纤和最大距离为 100 m 的铜轴电缆。千兆以太网填补了 802.3 以太网/快速以太网标准的不足。

千兆以太网与快速以太网很相似,只是传输和访问速度更快,为系统扩展带宽提供了有效的保证。1 Gbit/s 以太网在作为骨干网络时能够在不降低性能的前提下支持更多的网络分段和结点。网络主干上有了千兆以太网交换机的支持,就可以把原来 100Base-T 系统设备迁移到低层,这样主干上实现了无阻塞,低层又能分享到更多的带宽。

千兆以太网技术有两个标准:IEEE 802.3z 和 IEEE 802.3ab。IEEE 802.3z 制定了光纤和短程铜线连接方案的标准。IEEE 802.3ab 制定了 5 类双绞线上较长距离连接方案的标准。

千兆以太网的主要特点如下。

(1) 简易性。千兆以太网继承了以太网和快速以太网的简易性,其技术原理、安装实施和管理维护都很简单。

(2) 扩展性。由于千兆以太网采用了以太网和快速以太网的基本技术,所以由 10Base-T、100Base-T 升级到千兆以太网较为容易。

(3) 可靠性。由于千兆以太网保持了以太网和快速以太网的安装维护方法,采用星型网络结构,所以网络的可靠性很高。

(4) 经济性。由于千兆以太网是 10Base-T 和 100Base-T 的继承和发展,一方面降低了研究成本,另一方面由于 10Base-T 和 100Base-T 的广泛应用,作为其升级产品,千兆以太网的大量应用只是时间问题。

(5) 可管理维护性。千兆以太网采用基于简单网络管理协议(SNMP)和远程网络监视(RMON)等网络管理技术,许多厂商开发了大量的网络管理软件,使千兆以太网的集中管理和维护非常简便。

(6) 广泛应用性。千兆位以太网为局域网主干网和城域网主干网提供了一种高性价比的宽带传输交换平台,使得许多宽带应用能施展其魅力。

千兆以太网具有高带宽的优势,且仍具有发展空间。同时基于以太网帧层及 IP 层的优先级控制机制和协议标准以及各种 QoS(Quality of Service)支持技术也逐渐成熟。伴随光纤制造和传输技术的进步,千兆以太网的传输距离可达百公里,这使得其逐渐成为构建城域网乃至广域网的一种技术选择。

4) 万兆以太网

万兆以太网技术的研究始于 1999 年底,当时成立了 IEEE 802.3ae 以太网规范研究工作组,2000 年初方案成型并进行互操作性测试,2002 年 6 月正式发布了万兆以太网(10GE)标准。这可以说是以太网技术的一次飞跃。

目前,最常见的以太网是标准以太网和快速以太网,而快速以太网作为城域骨干网带宽显然不够。千兆以太网的广泛应用扩展了以太网的用途,使以太网技术逐渐延伸到城域网的汇聚层,但千兆以太网通常用于将小区用户汇聚到城域点,或者将汇聚层设备连到骨干层,在当前以太网到用户的环境下,千兆以太网链路作为汇聚已是勉强,作为骨干则是力所不能及。虽然以太网多链路聚合技术允许多个千兆链路捆绑使用,但是考虑光纤资源以及波长资源,链路捆绑一般只用在 POP(Point to Point)或者短距离应用环境。

传输距离也是以太网技术无法作为城域数据网骨干层汇聚层链路技术的一大障碍。无论 10 M、100 M 还是千兆以太网,由于信噪比、冲突检测、可用带宽等原因,5 类线传输距离都是 100 m。使用光纤传输时,传输距离受以太网使用的主从同步机制所制约,最长传输距离为 5 km(使用纤芯为 10 μm 的单模光纤)的千兆位以太网链路在城域范围内还是远远不够。由于原有以太网技术用于城域网骨干/汇聚层所遇到的带宽及传输距离的限制,再加上以太网技术具有突出的优点,改进并扩展这一技术以适应新的要求就成为了一种迫切的要求,因而万兆以太网技术就应运而生了。

万兆以太网规范包含在 IEEE 802.3 标准的补充标准 IEEE 802.3ae 中,它扩展了 IEEE 802.3 协议和 MAC 规范,使其支持 10 Gbit/s 的传输速率。除此之外,通过 WAN 界面子层(WAN Interface Sublayer,WIS),10 千兆位以太网也能被调整为较低的传输速率,如 9.584 640 Gbit/s(OC-192),这就允许 10 千兆位以太网设备与同步光纤网络(SONET)STS -192c 传输格式相兼容。

为了适应高带宽和更长传输距离的要求,万兆以太网对原来的以太网技术作了很大改进,主要表现在以下方面。

(1)全双工的工作模式

万兆以太网只在光纤上工作,并只能在全双工模式下操作,不必使用冲突探测协议,没有距离限制。它的优点是减少了网络的复杂性,兼容现有的局域网技术并将其扩展到广域网,同时有望降低系统费用,并提供更快、更新的数据业务。万兆以太网可继续在局域网中使用,也可用于广域网中,而这两者之间工作环境不同。不同的应用环境对于以太网各项指标的要求存在许多差异,针对这种情况,人们制定了两种不同的物理介质标准。这两种物理层的共同点是共用一个 MAC 层,仅支持全双工,去掉了 CSMA/CD 策略,采用光纤作为物理介质。

(2)物理层特点

局域网物理层的特点是支持 802.3MAC 全双工工作方式,允许以太网复用设备同时携带 10 路 1G 信号,帧格式与以太网的帧格式相同,工作速率为 10 Gbit/s。10 Gbit/s 局域网与 10/100/1 000 Mbit/s 局域网兼容,可用最小代价升级现有的局域网,使局域网的网络范围最大达到 40 km。

广域网物理层的特点是,采用 OC-192c 帧格式在线路上传输,传输速率为 9.584 64 Gbit/s,所以 10 Gbit/s 的广域以太网 MAC 层必须有速率匹配功能。当物理介质采用单模光纤时,传输距离可达 300 km;采用多模光纤时,可达 40 km。10 Gbit/s 广域网物理层还可选择多种编码方式。

(3)帧格式

在帧格式方面,由于万兆以太网是高速以太网,所以为了与以前的所有以太网兼容,必须采用以太网的帧格式承载业务。为了达到 10 Gbit/s 的高速率,并实现与骨干网无缝连接,在线路上采用 OC-192C 帧格式传输。这样就需要在物理子层实现从以太网帧到 OC-192C 帧的映射功能。同时,由于以太网在设计时是面向局域网的,网络管理能力较弱,传输距离短并且对物理线路没有任何保护措施,所以当以太网作为广域网进行长距离高速传输时,必然导致线路信号频率和相位较大的抖动。而以太网的传输是异步的,在宿端实现同步比较困难,因此,如果以太网帧在广域网中传输,需要对以太网帧格式进行修改。为此,对帧格式进行了修改,添加长度域和 HEC 域。

(4) 速度适配

10 Gbit/s 局域以太网和广域以太网物理层的速率不同,局域网的速率为 10 Gbit/s,广域网的速率为 9.584 64 Gbit/s,由于两种速率的物理层共用 MAC 层,而 MAC 层的工作速率为 10 Gbit/s,所以必须采取相应的调整策略,将 10 G MII 接口的传输速率降低,使之与物理层的传输速率相匹配。这是万兆以太网需要解决的问题。

(5) 接口方式

万兆以太网作为新一代宽带技术,在接口类型及应用上提供了更为多样化的选择。局域网 PHY(局域网接口)、城域网 PHY(城域网接口)及广域网 PHY(广域网接口)可以适用于不同的解决方案。

万兆以太网在局域网、城域网和广域网不同的应用上提供了多样化的接口类型。在局域网方面,针对数据中心或服务器群组的需要,可以提供多模光纤长达 300 m 的支持距离,或针对大楼与大楼间/园区网的需要提供单模光纤长达 10 km 的支持距离。在城域网方面,可以提供 1 550 nm 波长单模光纤长达 40 km 的支持距离。在广域网方面,更可以提供 OC-192C 广域网 PHY,支持长达 70~100 km 的连接。

1.4.3　局域网的功能

局域网的功能因网络规模的大小和设计目的的不同往往差别很大,归纳起来,主要功能有以下几点。

1. 资源共享

计算机网络最具吸引力的功能是联网的用户可以共享网络中的各种硬件和软件资源,使网络中的资源互通有无、分工协作,从而避免了不必要的投资浪费,极大提高了资源的利用率。

2. 信息快速传输和集中处理

局域网可以实现客户机与客户机之间、客户机与服务器之间、服务器与服务器之间快速可靠的信息传输,并可根据实际需要对信息进行分散或集中管理。

3. 综合信息服务

应用 Internet 技术建构的企事业内部局域网被称为内部网(Intranet)。内部网可提供数据、语音、图形、图像等各种信息传输,实现电子邮件、电子会议、网上办公、网上学习等。企事业的内部网为集团的各种业务信息管理与决策、网络化教育、办公自动化及居家办公的工作方式提供各方面的应用。

习 题 一

一、填空题

1. 计算机网络按网络的覆盖范围可分为_____、城域网和_____。

2. 计算机网络的拓扑结构有星型、_____、_____和网状型。

3. OSI 模型分为七层:_____。

4. IP 地址由_____和_____两部分构成。

5. B 类 IP 中的私用 IP 地址空间是_____。

6. IEEE 802 局域网标准将数据链路层划分为_____子层和_____子层。

7. 载波监听多路访问/冲突检测的原理可以概括为_____、边听边发、_____、_____和随机重发。

8. IP 地址中主机部分若全为 1,则表示_____地址;IP 地址中主机部分若全为 0,则表示_____地址。

二、选择题

1. 把一个网络称为局域网是按(　　)分类的。
   A. 协议　　　　B. 介质　　　　　　C. 拓扑　　　　D. 范围

2. 广域网的结构一般为(　　)。
   A. 总线　　　　B. 星型　　　　　　C. 树型　　　　D. 网状

3. 下面不正确的顺序是(　　)。
   A. 链路层、网络层、传输层
   B. 物理层、链路层、网络层
   C. 传输层、网络层、链路层
   D. 网络层、传输层、链路层

4. TCP 对应 OSI(　　)层。
   A. 网络层　　　B. 链路层　　　　　C. 传输层　　　D. 应用层

5. OSI 参考模型中(　　)完成差错报告、流量控制等功能。
   A. 网络层　　　B. 链路层　　　　　C. 传输层　　　D. 应用层

6. 某计算机分配到的 IP 地址为 132.2.2.2,该 IP 地址属于(　　)。
   A. A 类　　　　B. B 类　　　　　　C. C 类　　　　D. D 类

7. 国际标准化组织(ISO)提出的不基于特定机型、操作系统或公司的网络体系结构 OSI 模型中,第一层和第三层分别为 (　　)。
   A. 物理层和网络层　　　　　　　B. 数据链路层和传输层
   C. 网络层和表示层　　　　　　　D. 会话层和应用层

8. 在下面给出的协议中,(　　)属于 TCP/IP 的应用层协议。
   A. TCP 和 FTP　　　　　　　　B. IP 和 UDP
   C. RARP 和 DNS　　　　　　　D. FTP 和 SMTP

9. 在下面对数据链路层的功能特性描述中,不正确的是(　　)。

A. 通过交换与路由,找到数据通过网络的最有效的路径

B. 数据链路层的主要任务是提供一种可靠的通过物理介质传输数据的方法

C. 将数据分解成帧,按顺序传输帧,并处理接收端发回的确认帧

D. 以太网数据链路层分为 LLC 和 MAC 子层,在 MAC 子层使用 CSMA/CD 的协议

10. IEEE 802.3 物理层标准中的 10Base-T 标准采用的传输介质为(　　　)。

    A. 双绞线　　　　　　　　　　　B. 粗同轴电缆

    C. 细同轴电缆　　　　　　　　　D. 光纤

11. 在下面的 IP 地址中,(　　　)属于 C 类地址。

    A. 141.0.0.0　　　　　　　　　　B. 3.3.3.3

    C. 198.234.111.123　　　　　　　D. 23.34.45.56

三、简答题

1. 试画出 3 种网络拓扑结构图。

2. 什么是网络体系结构?

3. OSI 设置了哪些层? 每一层有什么特点?

4. 什么是局域网? 局域网有几种分类?

5. 请说出日常生活中接触到的计算机网络应用的实例。

第2章　局域网设备

2.1　传输介质

网络传输介质是指在网络中传输信息的载体,常用的传输介质分为有线传输介质和无线传输介质两大类。

(1) 有线传输介质是实现两个通信设备之间的物理连接,它能将信号从一方传输到另一方。有线传输介质主要有双绞线、同轴电缆和光纤。双绞线和同轴电缆传输电信号,光纤传输光信号。

(2) 无线传输介质指我们周围的自由空间。我们利用无线电波在自由空间的传播可以实现多种无线通信。在自由空间传输的电磁波,根据频谱可将其分为无线电波、微波、红外线、激光等,信息被加载在电磁波上进行传输。

2.1.1　有线通信介质

计算机网络通信的有线介质主要是双绞线、同轴电缆和光纤。

1. 双绞线

双绞线是目前局域网中使用最普遍的传输介质,主要用于 10Base-T 和 100Base-T 网络中。将一对绝缘线纽绞在一起,任意拧成螺旋形就构成了双绞线。拧成螺旋形的原因是为了减少外部的干扰和对串音的敏感。双绞线线对绞合越紧密、越均匀,双绞线的质量越好。由于在传输信号期间,信号的衰减比较大,波形易畸变,故用双绞线传输数字信号时,仅适用于较短距离的信息传输。

双绞线可分为屏蔽双绞线(Shielded Twisted Pair,STP)和非屏蔽双绞线(Unshielded Twisted Pair,UTP)两种,这两种双绞线的区别,如图 2-1 所示。从图中可以看出,屏蔽双绞线比非屏蔽双绞线多了一层金属箔片,这层金属箔片可以减少辐射。

屏蔽双绞线的优点是抗电磁干扰效果比非屏蔽双绞线好;缺点是屏蔽双绞线比非屏蔽双绞线更难以安装,因为屏蔽层需要接地。如果安装不当,屏蔽双绞线对电磁干扰可能非常敏感,因为没有接地的屏蔽层相当于一根天线,很容易接收到各种噪声信号。相对于非屏蔽双绞线,其价格比较昂贵,所以很难得到广泛使用。

虽然非屏蔽双绞线存在抗电磁干扰能力差、传输距离短等缺点,但非屏蔽双绞线具有直径小、易于安装、价格便宜、易弯曲、阻燃性、独立性和灵活性等优点,因此被广泛应用于综合布线中。

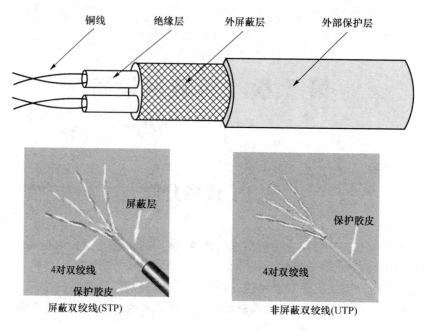

图 2-1 双绞线

国际电气工业协会(EIA)为非屏蔽双绞线定义了几种质量级别。

(1) 1 类——用于电话通信,一般不适合传输数据。

(2) 2 类——用于传输数据,最大传输速率为 4 Mbit/s。

(3) 3 类——用于以太网,最大传输速率为 10 Mbit/s。

(4) 4 类——用于令牌环网,最大传输速率为 16 Mbit/s。

(5) 5 类——用于快速以太网,最大传输速率为 100 Mbit/s。

(6) 6 类——用于吉比特以太网,最大传输速率为 1 Gbit/s。

影响双绞线性能的指标主要有衰减、近端串绕、特性阻抗、直流电阻、直流电阻偏差值和返回损耗等。

图 2-2 RJ-45 插头

双绞线一般用于星型网的布线连接,两端安装有 RJ-45 头(水晶头),连接网卡与集线器或交换机,最大长度一般为 100 m。

双绞线的两端必须都安装 RJ-45 插头,以便插在网卡、集线器(Hub)或交换机(Switch)RJ-45 接口上。RJ-45 插头之所以被称为"水晶头",主要是因为它的外表晶莹透亮。RJ-45 接口是连接非屏蔽双绞线的连接器,为模块式插孔结构。如图 2-2 所示,RJ-45 接口前端有 8 个凹槽,简称 8P(Position),凹槽内的金属接点共有 8 个,简称 8C(Contact),因此也有 8P8C 的别称。

双绞线的做法有两种国际标准:EIA/

TIA 568A 和 EIA/TIA 568B(见表 2-1),而双绞线的连接方法主要有三种:直通线缆、交叉线缆和全反线缆。直通线缆的 RJ-45 插头两端都遵循 T568A 或 T568B 标准,双绞线的每组线在两端都是一一对应的,颜色相同的在两端水晶头的相应槽中保持一致。它主要用在交换机(或集线器)Uplink 口连接交换机(或集线器)普通端口或交换机普通端口连接计算机网卡上。而交叉线缆的 RJ-45 插头一端遵循 T568A 标准,另一端则采用 T568B 标准,它主要用在交换机(或集线器)普通端口连接到交换机(或集线器)普通端口或网卡连网卡上。全反电缆是双绞线的 RJ-45 插头一端线序遵循 T568A 或 T568B 标准,而另一端的线序完全相反的电缆。它主要用于连接一台工作站(计算机的串口)到交换机或路由器的控制端口(Console 端口),以访问这台交换机或路由器。

表 2-1　EIA/TIA 568A 和 EIA/TIA 568B 标准线序

脚位	1	2	3	4	5	6	7	8
T568A	白绿	绿	白橙	蓝	白蓝	橙	白棕	棕
T568B	白橙	橙	白绿	蓝	白蓝	绿	白棕	棕
绕对	同一绕对		与6同一绕对	同一绕对		与3同一绕对	同一绕对	

2. 同轴电缆

同轴电缆也是由一对导体组成,但这对导体是按"同轴"形式构成线对。其结构如图 2-3 所示。同轴电缆一般共有四层,以硬铜线为芯,供传送信号使用,外包一层绝缘材料。这层绝缘材料用密织的网状导体环绕。绝缘材料外又覆盖一层保护性材料,一般为金属编织带或金属管,起屏蔽作用。最外层为同轴电缆外皮,一般是起保护作用的塑料外套。由于一般芯线与网状导体同轴,它们构成一对导体,故叫做"同轴"电缆。由于同轴电缆拥有这种结构,所以其具有高带宽和很好的噪声抑制特性。

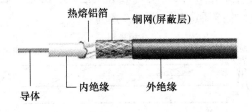

图 2-3　同轴电缆

目前广泛使用的同轴电缆有两种:一种是阻抗为 50 Ω 的基带同轴电缆,一般用于数字传输;另一种是阻抗为 75 Ω 的宽带同轴电缆,一般用于模拟传输。

基带同轴电缆可直接传输数字信号,主要是用于 10 Mbit/s 以太网。以太网使用的基带同轴电缆又分为粗同轴电缆和细同轴电缆两种,它们之间最主要的区别是支持的最大传输距离不同。粗同轴电缆抗干扰性较好,传输距离远;细同轴电缆便宜,传输距离较近。

宽带同轴电缆既可用于模拟信号的传输,又可用于数字信号的传输。对于模拟信号,频带范围可达 300 MHz～450 MHz。在 CATV 电线上使用与无线电和电视广播相同的模拟数据处理方法,如视频和音频。每个电视通道分配 6 MHz 带宽。因此在同轴电缆上使用 FDM 技术可以支持大量的通道。宽带同轴电缆目前主要用于闭路电视信号的传输,一般可用的有效带宽大约为 750 MHz。

当频率升高时,外导体的屏蔽作用加强,同轴电缆所受的外界干扰以及同轴电缆间的串音都将随频率的升高而减小,因此同轴电缆特别适合于高频传输。

3. 光纤

光纤是光导纤维的简称,它由能传导光波的石英玻璃纤维或塑料纤维,外加保护层构成,如图 2-4 所示。

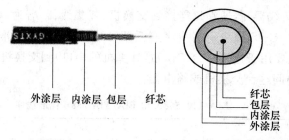

外涂层　内涂层　包层　纤芯

纤芯
包层
内涂层
外涂层

图 2-4　光纤

相对于金属导线来说重量轻,体积小(细)。用光纤来传输电信号时,先要在发送端将其转换成光信号,而在接收端又要由光检波器还原成电信号,其传送过程如图 2-5 所示。光源可以采用两种不同类型的发光管:发光二极管和注入型激光二极管,因而形成了多模光纤和单模光纤。

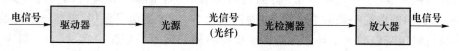

图 2-5　光纤传送电信号的过程

多模光纤使用的光源是发光二极管。发光二极管是一种固态器件,电流通过时就发光,价格较便宜,它产生的是可见光,但其定向性较差,是通过在光纤石英玻璃媒介内不断反射而向前传播的。多模光纤的传播过程如图 2-6 所示。

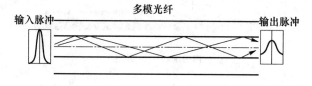

图 2-6　多模光纤传输过程

单模光纤使用的光源是注入型二极管。注入型二极管也是一种固态器件,它根据激光器原理工作,利用激励量子电子效应产生一个窄带的超辐射光束,产生的是激光。由于激光的定向性好,它可沿着光导纤维进行直线传播,减少了折射也减少了损耗,效率更高,也能传播更长的距离,而且可以保持很高的数据传输率。但是注入型二极管要比发光二极管价格贵得多,这种光纤称为单模光纤。单模光纤的传播过程如图 2-7 所示。

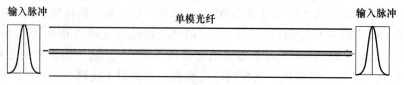

图 2-7　单模光纤传输过程

表 2-2 列出了单模光纤和多模光纤的各自特性。

表 2-2　单模光纤和多模光纤比较

	单模光纤	多模光纤
用途	用于高速率、长距离	用于低速率、短距离
价格	成本高	成本低
构成	窄芯线,需要激光源	宽芯线,聚光好
特性	耗散极小,高效	耗散大,低效

光纤作为数据传输中最有效的一种传输介质,它具有传输数据率高;电磁绝缘性能好,抗电磁干扰性能强;传输损耗小,传输距离远;中继器的间隔距离大;保密性好;原材料丰富等特点。因此,光纤介质已经成为当前主要发展的传输介质。

2.1.2　无线通信介质

无线传输介质与有线传输介质相比,最大的好处在于不需要铺设传输线路,且允许数字终端设备在一定范围内移动。对于高山、岛屿或偏远地区,有线传输介质铺设就非常困难,这时无线传输介质就成了有线传输介质的有效延伸。无线传输介质是利用可以穿越外太空的电磁波来传输信号的。常见的无线传输介质有无线电波、光和红外线等。

1. 微波

微波是指频率为 300 MHz～300 GHz 的电磁波,是无线电波中一个有限频带的简称,即波长在 1 米(不含 1 米)到 1 毫米之间的电磁波,是分米波、厘米波、毫米波的统称。微波频率比一般的无线电波频率高,通常也称为"超高频电磁波"。微波通信是在对流层视线距离范围内利用微波进行传输的一种通信方式,频率范围为 2 GHz～40 GHz。微波通信的工作频率很高,与通常的无线电波不一样,它是沿直线传播的。由于地球表面是曲面,微波在地面的传播距离有限。直接传播的距离与天线的高度有关,天线越高距离越远,但超过一定距离后就要用中继站来接力。两个微波站的通信距离一般为 30～50 km,长途通信时必须建立多个中继站。中继站的功能是变频和放大,进行功率补偿,逐站将信息传送下去。

微波通信分为模拟微波通信和数字微波通信两种。模拟微波通信主要采用调频制,每个射频波道可开通 300、600 至 3 600 个话路。数字微波通信大都采用相移键控(PSK),目前国内长途干线使用的数字微波主要有 4 GHz 的 960 路系统和 1800 路系统。微波通信的传输质量比较稳定,影响其质量的主要因素有雨雪天气对微波产生的吸收损耗,不利地形或环境对微波所造成的衰减现象。

微波通信主要特点如下。

(1) 通信频段的频带宽,传输信息容量大。微波频段占用的频带约 300 GHz,而全部长波、中波和短波频段占有的频带总和不足 30 MHz。一套微波中继通信设备可以容纳几千甚至上万条话路同时工作,也可以传输电视图像信号等宽频带信号。

(2) 通信稳定、可靠。当通信频率高于 100 MHz 时,工业干扰、天电干扰及太阳黑子的活动对其影响很小。这是由于微波频段频率高,这些干扰对微波通信的影响极小。数字微波通信中继站能对数字信号进行再生,使数字微波通信线路噪声不逐站积累,增加了抗干扰性。因此,微波通信较稳定可靠。

（3）接力。在进行地面的远距离通信时,针对微波视距传播特性和传输损耗随距离增加的特性,通信必须采用接力的方式,发端信号经若干中间站多次转发,才能到达收端。

（4）通信灵活性较大。微波中继通信采用中继方式,可以实现地面上的远距离通信,并且可以跨越沼泽、江河、高山等特殊地理环境。在遭遇地震、洪水、战争等灾祸时,通信的建立及转移都较容易,这些方面比有线通信具有更大的灵活性。

（5）天线增益高、方向性强。当天线面积确定时,天线增益与工作波长的平方成反比。由于微波通信的工作波长短,天线尺寸可做得很小,通常做成增益高、方向性强的面式天线。这样可以降低微波发信机的输出功率,利用微波天线强的方向性使微波电磁波传播方向对准下一接收站,减少通信中的相互干扰。

（6）投资少、建设快。与其他有线通信相比,在通信容量和质量基本相同的条件下,按话路公里计算,微波中继通信线路的建设费用低,建设周期短。

（7）数字化。数字微波通信系统是利用微波信道传输数字信号,因为基带信号为数字信号,所以称之为数字微波通信系统。

2. 激光和红外线

1）激光

激光是一种新型光源,具有亮度高、方向性强、单色性好和相干性强等特征。信息以激光束为载波,沿大气传播。它不需要敷设线路,设备较轻,便于机动,保密性好,传输信息量大,可传输声音、数据、图像等信息。大气激光通信易受气候和外界环境的影响,一般用作河湖山谷、沙漠地区及海岛间的视距通信。

激光通信系统包括发送和接收两个部分。发送部分主要有激光器、光调制器和光学发射天线。接收部分主要包括光学接收天线、光学滤波器、光探测器。要传送的信息送到与激光器相连的光调制器中,光调制器将信息调制在激光上,通过光学发射天线发送出去。在接收端,光学接收天线将激光信号接收下来,送至光探测器,光探测器将激光信号变为电信号,经放大、解调后变为原来的信息。

激光通信的优点如下。

（1）通信容量大。在理论上,激光通信可同时传送 1 000 万路电视节目和 100 亿路电话。

（2）保密性强。激光不仅方向性强,而且可以选择不可见光,因而不易被敌方所截获,保密性能好。

（3）结构轻便,设备经济。由于激光束发散角度小,方向性好,激光通信所需的发射天线和接收天线都可做的很小。一般天线直径为几十厘米,重量不过几公斤,而功能类似的微波天线,重量则以几吨、十几吨计。

激光通信的缺点如下。

（1）大气衰减严重。激光在传播过程中,受大气和气候的影响比较严重,云雾、雨雪、尘埃等会妨碍光波传播,这就严重地影响了通信的距离。

（2）瞄准困难。激光束有极高的方向性,这给发射和接收点之间的瞄准带来不少困难。为保证发射和接收点之间瞄准,不仅对设备的稳定性和精度提出很高的要求,而且操作也复杂。

激光通信的应用主要有以下方面：

(1) 地面间短距离通信；

(2) 短距离内传送传真和电视；

(3) 由于激光通信容量大，可作导弹靶场的数据传输和地面间的多路通信；

(4) 通过卫星全反射的全球通信和星际通信，以及水下潜艇间的通信。

激光通信按传输媒质的不同，可分为大气激光通信和光纤传输通信。大气激光通信是利用大气作为传输媒质的激光通信。光纤通信是利用光纤传输光信号的通信方式。

2) 红外线

红外线通信是利用红外线（波长 $300\sim 0.76~\mu m$）传输信息的通信方式。可传输语言、文字、数据、图像等信息，适用于沿海岛屿间、近距离遥控、飞行器内部通信等。其通信容量大、保密性强、抗电磁干扰性能好，设备结构简单，体积小、重量轻、价格低。但在大气信道中传输时易受气候影响，传输的距离仅 4 000 m。

红外通信技术适合于低成本、跨平台、点对点高速数据连接，尤其是嵌入式系统。其主要应用于设备互联和信息网关。设备互联后可完成不同设备内文件与信息的交换，信息网关负责连接信息终端和互联网。

红外通信技术是在世界范围内被广泛使用的一种无线连接技术，被众多的硬件和软件平台所支持。其主要特点如下。

(1) 通过数据电脉冲和红外光脉冲之间的相互转换实现无线的数据收发。

(2) 主要用来取代点对点的线缆连接。

(3) 新的通信标准兼容早期的通信标准。

(4) 小角度（30 度锥角以内），短距离，点对点直线数据传输，保密性强。

(5) 传输速率较高，4 M 速率的 FIR 技术已被广泛使用，16 M 速率的 VFIR 技术也已经发布。

(6) 不透光材料的阻隔性、可分隔性、限定物理使用性、方便集群使用。红外线技术是限定使用空间的。在红外线传输的过程中，遇到不透光的材料，如墙面，它就会反射。这一特点确定了每套设备之间可以在不同的物理空间里使用。

(7) 无频道资源占用性，安全特性高。红外线利用光传输数据的这一特点确定了它不存在无线频道资源的占用性，且安全性极高。在限定的空间内窃听数据并不是一件容易的事。

(8) 优秀的互换性、通用性。因为采用了光传输，且限定物理使用空间。红外线发射和接收设备在同一频率的条件下，可以相互使用。

(9) 无有害辐射，绿色产品特性。科学实验证明，红外线是一种对人体有益的光谱，所以红外线产品是一种真正的绿色产品。

此外，红外线通信还有抗干扰性强、系统安装简单、易于管理等优点。

红外数据通信技术的缺点主要表现在：

(1) 受视距影响其传输距离短；

(2) 要求通信设备的位置固定；

(3) 其点对点的传输连接，无法灵活地组成网络等。

但是这些缺点并没有对红外通信的应用形式障碍，红外通信技术已在手机和笔记本电脑等设备上得到了广泛的应用。

3. 卫星通信

卫星通信是以人造卫星为微波中继站,它是微波通信的特殊形式。卫星接收来自地面发送站发出的电磁波信号,再以广播方式用不同的频率发回地面,为地面工作站所接收。卫星通信可以克服地面微波通信距离的限制。一个同步卫星可以覆盖地球的三分之一以上表面,三个这样的卫星就可以覆盖地球上全部通信区域,这样地球上的各个地面站就可以互相

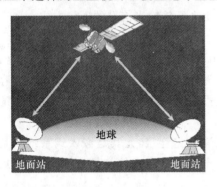

图 2-8　卫星通信

通信了。由于卫星信道频带宽也可采用频分多路复用技术分成若干个子信道,有些用于由地面站向卫星发送(称为上行信道),有些用于由卫星向地面转发(称为下行信道)。卫星通信的优点是容量大、距离远,缺点是传播延迟时间长。从发送站通过卫星转发到接收站的传播延迟时间为 270 ms,这个传播延迟时间和两点间的距离无关。这相对于地面电缆约 6 μs/km 的传播延迟时间来说,相差几个数量级。

通信卫星按其运行轨道离地面的高度,依次有低轨卫星、中轨卫星、高轨卫星和静止轨道卫星 4 种。由于静止轨道卫星对地覆盖面积最大,地球站跟踪卫星最简单,所以大多数通信卫星为静止轨道通信卫星。

目前主要使用的卫星通信业务有以下 5 种:①用于固定的地球站进行卫星通信的卫星固定通信业务;②用于移动的地球站进行卫星通信的卫星移动通信业务;③一般公众用小型天线地球站(接收装置)直接接收卫星广播电视节目的卫星广播业务;④用于气象、海洋、资源、减灾等领域的卫星地球探测业务;⑤在军事和民用应用日益广泛的卫星定位导航业务。

卫星通信是现代通信技术的重要成果,它是在地面微波通信和空间技术的基础上发展起来的。它已成为国家信息基础设施不可缺少的重要组成部分,并在信息时代的通信中具有地面通信不可替代的重要作用。与电缆通信、微波中继通信、光纤通信、移动通信等通信方式相比,卫星通信具有下列特点。

(1)卫星通信覆盖区域大,通信距离远。因为卫星距离地面很远,一颗地球同步卫星便可覆盖地球表面的 1/3,所以利用 3 颗适当分布的地球同步卫星即可实现除两极以外的全球通信。卫星通信是目前远距离越洋电话和电视广播的主要手段。

(2)卫星通信具有多址连接功能。卫星所覆盖区域内的所有地球站都能利用同一卫星进行相互间的通信,即多址连接。

(3)卫星通信频段宽,容量大。卫星通信采用微波频段,每个卫星上可设置多个转发器,故通信容量很大。

(4)卫星通信机动灵活。地球站的建立不受地理条件的限制,可建在边远地区、岛屿、汽车、飞机和舰艇上。

(5)卫星通信质量好,可靠性高。卫星通信的电波主要在自由空间传播,噪声小,通信质量好。就可靠性而言,卫星通信的正常运转率达 99.8% 以上。

(6)卫星通信的成本与距离无关。地面微波的中继系统或电缆载波系统的建设投资和维护费用都随距离的增加而增加,而卫星通信的地球站至卫星转发器之间并不需要线路投

资,因此其成本与距离无关。

但卫星通信也有不足之处,主要表现在以下几个方面。

(1) 传输时延大。在地球同步卫星通信系统中,通信站到同步卫星的距离最大可达 40 000 km,电磁波以光速(3×108 m/s)传输。这样,路经地球站→卫星→地球站(称为一个单跳)的传播时间约需 0.27 s。如果利用卫星通信打电话的话,由于两个站的用户都要经过卫星,所以打电话者要听到对方的回答必须额外等待 0.54 s。

(2) 回声效应。在卫星通信中,由于电波来回转播需 0.54 s,所以产生了讲话之后的"回声效应"。为了消除这一干扰,卫星电话通信系统中增加了一些设备,专门用于消除或抑制回声干扰。

(3) 存在通信盲区。把地球同步卫星作为通信卫星时,由于地球两极附近区域"看不见"卫星,所以不能利用地球同步卫星实现对地球两极的通信。

(4) 存在日蚀中断、星蚀和雨衰现象。

2.2　传输设备

2.2.1　集线器

集线器(Hub)属于数据通信系统中的基础设备,它和双绞线等传输介质一样,是一种不需任何软件支持或只需很少管理软件管理的硬件设备。它被广泛应用于各种场合。集线器工作在局域网环境,像网卡一样,应用于 OSI 参考模型第一层,因此又被称为物理层设备。集线器内部采用了电器互联,当维护局域网的环境是逻辑总线或环型结构时,完全可以用集线器建立一个物理上的星型或树型网络结构。在这方面,集线器所起的作用相当于多端口的中继器。其实,集线器就是中继器的一种,其不同之处仅在于集线器能够提供更多的端口服务,所以集线器又被称为多口中继器。如图 2-9 所示。

普通集线器外部板面结构非常简单。一般有交流电源插座和开关、一些接口等。高档集线器从外表上看,与现代路由器或交换式路由器没有多大区别。尤其是现代双速自适应以太网集线器,由于普遍内置可以实现内部 10 Mbit/s 和 100 Mbit/s 网段间相互通信的交换模块,这类集线器完全可以在以该集线器为结点的网段中,实现各结点之间的通信交换,有时大家也将

图 2-9　集线器

此类交换式集线器简称为交换机,这些都使得初次使用集线器的用户很难正确地辨别它们。但根据背板接口类型来判别集线器,是一种比较简单的方法。

集线器属于纯硬件网络底层设备,基本上不具有类似于交换机的"智能记忆"能力和"学习"能力。它也不具备交换机所具有的 MAC 地址表,所以它发送数据时都是没有针对性

的,而是采用广播方式发送。也就是说,当它要向某结点发送数据时,不是直接把数据发送到目的结点,而是把数据包发送到与集线器相连的所有结点,如图 2-10 所示。

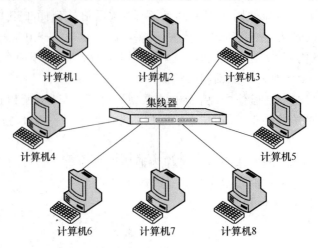

图 2-10　　集线器配置图示

　　这种广播发送数据方式有三方面不足:①用户数据包向所有结点发送,很可能带来数据通信的不安全因素,一些别有用心的人很容易非法截获他人的数据包;②由于所有数据包都是向所有结点同时发送,加上以上所介绍的共享带宽方式,就更有可能造成网络堵塞现象,降低了网络执行效率;③半双工传输,网络通信效率低。集线器的每一个端口同一时刻只能进行一个方向的数据通信,而不能像交换机那样进行全双工传输,网络执行效率低,不能满足较大型网络通信需求。

　　依据 IEEE 802.3 协议,集线器的功能是随机选出某一端口的设备,并让它独占全部带宽,与集线器的上联设备(交换机、路由器或服务器等)进行通信。由此可以看出,集线器在工作时具有以下两个特点。

　　首先,Hub 只是一个多端口的信号放大设备,工作中当一个端口接收到数据信号时,由于信号在从源端口到 Hub 的传输过程中已有了衰减失真,所以 Hub 便将该信号进行整形放大,使被衰减的信号再生(恢复)到发送时的状态,紧接着转发到其他所有处于工作状态的端口上。从 Hub 的工作方式可以看出,它在网络中只起到信号放大和重发作用,其目的是扩大网络的传输范围,而不具备信号的定向传送能力,是一个标准的共享式设备。因此有人称集线器为"傻 Hub"或"哑 Hub"。

　　其次,Hub 只与它的上联设备(如上层 Hub、交换机或服务器)进行通信,同层的各端口之间不会直接进行通信,而是通过上联设备将信息广播到所有端口上。由此可见,即使是在同一个 Hub 的不同两个端口之间进行通信,都必须要经过两步操作:第一步是将信息上传到上联设备;第二步是上联设备再将该信息广播到所有端口上。

　　不过,随着技术的发展和需求的变化,目前的许多 Hub 在功能上都进行了拓宽,不再受这种工作机制的影响。

　　Hub 主要用于共享网络的组建,是解决从服务器直接到桌面最经济的方案。在交换式网络中,Hub 直接与交换机相连,将交换机端口的数据送到桌面。使用 Hub 组网灵活,它处于网络的一个星型结点,对结点相连的工作站进行集中管理,不让出问题的工作站影响整个网络的正常运行,并且用户的加入和退出也很自由。

集线器有很多种类型。

按结构和功能分类,集线器可分为未管理的集线器、堆叠式集线器和底盘集线器 3 类。

(1) 未管理的集线器。最简单的集线器,通过以太网总线提供中央网络连接,以星型的形式连接起来,这称为未管理的集线器,只用于很小型的至多 12 个结点的网络中(在少数情况下,可以更多一些)。未管理的集线器没有管理软件或协议来提供网络管理功能,这种集线器可以是无源的,也可以是有源的,有源集线器使用得更多。

(2) 堆叠式集线器。堆叠式集线器是稍微复杂一些的集线器。堆叠式集线器最显著的特征是 8 个转发器可以直接彼此相连。这样只需简单地添加集线器并将其连接到已经安装的集线器上,就可以扩展网络。这种方法不仅成本低,而且简单易行。

(3) 底盘集线器。底盘集线器是一种模块化的设备,在其底板电路板上可以插入多种类型的模块。有些集线器带有冗余的底板和电源。同时,有些模块允许用户不必关闭整个集线器便可替换那些失效的模块。集线器的底板为插入模块准备了多条总线,这些插入模块可以适应不同的网段,如以太网、快速以太网、光纤分布式数据接口(Fiber

图 2-11　堆叠式集线器

Distributed Data Interface,FDDI)和异步传输模式(Asynchronous Transfer Mode,ATM)中。有些集线器还包含网桥、路由器或交换模块。有源的底盘集线器还可能会有重定时的模块,用来与放大的数据信号关联。

从局域网角度来区分,集线器可分为 5 种不同类型。

(1) 单中继网段集线器。最简单的集线器,是一类用于最简单的中继式 LAN 网段的集线器,与堆叠式以太网集线器或令牌环网多站访问部件(MAU)等类似。

(2) 多网段集线器。从单中继网段集线器直接派生而来,采用集线器背板,这种集线器带有多个中继网段。其主要优点是可以将用户分布于多个中继网段上,以减少每个网段的信息流量负载,网段之间的信息流量一般要求独立的网桥或路由器。

(3) 端口交换式集线器。该集线器是在多网段集线器基础上,将用户端口和多个背板网段之间的连接过程自动化,并通过增加端口交换矩阵(PSM)来实现的集线器。PSM 可提供一种自动工具,用于将任何外来用户端口连接到集线器背板上的任何中继网段上。端口交换式集线器的主要优点是可实现移动、增加和修改的自动化特点。

(4) 网络互联集线器。端口交换式集线器注重端口交换,而网络互联集线器在背板的多个网段之间可提供一些类型的集成连接,该功能通过一台综合网桥、路由器或 LAN 交换机来完成。目前,这类集线器通常都采用机箱形式。

(5) 交换式集线器。目前,集线器和交换机之间的界限已变得模糊。交换式集线器有一个核心交换式背板,采用一个纯粹的交换系统代替传统的共享介质中继网段。此类产品已经上市,并且混合的(中继/交换)集线器很可能在以后几年控制这一市场。应该指出,这类集线器和交换机之间的特性几乎没有区别。

按照对输入信号的处理方式上,可以分为无源 Hub、有源 Hub、智能 Hub。

（1）无源 Hub。它是最低级的一种 Hub，不对信号作任何的处理，对介质的传输距离没有扩展，并且对信号有一定的影响。连接在这种 Hub 上的每台计算机，都能收到来自同一 Hub 上所有其他电脑发出的信号。

（2）有源 Hub。有源 Hub 与无源 Hub 的区别就在于它能对信号放大或再生，这样它就延长了两台主机间的有效传输距离。

（3）智能 Hub。智能 Hub 除具备有源 Hub 所有的功能外，还有网络管理及路由功能。在智能 Hub 网络中，不是每台机器都能收到信号，只有与信号目的地址相同地址端口的计算机才能收到。有些智能 Hub 可自行选择最佳路径，这样有利于网络的管理。

2.2.2　交换机

1. 交换机概述

交换（Switching）是按照通信两端传输信息的需要，用人工或设备自动完成的方法，把要传输的信息送到符合要求的相应路由上的技术的统称。广义的交换机（Switch）就是一种在通信系统中完成信息交换功能的设备。

图 2-12　交换机

在计算机网络系统中，交换概念的提出改进了共享工作模式。前面介绍的 Hub 集线器就是一种共享设备，Hub 本身不能识别目的地址，当同一局域网内的 A 主机向 B 主机传输数据时，数据包在以 Hub 为架构的网络上是以广播方式传输的，由每一台终端通过验证数据包头的地址信息来确定是否接收。也就是说，在这种工作方式下，同一时刻网络上只能传输一组数据帧的通信，如果发生碰撞还需要重试。这种方式就是共享网络带宽。

工作在数据链路层。交换机拥有一条很高带宽的背部总线和内部交换矩阵。交换机的所有端口都挂接在这条背部总线上，控制电路收到数据包以后，处理端口会查找内存中的地址对照表以确定目的 MAC（网卡的硬件地址）的 NIC（网卡）挂接在哪个端口上，通过内部交换矩阵迅速将数据包传送到目的端口，目的 MAC 若不存在，广播到所有的端口，接收端口回应后交换机将会"学习"新的地址，并把它添加入内部 MAC 地址表中。使用交换机也可以把网络"分段"，通过对照 MAC 地址表，交换机只允许必要的网络流量通过交换机。通过交换机的过滤和转发，可以有效地减少冲突域，但它不能划分网络层广播，即广播域。交换机在同一时刻可进行多个端口对之间的数据传输。每一端口都可视为独立的网段，连接在其上的网络设备独自享有全部的带宽，无须同其他设备竞争使用。当结点 A 向结点 D 发送数据时，结点 B 可同时向结点 C 发送数据，而且这两个传输都享有网络的全部带宽，都有着自己的虚拟连接。假使这里使用的是 10 Mbit/s 的以太网交换机，那么该交换机这时的总流通量就等于 $2×10$ Mbit/s＝20 Mbit/s，而使用 10 Mbit/s 的共享式 Hub 时，一个 Hub 的总流通量也不会超出 10 Mbit/s。总之,交换机是一种基于 MAC 地址识别,能完成封装转发数据包功能的网络设备。交换机可以"学习"MAC 地址,并把其存放在内部地址表中,通过在数据帧的始发者和目标接收者之间建立临时的交换路径,使数据帧直接由源地址到达目的地址。

交换机的主要功能包括物理编址、网络拓扑结构、错误校验、帧序列以及流控。目前交换机还具备了一些新的功能,如对 VLAN(虚拟局域网)的支持、对链路汇聚的支持,甚至有的还具有防火墙的功能。交换机的基本功能有以下三个方面。

(1) 学习:以太网交换机了解每一端口相连设备的 MAC 地址,并将地址同相应的端口映射起来存放在交换机缓存中的 MAC 地址表中。

(2) 转发/过滤:当一个数据帧的目的地址在 MAC 地址表中有映射时,它被转发到连接目的结点的端口而不是所有端口(如该数据帧为广播/组播帧,则转发至所有端口)。

(3) 消除回路:当交换机包括一个冗余回路时,以太网交换机通过生成树协议避免回路的产生,同时允许存在后备路径。

交换机除了能够连接同种类型的网络之外,还可以在不同类型的网络(如以太网和快速以太网)之间起到互连作用。如今,许多交换机都能够提供支持快速以太网或 FDDI 等的高速连接端口,用于连接网络中的其他交换机或者为带宽占用量大的关键服务器提供附加带宽。

一般来说,交换机的每个端口都用来连接一个独立的网段,但是有时为了提供更快的接入速度,我们可以把一些重要的网络计算机直接连接到交换机的端口上。这样,网络的关键服务器和重要用户就拥有更快的接入速度,支持更大的信息流量。

2. 交换机的交换方式

交换机通过以下三种方式进行交换。

1) 直通式

直通方式的以太网交换机可以理解为在各端口间纵横交叉的线路矩阵电话交换机。它在输入端口检测到一个数据包时,检查该包的包头,获取包的目的地址,启动内部的动态查找表转换成相应的输出端口,在输入与输出交叉处接通,把数据包直通到相应的端口,实现交换功能。由于不需要存储,所以它具有延迟小、交换快的优点。又因为数据包内容并没有被以太网交换机保存下来,所以无法检查所传送的数据包是否有误,它不能提供错误检测能力。这是它的缺点。由于没有缓存,不能将具有不同速率的输入/输出端口直接接通,而且容易丢包。

2) 存储转发

存储转发方式是计算机网络领域应用最为广泛的方式。它把输入端口的数据包先存储起来,然后进行 CRC(循环冗余码校验)检查,在对错误包处理后才取出数据包的目的地址,通过查找表转换成输出端口送出包。正因如此,存储转发方式在数据处理时延时大,这是它的不足,但是它可以对进入交换机的数据包进行错误检测,有效地改善网络性能。尤为重要的是,它可以支持不同速度的端口间的转换,保持高速端口与低速端口间的协同工作。

3) 碎片隔离

这是介于前两者之间的一种解决方案。它检查数据包的长度是否够 64 字节,如果小于 64 字节,说明是假包,则丢弃该包;如果大于 64 字节,则发送该包。这种方式也不提供数据校验。它的数据处理速度比存储转发方式快,但比直通式慢。

3. 交换机的分类

交换机的分类标准多种多样,常见的有以下几种。

(1)根据网络覆盖范围划分。根据网络覆盖范围的不同,交换机分为局域网交换机和广域网交换机两类。

广域网交换机主要是应用于电信城域网互联、互联网接入等领域的广域网中,提供通信的基础平台。

局域网交换机就是常见的交换机,也是学习的重点。局域网交换机应用于局域网络,用于连接终端设备,如服务器、工作站、集线器、路由器、网络打印机等网络设备,提供高速独立通信通道。

其实局域网交换机又可以划分为多种不同类型的交换机。下面一点将继续介绍局域网交换机的主要分类标准。

(2)根据传输介质和传输速度划分。

根据交换机使用的网络传输介质及传输速度的不同,一般可以将局域网交换机分为以太网交换机、快速以太网交换机、千兆(G 位)以太网交换机、万兆(10G 位)以太网交换机、FDDI 交换机、ATM 交换机和令牌环交换机等。

以太网交换机是指带宽在 100 Mbit/s 以下的以太网所用的交换机,下面提到的快速以太网交换机、千兆以太网交换机和万兆以太网交换机,其实也是以太网交换机,只不过它们所采用的协议标准或传输介质不一样,其接口形式也有可能不一样。

快速以太网交换机是用于 100 Mbit/s 快速以太网。快速以太网是一种在普通双绞线或者光纤上实现 100 Mbit/s 传输带宽的网络技术。要注意的是,一讲到快速以太网就认为全都是纯正 100 Mbit/s 带宽的端口,事实上目前基本上还是以 10/100 Mbit/s 自适应型为主。一般来说,这种快速以太网交换机通常所采用的介质也是双绞线,有的快速以太网交换机为了兼顾与其他光传输介质的网络互联,或许会留有少数的光纤接口"SC"。

千兆以太网交换机是用于千兆以太网中,也有人把这种网络称之为"吉位(GB)以太网",这是因为它的带宽可以达到 1 000 Mbit/s。它一般用于大型网络的骨干网段,所采用的传输介质有光纤、双绞线两种,对应的接口为"SC"和"RJ-45"接口两种。

万兆以太网交换机主要是为了适应当今万兆以太网络的接入,它一般是用于骨干网段上,采用的传输介质为光纤,其接口方式也相应是光纤接口。同样,这种交换机也被称为"10 G以太网交换机"。

ATM 交换机是用于 ATM 网络的交换机产品。ATM 网络由于其独特的技术特性,现在还只应用于电信、邮政网的主干网段,所以其交换机产品在市场上很少看到。如接下来将提到的 ADSL 宽带接入方式,如果采用 PPPoA 协议的话,在局端(NSP 端)就需要配置 ATM 交换机,有线电视的 Cable Modem 互联网接入法在局端也采用 ATM 交换机。它的传输介质一般采用光纤,接口类型一般有两种:以太网 RJ-45 接口和光纤接口,这两种接口适合与不同类型的网络互联。

FDDI 交换机用于老式中、小型企业的快速数据交换网络中,它的接口形式都是光纤接口,现在已经很少使用了。

(3)根据交换机应用网络层次划分。根据交换机应用网络层次划分为企业级交换机、校园网交换机、部门级交换机、工作组交换机和桌机型交换机。

企业级交换机属于高端交换机,一般采用模块化的结构,可作为企业网络骨干构建高速局域网,所以它通常用于企业网络的最顶层。企业级交换机可以提供用户化定制、优先级队列服务和网络安全控制,并能很快适应数据增长和改变的需要,从而满足用户的需求。对于有更多需求的网络,企业级交换机不仅能传送海量数据和控制信息,更具有硬件冗余和软件可伸缩性特点,保证网络的可靠运行。这种交换机从它所处的位置可以看出,它自身的要求很高,至少在带宽、传输速率以及背板容量上要比一般交换机高出许多,所以企业级交换机一般都是千兆以上以太网交换机。企业级交换机所采用的端口一般都为光纤接口,这主要是为了保证交换机高的传输速率。那么什么样的交换机可以称之为企业级交换机呢?目前还没有一个明确的标准,只是现在通常认为,如果是作为企业的骨干交换机时,能支持 500 个信息点以上大型企业应用的交换机就是企业级交换机。

校园网交换机,这种交换机应用相对较少,主要应用于较大型网络,且一般作为网络的骨干交换机。这种交换机具有快速数据交换能力和全双工能力,可提供容错等智能特性,还支持扩充选项及第三层交换中的虚拟局域网(VLAN)等多种功能。这种交换机是因为通常用于分散的校园网而得名,其实它并不一定应用于校园网络中,它主要应用于物理距离分散的较大型网络中。校园网比较分散,传输距离比较长,所以在骨干网段上,这类交换机通常采用光纤或者同轴电缆作为传输介质,交换机需要提供 SC 光纤接口和 BNC 或者 AUI 同轴电缆接口。

部门级交换机是面向部门级网络使用的交换机,它较前面两种所能达到的网络规模要小很多。这类交换机可以是固定配置,也可以是模块配置,一般除了常用的 RJ-45 双绞线接口外,还有光纤接口。部门级交换机具有较为突出的智能型特点,支持基于端口的 VLAN(虚拟局域网),可实现端口管理,可任意采用全双工或半双工传输模式,可对流量进行控制,有网络管理的功能,可通过 PC 的串口或经过网络对交换机进行配置、监控和测试。如果作为骨干交换机,则一般认为支持 300 个信息点以下中型企业应用的交换机为部门级交换机。

工作组交换机是传统集线器的理想替代产品,一般为固定配置,配有一定数目的 10Base-T 或 100Base-TX 以太网端口。交换机按每一个包中的 MAC 地址相对简单地决策信息转发,这种转发决策一般不考虑包中隐藏的更深的其他信息。与集线器不同的是,交换机转发延迟很小,操作接近单个局域网性能,远远超过了普通桥接互联网络之间的转发性能。工作组交换机一般没有网络管理的功能,如果是作为骨干交换机,则一般认为支持 100 个信息点以内的交换机为工作组级交换机。

桌面型交换机,是一种常见的最低档的交换机,它区别于其他交换机的一个特点是支持的每个端口 MAC 地址很少,通常端口数也较少(12 个端口以内,但不是绝对),只具备最基本的交换机特性,当然价格也是最便宜的。这类交换机虽然在整个交换机中属最低档的,但是相比集线器来说,它还是具有交换机的通用优越性,况且在许多应用环境中也只需这些基本的性能。所以它的应用还是相当广泛的。它主要应用于小型或中型以上企业办公桌面。在传输速度上,目前桌面型交换机大多提供超过 555 个具有 10/100 Mbit/s 自适应能力的端口。

(4) 根据交换机工作的协议层划分。网络设备都是对应工作在 OSI 参考模型的一定层次上,工作的层次越高,说明其设备的技术性越高,性能也越好,档次也就越高。交换机也一样,随着交换技术的发展,交换机由原来工作在 OSI 参考模型的第二层,发展到现在可以工作在第三层和第四层。因此,根据工作的协议层,交换机可分为第二层交换机、第三层交换机和第四层交换机。

第二层交换机是对应于 OSI 参考模型的第二协议层来定义的,因为它只能工作在 OSI 参考模型的第二层——数据链路层。第二层交换机依赖于数据链路层中的信息(如 MAC 地址)完成不同端口数据间的线速交换,主要功能包括物理编址、错误校验、帧序列以及数据流控制。

第三层交换机是对应于 OSI 参考模型的第三层——网络层来定义的。也就是说,这类交换机可以工作在网络层,它比第二层交换机更加高档,功能更强。第三层交换机因为工作在 OSI 参考模型的网络层,所以它具有路由功能,它将 IP 地址信息提供给网络路径选择,并实现不同网段间数据的线速交换。当网络规模较大时,可以根据特殊应用需求划分为小而独立的 VLAN 网段,以减小广播所造成的影响。通常这类交换机是采用模块化结构,以适应灵活配置的需要。

第四层交换机是采用第四层交换技术而开发出来的交换机产品,它工作于 OSI 参考模型的第四层,即传输层,直接面对具体应用。第四层交换机支持多种协议,如 HTTP、FTP、Telnet、SSL 等。第四层交换机为每个供搜寻使用的服务器组设立虚 IP 地址(VIP),每组服务器支持某种应用。在域名服务器(DNS)中存储的每个应用服务器地址都是 VIP,而不是真实的服务器地址。

(5)根据交换机端口结构划分。根据交换机端口结构,交换机可分为固定端口交换机和模块化交换机。

固定端口交换机所带有的端口是固定的,目前这种固定端口交换机比较常见,端口数量没有明确的规定,一般的端口标准是 8 端口、16 端口和 24 端口。

固定端口交换机虽然价格相对便宜,但由于它只能提供有限的端口和固定类型的接口,所以无论从可连接的用户数量上,还是从可使用的传输介质上来讲都具有一定的局限性。但这种交换机在工作组中应用较多,一般适用于小型网络、桌面交换环境。

模块化交换机虽然在价格上较贵,但其拥有更大的灵活性和可扩充性,用户可任意选择不同数量、不同速率和不同接口类型的模块,以适应千变万化的网络需求。而且,模块化交换机大都有很强的容错能力,支持交换模块的冗余备份,并且往往拥有可热插拔的双电源,以保证交换机的电力供应。

在选择交换机时,应按照需要和经费综合考虑。一般来说,企业级交换机应考虑其扩充性、兼容性和排错性,应当选用模块化交换机;而骨干交换机和工作组交换机则由于任务较为单一,故可采用简单的固定端口交换机。

(6)如果按交换机是否支持网络管理功能,交换机又可分为"网管型"和"非网管型"两大类。网管型交换机的任务就是使所有的网络资源处于良好的状态。网管型交换机产品提供了基于终端控制口(Console)、基于 Web 页面以及支持 Telnet 远程登录网络等多种网络管理方式。因此网络管理人员可以对该交换机的工作状态、网络运行状况进行本地或远程的实时监控,从全局管理所有交换端口的工作状态和工作模式。网管型交换机支持 SNMP 协议,SNMP 协议由一整套简单的网络通信规范组成,可以完成所有基本的网络管理任务,对网络资源的需求量少,具备一些安全机制。SNMP 协议的工作机制非常简单,主要通过各种不同类型的消息,即 PDU(协议数据单位)实现网络信息的交换。但是网管型交换机相对下面所介绍的非网管型交换机来说要贵很多。

网管型交换机采用嵌入式远程监视(RMON)标准用于跟踪流量和会话,对决定网络中的瓶颈和阻塞点是很有效的。软件代理支持 4 个 RMON 组(历史、统计数字、警报和事件),从而增强了流量管理、监视和分析。统计数字是一般网络流量统计;历史是一定时间间隔内网络流量统计;警报可以在预设的网络参数极限值被超过时进行报警;时间代表管理事件。

还有网管型交换机提供基于策略的 QoS(Quality of Service)。策略是指控制交换机行为的规则,网络管理员利用策略为应用流分配带宽、优先级以及控制网络访问,其重点是满足服务水平协议所需的带宽管理策略及向交换机发布策略的方式。在交换机的每个端口处用来表示端口状态、半双工/全双工和 10Base-T/100Base-T 的多功能发光二极管(LED)以及表示系统、冗余电源(RPS)和带宽利用率的交换级状态 LED 形成了全面、方便的可视管理系统。目前大多数部门级以下的交换机多数都是非网管型的,只有企业级及少数部门级的交换机支持网管功能。

4. 交换机的连接方式

多台交换机的连接方式有两种,分别为级联方式和堆叠方式。

1) 级联

级联是最常见的连接方式,使用网线将两个交换机连接起来,具体分为使用普通端口 RJ-45 和 Uplink 端口级联两种情况。如图 2-13 所示。普通端口连接使用交叉线;如果一台交换机使用 Uplink 端口,另外一台使用普通端口,连接时使

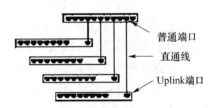

图 2-13 交换机的级联方式

用直连线连接。需要注意的是交换机不能无限制级联,超过一定数量的交换机进行级联,最终会引起广播风暴,导致网络性能严重下降。

2) 堆叠

利用堆叠(Stack)接口可以将交换机通过专用的堆叠线连接起来,扩大级联带宽。堆叠的带宽是交换机端口速率的几十倍。例如,一台 100 M 的交换机,堆叠后两台交换机之间的带宽可以达到几百兆,甚至上千兆。堆叠的方法有主从方式和菊花链方式,如图 2-14 所示。

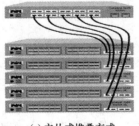

(a) 主从式堆叠方式

(b) 菊花链堆叠方式

图 2-14 交换机的堆叠方式

此种连接方式主要应用在大型网络中对端口需求比较大的情况下。交换机的堆叠是扩展端口最快捷、最便利的方式,同时堆叠后的带宽是单一交换机端口速率的几十倍。但是,并不是所有的交换机都支持堆叠的,这取决于交换机的品牌、型号是否支持堆叠;并且还需要使用专门的堆叠电缆和堆叠模块;最后还要注意同一堆叠中的交换机必须是同一品牌。它主要通过厂家提供的一条专用连接电缆,从一台交换机的"UP"堆叠端口直接连接到另一台交换机的"DOWN"堆叠端口。

3) 级联和堆叠的区别

(1) 连接方式不同。级联是两台交换机通过两个端口互连,而堆叠是交换机通过专门的背板堆叠模块相连。堆叠可以增加设备的总带宽,而级联不能增加设备的总带宽。

(2) 通用性不同。级联可以通过光纤或双绞线在任何厂商的交换机之间进行连接,而堆叠只能在同厂家生产的设备之间,且必须具有堆叠功能的设备才能进行堆叠。

(3) 连接距离不同。级联的设备之间可以有较远的距离,最远可以到达几百米;而堆叠的距离非常有限,一般在几米范围之内。

(4) 性能不同。堆叠方式比级联方式具有更好的性能,信号不易衰竭,且通过堆叠方式,可以集中管理多台交换机,大大简化了管理工作量。

5. 交换机与集线器的区别

交换机与集线器的主要区别在下面几个方面。

(1) 在 OSI 参考模型中的工作层次不同。集线器工作在物理层,实现信号再生;交换机至少工作在数据链路层,有些高级的交换机可以工作在第三层和第四层。

(2) 数据传输方式不同。集线器的数据传输方式是广播方式;而交换机的数据传输是有目的的转发,只对目标结点发送,只有在自己的 MAC 地址表中找不到的情况下,才使用广播方式发送。

(3) 带宽占用方式不同。集线器的所有端口共享集线器的总带宽,而交换机的每个端口都有自己的带宽,这样交换机每个端口的带宽就比集线器端口可用的带宽高很多,这就决定了交换机的传输速度比集线器快。

(4) 传输模式不同。集线器只能使用半双工的传输方式;而交换机采用全双工的方式进行传输数据。因此,在同一时刻交换机可以同时进行接收和发送数据,而集线器不行。这使得交换机的数据传输速度更快,而且在系统的吞吐量方面,交换机比集线器至少快一倍。

2.2.3　路由器

所谓路由就是指通过相互连接的网络把信息从源地点移动到目标地点的活动。一般来说,在路由过程中,信息至少会经过一个或多个中间结点。通常人们会把路由和交换机进行对比,这主要是因为在普通用户看来,两者所实现的功能是完全一致的。其实,路由和交换之间的主要区别就是交换发生在 OSI 参考模型的第二层(数据链路层),而路由发生在第三层,即网络层。这一区别决定了路由和交换在移动信息的过程中需要使用不同的控制信息,所以两者实现各自功能的方式是不同的。如图 2-15 所示。

图 2-15　路由器

　　早在 40 多年前就已经出现了关于路由技术的讨论,但是直到 20 世纪 80 年代路由技术才逐渐进入商业化的应用。路由技术之所以在问世之初没有被广泛使用主要是因为 20 世纪 80 年代之前的网络结构都非常简单,路由技术没有用武之地。直到最近十几年,大规模的互联网络才逐渐流行,这为路由技术的发展提供了良好的基础和平台。

　　路由器(Router)是互联网的主要结点设备。路由器通过路由决定数据的转发。转发策略称为路由选择(Routing),这也是路由器名称的由来(router,转发者)。作为不同网络之间互相连接的枢纽,路由器系统构成了基于 TCP/IP 的国际互联网络 Internet 的主体脉络,也可以说,路由器构成了 Internet 的骨架。它的处理速度是网络通信的主要瓶颈之一,它的可靠性则直接影响着网络互连的质量。因此,在园区网、地区网,乃至整个 Internet 研究领域中,路由器技术始终处于核心地位,其发展历程和方向成为整个 Internet 研究的一个缩影。在当前我国网络基础建设和信息建设方兴未艾之际,探讨路由器在互连网络中的作用、地位及其发展方向,对国内的网络技术研究、网络建设,以及明确网络市场上路由器和网络互连的各种概念,都有重要的意义。

　　路由器是用于连接多个逻辑上分开的网络,所谓逻辑网络是代表一个单独的网络或者一个子网。当数据从一个子网传输到另一个子网时,可通过路由器来完成。因此,路由器具有判断网络地址和选择路径的功能,它能在多网络互联环境中,建立灵活的连接,可用完全不同的数据分组和介质访问方法连接各种子网,路由器只接受源站或其他路由器的信息,属于网络层的一种互联设备。它不关心各子网使用的硬件设备,但要求运行与网络层协议相一致的软件(如图 2-16 所示)。路由器分为本地路由器和远程路由器,本地路由器是用来连接网络传输介质的,如光纤、同轴电缆、双绞线;远程路由器用来连

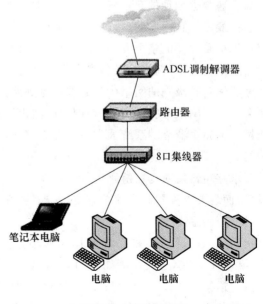

ADSL调制解调器

路由器

8口集线器

笔记本电脑

电脑　　电脑　　电脑

图 2-16　路由器原理

接远程传输介质,并要求相应的设备,如电话线要配调制解调器,无线要通过无线接收机、发射机。

路由器接到数据包后要做两件事:一个是路由选择,一个是 MAC 地址交换。当 IP 子网中的一台主机发送 IP 分组给同一 IP 子网的另一台主机时,它将直接把 IP 分组送到网络上,对方就能收到。而要送到不同 IP 子网上的主机时,它要选择一个能到达目的子网上的路由器,把 IP 分组送给该路由器,由该路由器负责把 IP 分组送到目的地。如果没有找到这样的路由器,主机就把 IP 分组送给一个被称为"缺省网关(Default Gateway)"的路由器上。缺省网关是每台主机上的一个配置参数,它是接在同一个网络上的某个路由器端口的 IP 地址。路由器转发 IP 分组时,只根据 IP 分组的目的 IP 地址的网络号,选择合适的端口,把 IP 分组发送出去。同主机一样,路由器也要判定端口所接的是否是目的子网,如果是,就直接把分组通过端口送到网络上,否则再选择下一个路由器来传送分组。路由器也有它的缺省网关,用来传送不知道往哪儿发送的 IP 分组。这样,通过路由器把知道如何传送的 IP 分组正确转发出去,不知道的 IP 分组送给"缺省网关"路由器,一级级地传送,IP 分组最终将到达目的地,送不到目的地的 IP 分组则被网络丢弃。

路由器有两个重要作用:一个是连通不同的网络,另一个是选择信息传送的线路。选择通畅快捷的线路,能大大提高通信速度,减轻网络系统通信负荷,节约网络系统资源,提高网络系统畅通率,从而让网络系统发挥出更大的效益。

从过滤网络流量的角度来看,路由器的作用与交换机和网桥非常相似。但是与工作在网络物理层,从物理上划分网段的交换机不同,路由器使用专门的软件协议从逻辑上对整个网络进行划分。例如,一台支持 IP 协议的路由器可以把网络划分成多个子网段,只有指向特殊 IP 地址的网络流量才可以通过路由器。对于每一个接收到的数据包,路由器都会重新计算其校验值,并写入新的物理地址。因此,使用路由器转发和过滤数据的速度往往要比只查看数据包物理地址的交换机慢。但是,对于那些结构复杂的网络,使用路由器可以提高网络的整体效率。路由器的另外一个明显优势就是可以自动过滤网络广播。从总体上说,在网络中添加路由器的整个安装过程要比即插即用的交换机复杂很多。

一般来说,一种网络互联与多个子网互联都应采用路由器来完成。

互联网各种级别的网络中随处都可见到路由器。接入网络使得家庭和小型企业可以连接到某个互联网服务提供商;企业网中的路由器连接一个校园或企业内成千上万的计算机;骨干网上的路由器终端系统通常是不能直接访问的,它们连接长距离骨干网上的 ISP 和企业网络。互联网的快速发展无论是对骨干网、企业网还是接入网都带来了不同的挑战。骨干网要求路由器能对少数链路进行高速路由转发。企业级路由器不但要求端口数目多、价格低廉,而且要求配置起来简单方便,并提供 QoS。

1) 接入级路由器

接入级路由器连接家庭或 ISP 内的小型企业客户。接入级路由器已不再只是提供 SLIP 或 PPP 连接,还支持诸如 PPTP 和 IPSec 等虚拟私有网络协议。这些协议要能在每个端口上运行。诸如 ADSL 等技术将很快提高各家庭的可用带宽,这将进一步增加接入级路由器的负担。这些趋势使得接入级路由器将来会支持许多异构和高速端口,并在各个端口运行多种协议,同时还要避开电话交换网。

2）企业级路由器

企业级或校园级路由器连接许多终端系统,其主要目的是以尽量便宜的方法实现尽可能多的端点互连,并进一步要求支持不同的服务质量。许多现有的企业网络都是由 Hub 或网桥连接起来的以太网段。尽管这些设备价格便宜、易于安装、无需配置,但是它们不支持服务等级。相反,路由器所参与的网络能够将机器分成多个碰撞域,因而能够控制一个网络的大小。此外,路由器还支持一定的服务等级,至少允许分成多个优先级别。但是路由器的每个端口造价相对较贵,并且在能够使用之前还需进行大量的配置工作。因此,企业级路由器的成败在于是否能够提供大量端口且每个端口的造价很低,是否容易配置,是否支持QoS。另外,还要求企业级路由器有效地支持广播和组播。企业级网络要处理历史遗留的各种 LAN 技术,支持多种协议,包括 IP、IPX 和 Vine。它们还要支持防火墙、包过滤、大量的管理和安全策略以及 VLAN。

3）骨干级路由器

骨干级路由器实现企业级网络的互联。对它的要求是速度和可靠性,而代价则处于次要地位。硬件可靠性可以采用电话交换网中使用的技术,如热备份、双电源、双数据通路等实现。这些技术对所有骨干级路由器而言基本上是标准的。骨干级路由器的主要性能瓶颈是在转发表中查找某个路由所耗的时间。当收到一个数据包时,输入端口在转发表中查找该数据包的目的地址以确定其目的端口,当数据包很短或者要发往多个目的端口时,势必要增加路由查找的代价。因此,将一些常访问的目的端口放到缓存中能够提高路由查找的效率。不管是输入缓冲还是输出缓冲路由器,都存在路由查找的瓶颈问题。除了性能瓶颈问题外,路由器的稳定性也是一个常被忽视的问题。

4）太比特路由器

在未来核心互联网使用的三种主要技术中,光纤和 DWDM 都是现有的并且成熟的。如果没有与现有的光纤技术和 DWDM 技术提供的原始带宽对应的路由器,新的网络基础设施将无法从根本上得到性能的改善。因此,开发高性能的骨干交换/路由器(太比特路由器)已经成为一项迫切的要求。太比特路由器技术现在还主要处于开发实验阶段。

路由器的主要工作就是为经过路由器的每个数据帧寻找一条最佳传输路径,并将该数据有效地传送到目的站点。由此可见,选择最佳路径的策略即路由算法是路由器的关键所在。为了完成这项工作,在路由器中保存着各种传输路径的相关数据——路径表(Routing Table),供路由选择时使用。路径表中保存着子网的标志信息、网上路由器的个数和下一个路由器的名字等内容。路径表可以是由系统管理员固定设置好的,或由系统动态修改,也可以由路由器自动调整,或由主机控制。

1）静态路径表

由系统管理员事先设置好固定的路径表称之为静态(Static)路径表,一般是在系统安装时根据网络的配置情况预先设定的,它不会随未来网络结构的改变而改变。静态路由是在路由器中设置固定的路由表。除非网络管理员干预,否则静态路由不会发生变化。由于静态路由不能对网络的改变作出反应,一般用于网络规模不大、拓扑结构固定的网络中。静态路由的优点是简单、高效、可靠。在所有的路由中,静态路由优先级最高。当动态路由与静态路由发生冲突时,以静态路由为准。

2）动态路径表

动态(Dynamic)路径表是路由器根据网络系统的运行情况而自动调整的路径表。路由器根据路由选择协议(Routing Protocol)提供的功能,自动学习和记忆网络运行情况,在需要时自动计算数据传输的最佳路径。动态路由是网络中的路由器之间相互通信,传递路由信息,利用收到的路由信息更新路由器表的过程。它能实时地适应网络结构的变化。如果路由更新信息表明网络发生了变化,路由选择软件就会重新计算路由,并发出新的路由更新信息。这些信息通过各个网络,引起各路由器重新启动其路由算法,并更新各自的路由表以动态地反映网络拓扑变化。动态路由适用于网络规模大、网络拓扑复杂的网络。当然,各种动态路由协议会不同程度地占用网络带宽和 CPU 资源。

2.2.4 路由器与交换机的区别

路由器与交换机的主要区别体现在以下几个方面。

(1) 工作层次不同。最初的交换机工作在 OSI 参考模型的数据链路层,也就是第二层,而路由器一开始就设计工作在 OSI 模型的网络层。因为交换机工作在 OSI 的第二层(数据链路层),所以它的工作原理比较简单,而路由器工作在 OSI 的第三层(网络层),可以得到更多的协议信息,路由器可以作出更加智能的转发决策。

(2) 数据转发所依据的对象不同。交换机是利用物理地址(MAC 地址)来确定转发数据的目的地址。而路由器则是利用不同网络的 ID 号(即 IP 地址)来确定数据转发的地址。IP 地址是在软件中实现的,描述的是设备所在的网络,第三层的地址有时也被称为协议地址或者网络地址。MAC 地址通常是硬件自带的,由网卡生产商来分配,而且已经固化到了网卡中去,一般来说是不可更改的。而 IP 地址则通常由网络管理员或系统自动分配。

(3) 传统的交换机只能分割冲突域,不能分割广播域;而路由器可以分割广播域。由交换机连接的网段仍属于同一个广播域,广播数据包会在交换机连接的所有网段上传播,在某些情况下会导致通信拥挤和安全漏洞。连接到路由器上的网段会被分配成不同的广播域,广播数据不会穿过路由器。虽然第三层以上交换机具有 VLAN 功能,也可以分割广播域,但是各子广播域之间是不能通信交流的,它们之间的交流仍然需要路由器。

(4) 路由器提供了防火墙的服务。路由器仅转发特定地址的数据包,并不传送不支持路由协议的数据包和未知目标网络数据包,从而可以防止广播风暴。

交换机一般用于 LAN-WAN 的连接,交换机归于网桥,是数据链路层的设备,有些交换机也可实现第三层的交换。而路由器用于 WAN-WAN 之间的连接,可以解决异种网络之间转发分组,作用于网络层。但只是从一条线路上接受输入分组,然后向另一条线路转发。这两条线路可能分属于不同的网络,并采用不同协议。相比较而言,路由器的功能较交换机更强大,但速度相对较慢,价格昂贵。第三层交换机既有交换机线速转发报文能力,又有路由器良好的控制功能,因此得以广泛应用。

习 题 二

一、填空题

1. 交换机的功能在于 OSI 模型的 _____ 层。

2. 列举出三种无线传输介质：_____、_____和_____。

3. 路径表可以分为_____和_____。

4. 根据端口的不同，交换机分为_____交换机和_____交换机。

5. 交换机的交换方式有_____、_____和_____。

6. 光纤分为_____和_____两类。

7. 路由器的基本功能是_____和_____。

8. 路由器的转发策略被称为_____。

二、选择题

1. 局域网中最常用的网线是（　　）。

    A. 粗缆　　　　B. 细缆　　　　　　　C. UTP　　　　　　D. STP

2. 下面关于卫星通信的说法，错误的是（　　）。

    A. 卫星通信通信距离大，覆盖的范围广

    B. 使用卫星通信易于实现广播通信和多址通信

    C. 卫星通信的好处在于不受气候的影响，误码率很低

    D. 通信费用高，延时较大是卫星通信的不足之处

3. 在计算机网络中，能将异种网络互连起来，实现不同网络协议相互转换的网络互连设备是（　　）。

    A. 集线器　　　B. 路由器　　　　　　C. 网关　　　　　　D. 中继器

4. 交换机与路由器的连接应该用（　　）线缆。

    A. 直连线　　　B. 交叉线　　　　　　C. 控制线　　　　　D. 光纤

5. 路由器是根据（　　）来转发数据。

    A. MAC 地址　B. IP 地址　　　　　　C. 端口地址

6. 交换机是根据（　　）来转发数据。

    A. MAC 地址　B. IP 地址　　　　　　C. 端口地址

7. 下面哪些选项是集线器的功能？（　　）

    A. 根据 MAC 地址转发数据　　　　B. 根据 IP 地址转发数据

    C. 根据端口地址转发数据　　　　　D. 对信号进行放大和再生

8. 远距离的点对点的通信最好选择的介质是（　　）。

    A. 粗缆　　　　B. 光纤　　　　　　　C. 双绞线　　　　　D. STP

三、问答题

1. 写出压制水晶头时，IEEE 568A 和 568B 的排线顺序？

2. 集线器和交换机的区别是什么？

3. 路由器与交换机有什么不同？

4. 卫星通信的特点是什么？

5. 简述路由器的工作过程。

第 3 章　TCP/IP 协议

3.1　TCP/IP 的历史

　　TCP/IP 协议并不完全符合 OSI 的七层参考模型。传统的开放式系统互连参考模型，是一种通信协议的 7 层抽象的参考模型，其中每一层执行某一特定任务。该模型的目的是使各种硬件在相同的层次上相互通信。这 7 层分别是物理层、数据链路层、网路层、传输层、话路层、表示层和应用层。而 TCP/IP 通信协议采用了 4 层的层级结构，每一层都呼叫它的下一层所提供的网络来完成自己的需求。这 4 层分别为应用层、传输层、网络层、接口层，如图 3-1 所示。

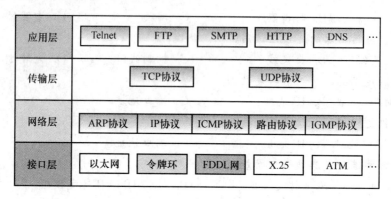

图 3-1　TCP/IP 模型

　　应用层：应用程序间沟通的层，如简单电子邮件传输（SMTP）、文件传输协议（FTP）、网络远程登录协议（Telnet）等。

　　传输层：在此层中，它提供了结点间的数据传送服务，如传输控制协议（TCP）、用户数据报协议（UDP）等，TCP 和 UDP 给数据包加入传输数据并把它传输到下一层中，这一层负责传送数据，并且确定数据已被送达并接收。

　　网络层：负责提供基本的数据封包传送功能，让每一块数据包都能够到达目的主机（但并不检查是否被正确接收），如网际协议（IP）。

　　接口层：对实际的网络媒体的管理，定义如何使用实际网络（如 Ethernet、Serial Line 等）传送数据。

3.2　TCP/IP 协议

3.2.1　应用层协议

应用层主要包含一些常用的服务，这些服务包括用户相关的认证、数据处理及压缩等，应用层还会告诉传输层哪个数据流是由哪个应用程序发出的。应用层主要包括以下协议。

- 文件传输类协议：HTTP、FTP、TFTP。
- 远程登录协议：Telent。
- 电子邮件类协议：SMTP。
- 网络管理类协议：SNMP。
- 域名解析类协议：DNS。

1. HTTP

超文本传输协议（HTTP）是一种为分布式、合作式、多媒体信息系统服务，面向应用层的协议。它是一种通用的，不分状态（Stateless）的协议，除了诸如名称服务和分布对象管理系统之类的超文本用途外，还可以通过扩展它的请求方式、错误代码和报头来完成许多任务。HTTP 的特点是数据表示方式的典型性、可协商性以及允许独立于传输数据而建立系统。

HTTP 定义 Web 客户（即浏览器）如何从 Web 服务器请求 Web 页面，以及服务器如何把 Web 页面传送给客户。当用户请求一个 Web 页面（比如说点击某个超链接）时，浏览器把请求该页面中各个对象的 HTTP 请求消息发送给服务器。服务器收到请求后，以返回含有这些对象的 HTTP 响应消息作为响应。

2. FTP

文件传输协议（File Transfer Protocol，FTP）允许用户把文件在远端服务器和本地主机之间移动。这对想从一个地方把大的文件移动到另一个地方，而又不通过以前建立的"热"连接的 Web 管理员或任何人而言，是非常理想的。FTP 是典型的在所谓被动模式下工作的协议，这种模式把目录树结构下载到客户端然后连接断开，但是客户程序周期性地和服务器保持联系，以使端口始终是打开的。

需要注意的是，基于特定的 Web 管理员任务，需要配置不同的 FTP 服务器。有的允许匿名用户不加限制的访问所有内容，而有的只允许以前被认证的用户访问，还有一些允许匿名用户仅在很短的时间周期内访问。假如用户处于不活跃状态，服务器会自动断开连接。

3. TFTP

TFTP（Trivial File Transfer Protocol）即简单文件传送协议，最初打算用于引导无盘系统（通常是工作站或 X 终端）。TFTP 如其名，虽然和 FTP 有联系但却只具有 FTP 非常小的一部分功能。TFTP 使用 UDP，FTP 使用 TCP，就像 TFTP 与 FTP 的关系，UDP 与 TCP 相对，TFTP 不具有报文监控能力和有效的错误处理能力。但是这些限制同样减小了过程开销。TFTP 不是可靠的协议，仅仅是连接。作为嵌入式的保护机制，TFTP 仅允许移动可公共访问的文件。这并不意味着 TFTP 可以被忽视,不具有潜在危险性。

4. Telnet

Telnet 是 Telecommunications Network 的缩写,其名字具有双重含义,既指应用也是指协议自身。Telnet 给用户提供了一种通过其连网的终端登录远程服务器的方式。Telnet 通过端口号 23 工作。Telnet 要求有一个 telnet 服务器,此服务器驻留在主机上,等待着远端机器的授权登录。

5. SMTP

SMTP 是通过网络,主要是 Internet 传输电子邮件的标准。所有的操作系统都具有使用 SMTP 收发电子邮件的客户端程序,绝大多数 Internet 服务提供者使用 SMTP 作为其输出邮件服务的协议。所有的操作系统都具有 SMTP 服务器。

SMTP 被设计成在各种网络环境下进行电子邮件信息的传输,实际上,SMTP 真正关心的不是邮件如何被传送,而是邮件是否顺利到达目的地。SMTP 能够辗转于进程间通信环境(Inter-Process Communication Environment,IPCE)之中,因为 IPCE 层能够不考虑传输协议和媒体类型进行通信。例如,邮件信息能够从具有各种传输层协议和媒体类型的 Internet 上传输至正好相反的 Intranet 上。

SMTP 具有较强的邮件处理特性,这种特性允许邮件依据一定标准自动路由。SMTP 具有当邮件地址不存在时立即通知用户的能力,并且把在一定时间内不可传输的邮件返回发送方(邮件驻留时间由服务器的系统管理员设置)。SMTP 使用端口号 25。

6. SNMP

简单网络管理协议(Simple Network Management Protocol,SNMP)提供通过简单的协议(如 UDP、IPX、IP)对路由器一级进行监控和管理的能力。简单性是在述及 SNMP 时需要重点记住的,如果不简单,SNMP 就什么也不是。首先,它仅支持三个命令——GET、GENEXT 和 SET。前两个支持对报告信息的访问,第三个允许管理员对路由器实施远程控制。

网络设备通过管理信息库(Management Information Base,MIB)提供相关信息。信息数据向 SNMP 管理者定义了网络设备,传送给 SNMP 管理站,管理站会识别每一个设备并存储其信息。所有依附于 SNMP 的设备都被管理站管理。每一个设备运行一个 SNMP 代理,这个代理提供了客户端的操作。当管理站请求一个 GET 命令,想得到端口状态时,代理返回该信息。SNMP 并未达到管理所有的网络设备至细节的高度,SNMP 是简单的、日常进行的管理。这样允许管理员把注意力集中在设备上而不需要装载大量的信息接口。

3.2.2　传输层协议

传输层主要提供了结点间的数据传送服务,如传输控制协议(TCP)、用户数据报协议(UDP)等,TCP 和 UDP 给数据包加入传输数据并把它传输到下一层中,这一层负责传送数据,并且确定数据已被送达并接收。

TCP 提供了一种面向连接的可靠的数据传输服务。TCP 是面向连接的,也就是说,利用 TCP 通信的两台主机首先要经历一个"拨打电话"的过程,等到通信准备结束才开始传输数据,最后结束通话。UDP 提供了一种无连接或不可靠的数据传输服务。UDP 是把数据直接发出去,而不管对方是不是在收信,就算是 UDP 无法送达,也不会产生 ICMP 差错报文。所以 TCP 要比 UDP 可靠得多。

1. 端口号

每个应用程序都会产生自己的数据报,这些数据流把目标主机上相应的服务程序看作自己的目的地。对于传输层来说,它只需要知道目标主机上的哪个服务程序来响应这个应用程序,而不需要知道这个服务程序是干什么的。因此传输层使用一个抽象的端口号来标识这些应用程序和服务程序,如图 3-2 所示。端口号用来跟踪网络间同时发生的不同会话。TCP 和 UDP 可以同时接收多个应用程序送来的数据流,用端口号来标识它们,然后把他们送到网络层处理。同时,TCP 和 UDP 可以同时接收来自网络层传送的数据包,用端口号来区分它们,然后把他们送给适当的应用程序处理。总之,每个应用程序在发送数据前都会和操作系统进行协商,获得相应的源端口号和目的端口号。

端口被认为是计算机与外界通信交流的出入口。由网络 OSI 参考模型可知,传输层与网络层最大的区别是传输层提供进程通信能力,网络通信的最终地址不仅包括主机地址,还包括可描述网络进程的某种标识。所以 TCP/IP 协议涉及的端口是指用于实现面向连接或无连接服务的通信协议端口,是对网络通信进程的一种标识,属于一种抽象的软件结构,包括一些数据结构和 I/O(Input/Output,输入/输出)缓冲区,故属于软件端口范畴。

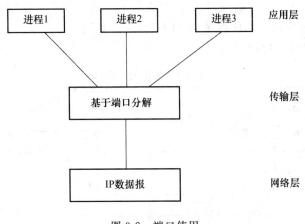

图 3-2　端口使用

在主机发送应用程序的数据之前,都必须确认端口号。如何分配端口号,有以下两种情况。

第一,使用中央管理机构统一分配端口号。应用程序的开发者都默认在 RFC1700 中定义特殊端口号,在进行软件设计时,都要遵从 RFC1700 中定义的规则,不能随便使用已定义的端口号。例如,任何 Telent 应用中的会话都要使用标准端口号 23。

第二,使用动态绑定。如果一个应用程序的会话没有涉及特殊的端口号,那么系统将在一个特定的取值范围内随机地为应用程序分配一个端口号。在应用程序进行通信之前,如果不知道对方的端口号,就必须发送请求以获得对方的端口号。

端口根据其对应的协议或应用不同,被分配了不同的端口号。负责分配端口号的机构是 Internet 编号管理局(Internet Assigned Numbers Authority,IANA)。目前,端口的分配有 3 种情况,这 3 种不同种类的端口可以根据端口号加以区别。

1）保留端口

这种端口号一般都小于1024。它们基本上都被分配给了已知的应用协议。目前，这一类端口的端口号分配已经被广大网络应用者接受，形成了标准，在各种网络的应用中调用这些端口号就意味着使用它们所代表的应用协议。由于这些端口已经有了固定的使用者，所以其不能被动态地分配给其他应用程序。

2）动态分配的端口

这种端口的端口号一般都大于1024。这一类的端口没有固定的使用者，它们可以被动态地分配给应用程序使用。也就是说，在使用应用软件访问网络的时候，应用软件可以向系统申请一个大于1024的端口号临时代表这个软件与传输层交换数据，并且使用这个临时的端口与网络上的其他主机通信。

3）注册端口

注册端口比较特殊，它也是固定为某个应用服务的端口，但是它所代表的不是已经形成标准的应用层协议，而是某个软件厂商开发的应用程序。某些软件厂商通过使用注册端口，使它的特定软件享有固定的端口号，而不用向系统申请动态分配的端口号。通常，这些特定的软件要使用注册端口，其厂商必须向端口的管理机构注册。

大多数注册端口的端口号大于1024。TCP和UDP都允许16位的端口值，分别都能够提供65 536个端口。不论端口号大于还是小于1024，以上3种端口分别属于TCP和UDP。当然，也有些协议的端口既属于TCP，也属于UDP。

表3-1列出了常用的端口号。

表3-1　常用的端口号

应用层协议或应用程序	端口号		应用层协议或应用程序	端口号	
	TCP	UDP		TCP	UDP
FTP	20,21		DNS	53	53
Telent	23		HTTP		80
SMTP	25		POP3	110	
TFTP		69	HTTPS	443	
SNMP	161	161	RIP		520

当网络中的两台主机进行通信的时候，为了表明数据是由源端的哪一种应用发出的，以及数据所要访问的是目的端的哪一种服务，TCP/IP协议会在传输层封装数据段时，把发出数据的应用程序的端口作为源端口，把接收数据的应用程序的端口作为目的端口，添加到数据段的头部，从而使主机能够同时维持多个会话的连接，使不同应用程序的数据不发生混淆。

一台主机上的多个应用程序可同时与其他多台主机上的多个对等进程进行通信，所以需要对不同的虚电路进行标识。对TCP虚电路连接采用发送端和接收端的套接字（Socket）组合来识别，如（Socket1，Socket2）。所谓套接字实际上是一个通信端点，每个套接字都有一个套接字序号，包括主机的IP地址与一个16位的主机端口号，如（主机IP地址，端口号）。

应该指出，尽管采用了上述的端口分配模式，但在实际使用中，经常会采用端口重定向技术。所谓端口重定向是指将一个著名端口重定向到另一个端口,例如默认的 HTTP 端口是 80,不少人将它重定向到另一个端口,如 8080。端口在传输层的作用有点类似 IP 地址在网络层的作用或 MAC 地址在数据链路层的作用,只不过 IP 地址和 MAC 地址标识的是主机,而端口标识的是网络应用进程。由于同一时刻一台主机上会有大量的网络应用进程在运行,所以需要有大量的端口号来标识不同的进程。

正是由于 TCP 使用通信端点来识别连接,才使得一台计算机上的某个 TCP 端口号可以被多个连接所共享,从而程序员可以设计出能同时为多个连接提供服务的程序,而不需要为每个连接设置各自的本地端口号。

2. TCP

TCP 是面向连接的通信协议,通过三次握手建立连接,通信完成时要拆除连接。由于 TCP 是面向连接的,所以它只能用于点对点的通信。

TCP 提供的是一种可靠的数据流服务,采用"带重传的肯定确认"技术来实现传输的可靠性。TCP 还采用一种称为"滑动窗口"的方式进行流量控制,所谓窗口实际表示接收能力,用以限制发送方的发送速度。

如果 IP 数据包中有已经封好的 TCP 数据包,那么 IP 将把它们向"上"传送到 TCP 层。TCP 将包排序并进行错误检查,同时实现虚电路间的连接。TCP 数据包中含有序号和确认,所以未按照顺序收到的包可以被排序,而损坏的包可以被重传。

TCP 将它的信息送到更高层的应用程序,如 Telnet 的服务程序和客户程序。应用程序轮流将信息送回 TCP 层,TCP 层便将它们向下传送到 IP 层、设备驱动程序和物理介质,最后到接收方。

1) TCP 头格式

在传输层,数据被封装成数据段,TCP 连接用段实现网络间的通信,段的最大长度取决于输出接口的最大报文长度或系统间协商的结果。

图 3-3 是 TCP 数据段的头部格式。

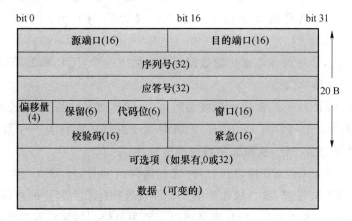

图 3-3　TCP 报头

TCP 协议头最少 20 字节,包括以下区域。

源端口(Source Port):16 位的源端口,其中包含初始化通信的端口。源端口和源 IP 地址的作用是标识报文的返回地址。

目的端口(Destination Port):16 位的目的端口域定义传输的目的。这个端口指明报文接收计算机上的应用程序的地址接口。

序列号(或称序列码,Sequence Number):32 位的序列号由接收端计算机使用,重新分片的报文成最初形式。当 SYN 出现,序列码实际上是初始序列码(ISN),而第一个数据字节是 ISN+1。这个序列号(序列码)可以补偿传输中的不一致。

应答号(Acknowledgment Number):32 位的序列号由接收端计算机使用,重组分片的报文成最初形式。如果设置了 ACK 控制位,这个值表示一个准备接收的包的序列码。

头长度(HLEN):4 位长度表示 TCP 报头大小,以 32 位字节为长度单位。

保留(Reserved):6 位值域,这些位必须是 0。为了将来定义新的用途而保留。

代码位(Code Bits):6 位长度。表示为紧急标志、有意义的应答标志、推、重置连接标志、同步序列号标志、完成发送数据标志。按照顺序排列是:URG、ACK、PSH、RST、SYN、FIN。其表示的意思分别如下。

URG:紧急标志,紧急(Urgent Pointer)的值有效,则紧急标志置位。

ACK:确认标志,确认编号(Acknowledgement Number)栏有效。大多数情况下该标志位是置位的。TCP 报头内的确认编号栏内包含的确认编号(w+1,Figure:1)为下一个预期的序列编号,同时提示远端系统已经成功接收所有数据。

PSH:推标志,该标志置位时,接收端不将该数据进行队列处理,而是尽可能快地将数据转由应用处理。在处理 telnet 或 rlogin 等交互模式的连接时,该标志总是置位的。

RST:复位标志,复位标志有效。用于复位相应的 TCP 连接。

SYN:同步标志,同步序列编号(Synchronize Sequence Numbers)栏有效。该标志仅在三次握手建立 TCP 连接时有效。它提示 TCP 连接的服务端检查序列编号,该序列编号为TCP 连接初始端(一般是客户端)的初始序列编号。在这里,可以把 TCP 序列编号看作是一个范围从 0 到 4,294,967,295 的 32 位计数器。通过 TCP 连接交换的数据中每一个字节都经过序列编号。在 TCP 报头中的序列编号栏包括了 TCP 分片中第一个字节的序列编号。

FIN:结束标志,带有该标志置位的数据包用来结束一个 TCP 回话,但对应端口仍处于开放状态,准备接收后续数据。

窗口(Window):16 位,用来表示想收到的每个 TCP 数据段的大小,控制数据流量。

校验位(Checksum):16 位 TCP 头。源机器基于数据内容计算一个数值,收信息机要与源机器数值结果完全一样,从而证明数据的有效性。

紧急(Urgent Pointer):16 位,指向后面优先数据的字节,在 URG 标志设置后才有效。如果 URG 标志没有被设置,紧急域作为填充。加快处理标示为紧急的数据段。

可选项(Option):长度不定,但长度必须以字节为单位。如果没有选项就表示这一字节的域等于 0。

数据:不定长,上层协议的数据。

2) 建立 TCP 连接

TCP 是面向连接的,在面向连接的环境中开始传输数据前,两个终端之间必须先建立连接。建立连接的过程可以确保通信双方在发送应用数据包之前已经准备好传送和接收数据。TCP 连接是可靠的,而且保证了传送数据包的顺序,保证顺序是用一个序号来保证的。响应包内也包括一个序列号,表示接收方准备好这个序号的包。在 TCP 传送一个数据包时,它同时把这个数据包放入重发队列中,同时启动计数器,如果收到了关于这个包的确认信息,将此包从队列中删除,如果计时超时则需要重新发送此包。请注意,从 TCP 返回的确认信息并不保证最终接收者接收到数据,这个责任由接收方负责。

　　TCP 的连接是通过俗称"三次握手"的方式建立的。对于一个要建立的连接,通信双方必须用彼此的初始化序列号 seq 和来自对方成功传输确认的应答号 ack(ack 号指明希望收到的下一个八位组的编号)来同步。习惯上将同步信号写为 SYN,应答信号为 ACK。整个同步的过程被称为三次握手。图 3-4 说明三次握手的过程。

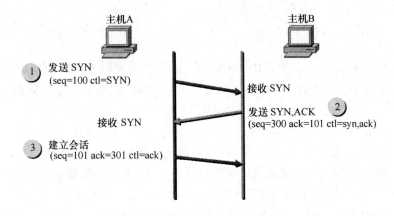

图 3-4　TCP 的三次握手过程

　　TCP 建立连接的过程如图 3-4,其步骤具体如下。

　　第一步:主机 A 发送 SYN 初始化序列号给主机 B,告诉主机 B,它要使用的序列号是100。这是第一次握手过程。

　　第二步:主机 B 发送 SYN、ACK 信号给主机 A。告诉主机 A,它的序列号是 300,应答号是主机 A 的序列号加 1,所以是 101,表示它等待接收 101 号八位组。这是第二次握手过程。

　　第三步:主机 A 发送 SYN、ACK 信号给主机 B,给出确认。序列号为 101,应答号为主机 B 的序列号上加 1。这是第三次握手过程。

　　从此连接建立,开始传输数据。TCP 是一种点对点的通信方式,任何一方都可以开始或终止通信。任何机器上的 TCP 都能被动地等待握手或主动的发起握手。一旦连接建立,数据就可以对等的双向传输。

　　3) 关闭 TCP 连接

　　对于已建立的连接,TCP 使用改进的三次握手("四次告别")来结束通话。

　　由于 TCP 连接是全双工的,所以每个方向都必须单独进行关闭。也就是说,当一方完成它的数据发送任务后就能发送一个 FIN 来终止这个方向的连接。收到一个 FIN 只意味着这一方向上没有数据流动,一个 TCP 连接在收到一个 FIN 后仍能发送数据。首先进行关闭的一方将执行主动关闭,而另一方执行被动关闭。图 3-5 为 TCP 关闭连接时的过程。

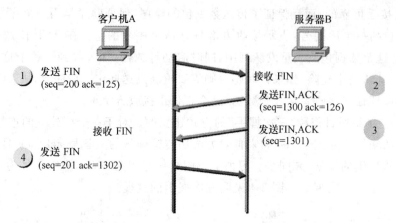

图 3-5 TCP 关闭连接

第一步:客户机 A 发送一个 FIN,用来关闭客户机 A 到服务器 B 的数据传送。

第二步:服务器 B 收到这个 FIN,它发回一个 ACK,确认序号为收到的序号加 1。和 SYN 一样,一个 FIN 将占用一个序号。

第三步:服务器 B 关闭与客户机 A 的连接,发送一个 FIN 给客户机 A。

第四步:客户机 A 发回 ACK 报文确认,并将确认序号设置为收到序号加 1。

读者可能会问:为什么建立连接协议是三次握手,而关闭连接却是四次握手呢?这是因为服务端在 LISTEN 状态下的 SOCKET 在收到 SYN 报文的建立请求后,它可以把 ACK 和 SYN(ACK 起应答作用,而 SYN 起同步作用)放在一个报文里来发送。但关闭连接时,当收到对方的 FIN 报文通知时,它仅仅表示对方没有数据发送给你了;但未必你所有的数据都全部发送给对方了,所以你未必会马上会关闭 SOCKET,也有可能还需要发送一些数据给对方之后,再发送 FIN 报文给对方来表示同意现在可以关闭连接了,所以这里的 ACK 报文和 FIN 报文多数情况下都是分开发送的。

4) TCP 可靠传输

TCP 采用了许多与数据链路层类似的机制来保证可靠的数据传输,如采用序列号、确认、滑动窗口协议等。只不过 TCP 的目的是为了实现端到端结点之间的可靠数据传输,而数据链路层协议则为了实现相邻结点之间的可靠数据传输。

首先,TCP 要为所发送的每一个分段加上序列号,保证每一个分段能被接收方接收,并只被正确地接收一次。

其次,TCP 采用具有重传功能的积极确认技术作为可靠数据流传输服务的基础。这里,"确认"是指接收端在正确收到分段之后向发送端回送一个确认(ACK)信息。发送方将每个已发送的分段备份在自己的发送缓冲区里,而且在收到相应的确认之前是不会丢弃所保存的分段的。"积极"是指发送方在每一个分段发送完毕的同时启动一个定时器,假如定时器的定时期满而关于分段的确认信息尚未到达,则发送方认为该分段已丢失并主动重发。为了避免由于网络延迟而引起迟到的确认和重复的确认,TCP 规定在确认信息中附带一个分段的序号,使接收方能正确地将分段与确认联系起来。

第三,采用可变长的滑动窗口协议进行流量控制,以防止由于发送端与接收端之间的不匹配而引起的数据丢失。这里所采用的滑动窗口协议与数据链路层的滑动窗口协议在工作原理上是完全相同的,唯一的区别在于滑动窗口协议用于传输层是为了在端到端结点之间实现流量控制,而用于数据链路层是为了在相邻结点之间实现流量控制。TCP 采用可变长的滑动窗口,使得发送端与接收端可根据自己的 CPU 和数据缓存资源对数据发送和接收能力作出动态调整,灵活性更强,也更合理。例如,假设主机 1 有一个大小为 4 096 字节长的缓冲区,向主机 2 发送 2 048 字节长度的数据分段,在未收到主机 2 的关于该 2 048 字节长度分段的确认之前,主机 1 向其他主机只能声明自己有一个 2 048 字节长度的发送缓冲区。过了一段时间后,假定主机 1 收到了来自主机 2 的确认,但其中声明的窗口大小为 0,这表明主机 2 虽然已经正确收到主机 1 前面所发送的分段,但目前主机 2 已不能接受任何来自主机 1 的新的分段了,除非以后主机 2 给出窗口大于 0 的新信息。

5) TCP 流量控制

TCP 采用大小可变的滑动窗口机制实现流量控制功能。窗口的大小是字节。在 TCP 报文段首部的窗口字段写入的数值就是当前给对方设置发送窗口的数据的上限。在数据传输过程中,TCP 提供了一种基于滑动窗口协议的流量控制机制,用接收端接收能力(缓冲区的容量)的大小来控制发送端发送的数据量。在建立连接时,通信双方使用 SYN 报文段或 ACK 报文段中的窗口字段携带各自的接收窗口尺寸,即通知对方从而确定对方发送窗口的上限。在数据传输过程中,发送方按接收方通知的窗口尺寸和序号发送一定量的数据,接收方根据接收缓冲区的使用情况动态调整接收窗口尺寸,并在发送 TCP 报文段或确认段时携带新的窗口尺寸和确认号通知发送方。

假设主机 A 向主机 B 发送数据,双方确定的窗口值是 400,一个报文段为 100 字节长,序号的初始值为 1(即 SEQ1=1)。主机 B 进行了三次流量控制。第一次将窗口减小为 300 字节,第二次将窗口又减为 200 字节,最后一次减至零,即不允许对方再发送数据了。这种暂停状态将持续到主机 B 重新发出一个新的窗口值为止。

在以太网的环境下,当发送端不知道对方窗口大小的时候,便直接向网络发送多个报文段,直至收到对方通告的窗口大小为止。但如果在发送方和接收方有多个路由器和较慢的链路时,就可能出现一些问题,一些中间路由器必须缓存分组,并有可能耗尽存储空间,这样就会严重降低 TCP 连接的吞吐量。这时采用了一种称为慢启动(Slow Start)的算法。慢启动为发送方的 TCP 增加一个拥塞窗口,当与另一个网络的主机建立 TCP 连接时,拥塞窗口被初始化为 1 个报文段(即另一端通告的报文段大小),每收到一个 ACK,拥塞允许窗口就增加一个报文段(以字节为单位)。发送端则选取拥塞窗口与通告窗口中的最小值作为发送上限。拥塞窗口是发送方使用的流量控制,而通告窗口则是接收方使用的流量控制。开始时发送一个报文段,然后等待 ACK。当收到该 ACK 时,拥塞窗口从 1 增加为 2,即可发送两个报文段。当收到这两个报文段的 ACK 时,拥塞窗口就增加为 4。这是一种指数增加的关系。在某些互连网络的某些中间点上可能达到了互联网容量的上限,于是中间路由器开始丢弃分组,并在这时通知发送方它的拥塞窗口过大。

3. UDP

用户数据报协议(UDP)是 OSI 参考模型中一种无连接的传输层协议,提供面向事务的简单不可靠信息传送服务。UDP 协议基本上是 IP 协议与上层协议的接口。UDP 协议适用端口分别运行在同一台设备上的多个应用程序。

　　由于大多数网络应用程序都在同一台机器上运行,计算机必须确保目的地机器上的软件程序能从源地址机器处获得数据包,以及源计算机能收到正确的回复。这是通过使用UDP 的"端口号"完成的。例如,如果一个工作站希望在工作站128.1.123.1 上使用域名服务系统,其就会给数据包一个目的地址 128.1.123.1,并在 UDP 头插入目标端口号 53。源端口号标识了请求域名服务的本地机的应用程序,同时需要将所有由目的站生成的响应包都指定到源主机的这个端口上。UDP 端口的详细介绍可以参照相关文献。

　　与 TCP 不同,UDP 并不提供对 IP 协议的可靠机制、流控制以及错误恢复功能等,在数据传输之前不需要建立连接。由于 UDP 比较简单,UDP 头包含很少的字节,比 TCP 负载消耗少。

　　UDP 适用于不需要 TCP 可靠机制的情形。例如,当高层协议或应用程序提供错误和流控制功能的时候。UDP 是传输层协议,服务于多种知名应用层协议,包括网络文件系统(Network File System,NFS)、简单网络管理协议(Simple Network Management Protocol,SNMP)、域名系统(Domain Name System,DNS)以及简单文件传输系统(Trivial File Transfer Protocol,TFTP)。UDP 与 TCP 位于同一层,但它不管数据包的顺序错误或重发。因此,UDP 不被应用于那些使用虚电路的面向连接的服务,UDP 主要用于那些面向查询—应答的服务,例如 NFS。相对于 FTP 或 Telnet,这些服务需要交换的信息量较小。使用 UDP 的服务包括 NTP(网络时间协议)和 DNS(DNS 也使用 TCP)。

　　欺骗 UDP 包比欺骗 TCP 包更容易,因为 UDP 没有建立初始化连接(也可以称为握手,因为在两个系统间没有虚电路),也就是说,与 UDP 相关的服务面临着更大的危险。

　　图 3-6 所示为 UDP 数据段的头部格式。

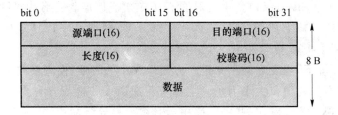

图 3-6　UDP 数据头

　　源端口:16 位。源端口是可选字段。当使用时,它表示发送程序的端口,同时它还被认为是在没有其他信息的情况下需要被寻址的答复端口。如果不使用,设置值为 0。

　　目的端口:16 位。目的端口在特殊互联网目标地址的情况下具有意义。

　　长度:16 位。该用户数据报的八位长度,包括协议头和数据。长度最小值为 8。

　　校验码:16 位。IP 协议头、UDP 协议头和数据位,最后用 0 填补的信息加协议头总和。如果必要的话,可以由两个八位复合而成。

　　数据:包含上层数据信息。

3.2.3　网络层协议

1. IP

网际协议 IP 是 TCP/IP 的心脏,也是网络层中最重要的协议。

IP 的责任就是把数据从源地址传送到目的地。它不负责保证传送的可靠性、流控制、包顺序和其他对于主机到主机协议来说很普通的服务。

IP 实现两个基本功能：寻址和分片。IP 可以根据数据报报头中包括的目的地址将数据报传送到目的地址，在此过程中 IP 负责选择传送的路径，这种选择路径称为路由功能。如果有些网络内只能传送小数据报，IP 可以将数据报重新组装并在报头域内注明。IP 模块中包括这些基本功能，这些模块存在于网络中的每台主机和网关上，而且这些模块（特别在网关上）有路由选择和其他服务功能。对 IP 来说，数据报之间没有什么联系，因此不存在连接或逻辑链路。

IP 层接收由更低层（网络接口层，例如以太网设备驱动程序）发来的数据包，并把该数据包发送到更高层——TCP 或 UDP 层；相反，IP 层也把从 TCP 或 UDP 层接收来的数据包传送到更低层。IP 数据包是不可靠的，因为 IP 并没有确认数据包是否按顺序发送或者没有被破坏。IP 数据包中含有发送它的主机的地址（源地址）和接收它的主机的地址（目的地址）。

IP 协议头格式如图 3-7 所示。

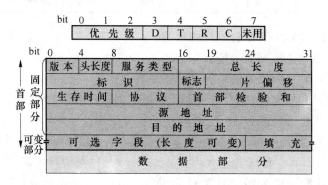

图 3-7　IP 协议头格式

每一个域包含 IP 报文所携带的信息，下面的描述有助于理解。

版本号（4 位）：指出此报文所使用的 IP 协议的版本号，IP 版本 4（IPv4）是当前广泛使用的版本。

头长度（4 位）：Internet 包头长度是以 32 位为单位标记的包头长度，它指向数据的开始位置，这个域的最小合法值为 5。

服务类型（8 位）：大多数情况下不使用此域，这个域用数值表示报文的重要程度，该数值大的报文优先处理。前 3 位表示优先级，为数据报提供优先级服务。第 4、5、6、7 位称为 D、T、R、C 比特，分别表示要求有更低的时延、更高的吞吐量、更高的可靠性和代价更小的路由。第 8 比特目前未使用。

总长度（32 位）：总长度指的是数据报的长度，由字节计，包括数据和报头。允许数据报的大小为 64K。

标识（16 位）：标识是发送用于帮助重组分片的包。假如多于一个报文（几乎不可避免），这个域用于标识报文位置，分片的报文保持最初的 ID 号。

标志（3 位）：第一个标志如果被置，将被忽略；占 3 位，目前只有前两位有意义，最低位 MF 位，MF＝1，表示还有后续分片，MF＝0 表示是最后一个分片；中间位 DF 位，DF＝1 表示不能分片,当 DF=0 时才允许分片。

片偏移(13 位):较长的分组在分片后,某片在原分组中的相对位置。片偏移以 8 个字节为偏移单位计算。首段的偏移为零。

生存时间(8 位):通常设为 15~30 秒。表明报文允许继续传输的时间。假如一个报文在传输过程中被丢弃或丢失,则指示报文会发回发送方,否则指示其报文丢失。发送机器将重传报文。

协议(8 位):这个域指出处理此报文的上层协议号,表 3-2 所示为常用协议的协议号。

表 3-2　常用协议的协议号

协议	协议号	协议	协议号
IP(IP 路由协议)	0	EGP(外部网关协议)	8
ICMP(网络控制报文协议)	1	UDP(用户数据报协议)	17
IGMP(网络管理组协议)	2	IPv6 over IPv4(IPv4 封装 IPv6)	41
IP in IP(IP 封装 IP)	4	EIGRP(高级矢量路由协议)	88
TCP(传输控制协议)	6	OSPF(最短路径优先协议)	89

首部校验和(16 位):头数据有效性的校验。

源地址(32 位):发送机器的地址。

目的地址(32 位):目的机器的地址。

选项(可选字段)和填充(32 位):选项的长度不定,选项包括时间戳、安全和特殊路由。在数据报中可以有选项也可以没有,但 IP 模块中必须有处理选项的功能。有些情况下,安全选项是必需的。它的长度不定,可以没有也可以是多个。填充用于保证报头是 32 位的倍数。

对于不同的网络,其中传送的包大小可能不一样,每种网络都规定了一个帧最多能够携带的数据量,这个数据量称为最大传输单元(Maximum Transmission Unit,MTU)。一个IP 数据报的长度只有小于或等于一个网络的 MTU,才能在这个网络中进行传输。当一个数据报的尺寸大于将发往网络的 MTU 值时,路由器会将 IP 数据报分成若干较小的部分,这称为分片,然后再将每片独立地发送。一旦进行分片,每片都可以像正常的 IP 数据报一样经过独立的路由选择等处理过程,最终到达目的主机。因此把大包分片的功能是必需的。数据报也可以被标记为“不可分片”,如果一个数据报被标记了,那么在任何情况下都不准对它进行分片。如果不分片数据报到不了目的地,那就把包在半路抛弃。在本地网内进行的重新分片和重组对 IP 模块是不可见的,这种方法也可以使用。

本地网分片的各段加上标记,接收方使用这些标记使不同的段区别开来。段偏移量域告诉接收方应该把这一段放在什么地方,多段标记指示最后一个段,利用不同的域完全可以重组一个数据报。标记域是用于唯一标记数据报的,它由最初的发送方设置,而且要保证数据报在网络传输的全过程中是唯一的。最初的发送方把段偏移量设置为零。

在接收到所有分片之后,主机对分片进行重新组装的过程叫做 IP 数据报重组。IP 协议规定,只有最终的目的主机才可以对分片进行重组。这样有两个好处:首先,目的主机进行重组减少了路由器的计算量。当转发一个 IP 数据报的时候,路由器不需要知道它是不是一个分片。其次,各个分片可以独立选择路径,每个分片到达目的地所经过的路径可以不同。图 3-8 显示了 IP 数据报分片、重组的过程。

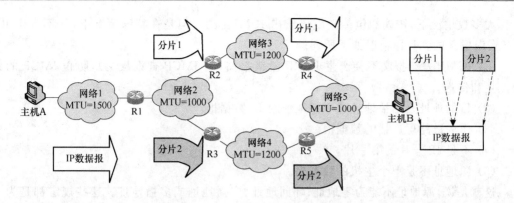

图 3-8　数据报分片、重组过程

2. ICMP

IP 协议并不是一个可靠的协议,它不保证数据被送达,那么保证数据送达的工作就由其他的模块完成。其中一个重要的模块就是网络控制报文协议(Internet Control Messages Protocol,ICMP)。当传送 IP 数据包发生错误,如主机不可达、路由不可达等,ICMP 协议将会把错误信息封包,然后传送回主机,给主机一个处理错误的机会。这也就是为什么说建立在 IP 层以上的协议是可能做到安全的原因。

从上面可以看出,ICMP 与 IP 位于同一层,ICMP 被用来传送 IP 的控制信息。它主要是用来提供有关通向目的地址的路径信息,提高 IP 数据报交付成功的机会。ICMP 允许主机或路由器报告差错情况和有关的异常情况。一般来说,ICMP 报文提供针对网络层的错误诊断、拥塞控制、路径控制和查询服务的四项功能。例如,当一个分组无法到达目的站点或 TTL 超时后,路由器就会丢弃此分组,并向源站点返回一个目的站点不可到达的 ICMP 报文。图 3-9 所示为 ICMP 报文。

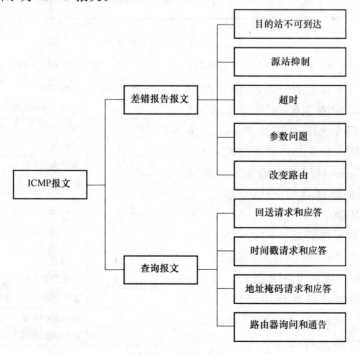

图 3-9　ICMP 报文

大多数情况下,错误的包传送应该给出 ICMP 报文,但是在特殊情况下,是不产生 IC-MP 错误报文的。具体情况如下所列。

(1) ICMP 差错报文不会产生 ICMP 差错报文(出 IMCP 查询报文),防止 IMCP 的无限产生和传送。

(2) 目的地址是广播地址或多播地址的 IP 数据报。

(3) 作为链路层广播的数据报。

(4) 不是 IP 分片的第一片。

(5) 源地址不是单个主机的数据报。

这就是说,源地址不能为零地址、环回地址、广播地址或多播地址。这些规定都是为了防止产生 ICMP 报文的无限传播而定义的。

ICMP 协议大致分为两类,一类是查询报文,一类是差错报文。其中查询报文有以下几种用途。

(1) Ping 查询。

(2) 子网掩码查询(用于无盘工作站在初始化自身的时候初始化子网掩码)。

(3) 时间戳查询(可以用来同步时间)。

1) ICMP 报文

ICMP 报文,报告出错信息,让信源主机采取相应处理措施。它是一种差错和控制报文协议,不仅用于传输差错报文,还用于传输控制报文。ICMP 数据包由 8bit 的错误类型、8 bit 的代码和 16 bit 的校验和组成。而前面的 16 bit 组成了 ICMP 所要传递的信息。如图 3-10 所示。

类型(8位)	代码(8位)	校验和(16位)
(因不同的类型和代码而有不同的内容)		

图 3-10　ICMP 报文格式

ICMP 报文包含在 IP 数据报中,属于 IP 的一个用户,IP 头部就在 ICMP 报文的前面,所以一个 ICMP 报文包括 IP 头部、ICMP 头部和 ICMP 报文。IP 头部的 Protocol 值为 1 就说明这是一个 ICMP 报文。ICMP 头部中的类型(Type)域用于说明 ICMP 报文的作用及格式,此外还有一个代码(Code)域用于详细说明某种 ICMP 报文的类型,所有数据都在 ICMP 头部后面。RFC 定义了 13 种 ICMP 报文格式,具体如表 3-3 所示。

下面是几种常见的 ICMP 报文。

(1) 响应请求。日常使用最多的 Ping 就是响应请求(Type=8)和应答(Type=0),一台主机向一个结点发送一个 Type=8 的

表 3-3　ICMP 报头类型

类型代码	类型描述
0	响应应答(ECHO-REPLY)
3	不可到达
4	源抑制
5	重定向
8	响应请求(ECHO-REQUEST)
11	超时
12	参数失灵
13	时间戳请求
14	时间戳应答
15	信息请求(＊已作废)
16	信息应答(＊已作废)
17	地址掩码请求
18	地址掩码应答

ICMP 报文,如果途中没有异常(如被路由器丢弃、目标不回应 ICMP 或传输失败),则目标返回 Type=0 的 ICMP 报文,说明这台主机存在,更详细的 tracert 通过计算 ICMP 报文通过的结点来确定主机与目标之间的网络距离。

(2) 目标不可到达、源抑制和超时报文。这三种报文的格式是一样的,目标不可到达报文(Type=3)在路由器或主机不能传递数据报时使用。例如,现在要连接对方一个不存在的系统端口(端口号小于 1024)时,将返回 Type=3、Code=3 的 ICMP 报文,它告诉我们:"嘿,别连接了,我不在家的!"。常见的不可到达类型还有网络不可到达(Code=0)、主机不可到达(Code=1)、协议不可到达(Code=2)等。源抑制则充当一个控制流量的角色,它通知主机减少数据报流量,由于 ICMP 没有恢复传输的报文,所以只要停止该报文,主机就会逐渐恢复传输速率。最后,无连接方式网络的问题就是数据报会丢失,或者长时间在网络游荡而找不到目标,或者拥塞导致主机在规定时间内无法重组数据报分段,这时就要触发 IC-MP 超时报文的产生。超时报文的代码域有两种取值:Code=0 表示传输超时,Code=1 表示重组分段超时。

(3) 时间戳。时间戳请求报文(Type=13)和时间戳应答报文(Type=14)用于测试两台主机之间数据报来回一次的传输时间。传输时,主机填充原始时间戳,接收方收到请求后填充接收时间戳后以 Type=14 的报文格式返回,发送方计算这个时间差。一些系统不响应这种报文。

2) ICMP 应用——ICMP 重定向

虽然 ICMP 不是路由协议,但有时它也可以指导数据包的流向(使数据流向正确的网关)。利用 ICMP 报文重定向实现路径优化。在 IP 互联网中,主机可以在数据传输过程中不断地从相邻的路由器获得新的路由信息。一旦检测到某 IP 数据报经非优路径传输,它一方面继续将该数据报转发出去,另一方面将向主机发送一个路由重定向 ICMP 报文,通知主机去往该目的主机的最优路径。这样主机经过不断积累便能掌握越来越多的路由信息。这样可以保证主机拥有一个动态的、既小且优的路由表。

ICMP 协议通过 ICMP 重定向数据包(类型 5、代码 0:网络重定向)达到这个目的。

如图 3-11 所示,主机 PC 要 Ping 路由器 R2 的 loopback 0 地址:192.168.3.1,主机将判断出目标属于不同的网段,因此它要将 ICMP 请求包发往自己的默认网关 192.168.1.253(路由器 R1 的 E0 接口)。但是,在这之前主机 PC 首先必须发送 ARP 请求,请求路由器 R1 的 E0(192.168.1.253)的 MAC 地址。

当路由器 R1 收到此 ARP 请求包后,它首先用 ARP 应答包回答主机 PC 的 ARP 请求(通知主机 PC:路由器 R1 的 E0 接口的 MAC 地址)。然后,它(路由器 R1)将此 ICMP 请求转发到路由器 R2 的 E0 接口:192.168.1.254(要求路由器 R1 正确配置了到网络 192.168.3.0/24 的路由)。此外,路由器 R1 还要发送一个 ICMP 重定向消息给主机 PC,通知主机 PC 对于主机 PC 请求的地址的网关是:192.168.1.254。路由器 R2 此时会发送一个 ARP 请求消息请求主机 PC 的 MAC 地址,而主机 PC 会发送 ARP 应答消息给路由器 R2。

最后路由器 R2 通过获得的主机 PC 的 MAC 地址信息,将 ICMP 应答消息发送给主机 PC。

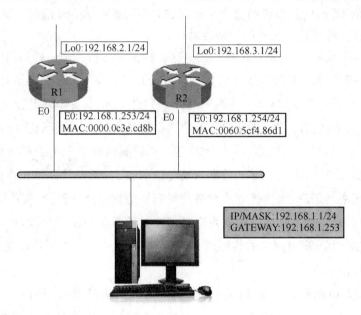

图 3-11　ICMP 重定向

3) ICMP 的应用——Ping

测试网络的连通性(Ping):回应请求(ICMP Echo)或者应答(ICMP Reply)ICMP 报文,用于测试目的主机或路由器的连通性,如图 3-12 所示。

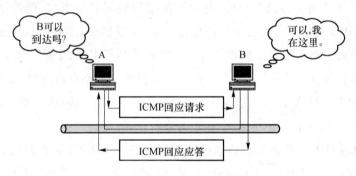

图 3-12　Ping 的应用

Ping 这个单词源自声呐定位,而这个程序的作用也确实如此,它利用 ICMP 协议包来侦测另一个主机是否可达。原理是用类型码为 0 的 ICMP 发送请求,受到请求的主机则用类型码为 8 的 ICMP 回应。Ping 程序用来计算间隔时间,并计算有多少个包被送达。用户就可以判断网络大致的情况。可以看出,Ping 给出了传送的时间和 TTL 的数据。如图 3-13 所示。

Ping 提供了一个可以看主机到目的主机的路由的机会。这是因为,ICMP 的 Ping 请求数据报在经过每一个路由器的时候,路由器都会把自己的 IP 放到该数据报中。而目的主机则会把这个 IP 列表复制到回应 ICMP 数据包中发回给主机。但是,无论如何 IP 头所能记录的路由列表都是非常有限的。要观察路由,还需要使用更好的工具,就是将要讲到的 Tracert。

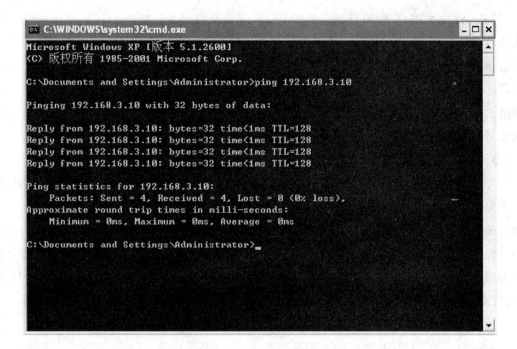

图 3-13 Ping 的应用

4）ICMP 的应用——Tracert

Tracert 是用来侦测主机到目的主机之间所经路由情况的重要工具，也是最便利的工具。尽管 Ping 工具也可以进行侦测，但是因为 IP 头的限制，Ping 不能完全的记录所经过的路由器，所以 Tracert 正好填补了这个缺憾。如图 3-14 所示。

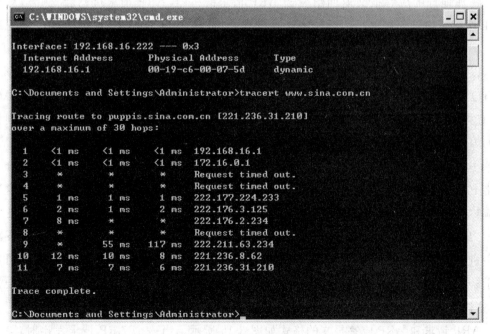

图 3-14 Tracert 的应用

Tracert 的原理：它收到目的主机的 IP 后，首先给目的主机发送一个 TTL＝1 的 UDP 数据包，而经过的第一个路由器收到这个数据包以后，就自动把 TTL 减 1，而 TTL 变为 0 以后，路由器就把这个包给抛弃，并同时产生一个主机不可达的 ICMP 数据报给主机。主机收到这个数据报以后再发一个 TTL＝2 的 UDP 数据报给目的主机，然后刺激第二个路由器给主机发 ICMP 数据报。如此往复，直到到达目的主机。这样，Tracert 得到了所有的路由器 IP，从而解决了 IP 头只能记录有限路由 IP 的问题。

3. ARP 和 RARP 协议

ARP 协议是"Address Resolution Protocol"（地址解析协议）的缩写。在局域网中，网络中实际传输的是"帧"，帧里面有目标主机的 MAC 地址。在以太网中，一个主机要和另一个主机进行直接通信，必须要知道目标主机的 MAC 地址，但这个目标 MAC 地址是如何获得的呢？它就是通过地址解析协议获得的。所谓"地址解析"就是主机在发送帧前将目标 IP 地址转换成目标 MAC 地址的过程。ARP 协议的基本功能就是通过目标设备的 IP 地址，查询目标设备的 MAC 地址，以保证通信的顺利进行。

1）ARP 协议的工作原理

在每台安装 TCP/IP 协议的电脑里都有一个 ARP 缓存表，表里的 IP 地址与 MAC 地址是一一对应的。当 ARP 解析一个 IP 地址时，它会先搜索 ARP 缓存表作匹配。如果找到了匹配的 IP 地址，ARP 就把物理地址返回给提供 IP 地址的应用；假如 ARP 没有找到，它将在网络上发布消息，这个称为 ARP 请求的消息，被广播到局域网上的每一个设备。

ARP 请求包括接收设备的 IP 地址。假如一个设备认出此 IP 地址属于自己，就把包含自己物理地址的应答报文返回给发送 ARP 请求的机器，ARP 请求机器会把此信息放到 ARP 缓存表中以备将来之用。使用这种方式，ARP 能决定任何 IP 地址对应机器的物理地址。

以主机 A(209.0.0.5)向主机 B(209.0.0.6)发送数据为例。当发送数据时，主机 A 会在自己的 ARP 缓存表中寻找是否有目标 IP 地址。如果找到了，也就知道了目标 MAC 地址，直接把目标 MAC 地址写入帧里面发送就可以了；如果在 ARP 缓存表中没有找到相对应的 IP 地址，主机 A 就会在网络上发送一个广播，目标 MAC 地址是"FF.FF.FF.FF.FF.FF"，这表示向同一网段内的所有主机发出这样的询问："209.0.0.6 的 MAC 地址是什么？"网络上其他主机并不响应 ARP 询问，只有主机 B 接收到这个帧时，才向主机 A 做出这样的回应："209.0.0.6 的 MAC 地址是 08-00-2B-00-EE-0A"。这样，主机 A 就知道了主机 B 的 MAC 地址，它就可以向主机 B 发送信息了。同时它还更新了自己的 ARP 缓存表，下次再向主机 B 发送信息时，直接从 ARP 缓存表里查找就可以了。ARP 解析地址过程如图 3-15 所示。ARP 缓存表采用了老化机制，在一段时间内如果表中的某一行没有使用，就会被删除，这样可以大大减少 ARP 缓存表的长度，加快查询速度。

ARP 请求和 ARP 应答报文的格式如图 3-16 所示。当一个 ARP 请求发出时，除了接收端硬件地址之外所有域都被使用。ARP 应答中，使用所有的域。

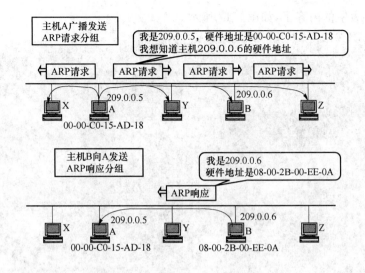

图 3-15 ARP 解析地址过程

硬件类型：识别硬件接口类型，合法的值如表 3-4 所示。

硬件类型(16位)	
协议类型(16位)	
硬件地址长度	协议地址长度
操作码(16位)	
发送方硬件地址	
发送方IP地址	
接收端硬件地址	
接收端IP地址	

图 3-16 ARP 头格式

表 3-4 硬件接口类型

类型	描述
1	以太网
2	实验以太网
3	X.25
4	ProteonProNET(令牌环)
5	混沌网(chaos)
6	IEEE 802.X
7	ARC 网络

协议类型：表示所使用的协议。我们常用的协议是以太网类型，值为 1。

硬件地址长度：数据报中硬件地址以字节为长度单位。

协议地址长度：数据报中所用协议地址以字节为长度单位。

操作码：操作码指明数据报是 ARP 请求、ARP 应答、RARP 请求或 RARP 应答。假如是 ARP 请求，此值为 1；数据报是 ARP 应答，此值为 2；数据报是 RARP 请求，此值为 3；数据报是 RARP 应答，此值为 4。

发送方硬件地址：发送方设备的硬件地址。

发送方 IP 地址：发送方设备的 IP 地址。

接收方硬件地址：接收方设备的硬件地址。

接收方 IP 地址：接收方设备的 IP 地址。

2）如何查看 ARP 缓存表

ARP 缓存表是可以查看的，也可以添加和修改。在命令提示符下，输入"arp-a"就可以查看 ARP 缓存表中的内容了,如图 3-17 所示。

```
C:\WINDOWS\system32\cmd.exe                                    _ □ ×

Microsoft Windows XP [Version 5.1.2600]
(C) Copyright 1985-2001 Microsoft Corp.

C:\Documents and Settings\Administrator>arp -a

Interface: 192.168.19.150 --- 0x2
  Internet Address      Physical Address      Type
  192.168.16.1          00-19-c6-00-07-5d     dynamic
  192.168.16.16         00-24-81-cb-77-39     dynamic
  192.168.16.17         00-24-81-cb-8e-93     dynamic
  192.168.16.25         00-24-81-cc-51-90     dynamic
  192.168.16.35         00-24-81-cc-5b-a2     dynamic
  192.168.16.37         00-24-81-cc-5a-e9     dynamic
  192.168.16.45         00-24-81-cc-5a-a8     dynamic
  192.168.16.46         00-24-81-cc-50-82     dynamic
  192.168.16.55         00-24-81-cc-5b-40     dynamic
  192.168.16.63         00-24-81-cc-5c-64     dynamic
  192.168.16.65         00-24-81-cc-5a-56     dynamic
  192.168.16.71         00-24-81-cc-5c-5e     dynamic
  192.168.16.72         00-24-81-cc-5c-95     dynamic
  192.168.16.78         00-24-81-cb-7e-34     dynamic
  192.168.16.84         00-24-81-cc-5b-02     dynamic

C:\Documents and Settings\Administrator>
```

图 3-17　查看 ARP 缓存

用"arp-d"命令可以删除 ARP 表中某一行的内容;用"arp-s"可以手动地在 ARP 表中指定 IP 地址与 MAC 地址的对应。

3) RARP

ARP 协议有一个缺陷:假如一个设备不知道它自己的 IP 地址,就没有办法产生 ARP 请求和 ARP 应答。网络上的无盘工作站就是这种情况。设备知道的只是网络接口卡上的物理地址。

一个简单的解决办法是使用反向地址解析协议(RARP)。RARP 与 ARP 工作方式相反。RARP 发出要反向解析的物理地址并希望返回其 IP 地址,应答包括由能够提供信息的 RARP 服务器发出的 IP 地址。虽然发送方发出的是广播信息,RARP 规定只有 RARP 服务器能产生应答。许多网络指定多个 RARP 服务器,这样做既是为了平衡负载也是为了出现问题时的备份。如图 3-18 所示。

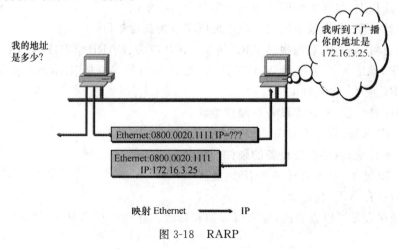

图 3-18　RARP

习 题 三

一、填空题

1. TCP 协议的工作过程分为＿＿＿＿＿、＿＿＿＿＿、＿＿＿＿＿三个过程。

2. Ping 命令是根据＿＿＿＿＿协议进行工作的。

3. 查看 ARP 缓存表的命令是＿＿＿＿＿。

4. ICMP 的报文分为两大类：＿＿＿＿＿和＿＿＿＿＿。

5. 用于远程访问的协议是＿＿＿＿＿。

6. IP 实现两个基本功能：＿＿＿＿＿和＿＿＿＿＿。

7. IP 协议头的固定部分的长度是＿＿＿＿＿。

8. HTTP 默认的端口号是＿＿＿＿＿。

9. ＿＿＿＿＿可以实现跟踪路由的目的。

10. 在 IP 包数据头部信息中，当＿＿＿＿＿参数为 0 时，说明数据分组将被丢弃。

二、选择题

1. 为了保证连接的可靠实现，TCP 通常采用（　　　）。

   A. 三次握手手法　　　　　　　　B. 窗口控制机制

   C. 自动重发机制　　　　　　　　D. 窗口机制

2. 在 TCP/IP 协议族中，HTTP 协议工作在（　　　）。

   A. 应用层　　　　　　　　　　　B. 传输层

   C. 网络互联层　　　　　　　　　D. 网络接口层

3. 下面（　　　）协议被认为是面向非连接的传输层协议。

   A. IP　　　　　　　　　　　　　B. UDP

   C. TCP　　　　　　　　　　　　D. RIP

4. 在下面给出的协议中，（　　　）属于 TCP/IP 的应用层。

   A. TCP 和 FTP　　　　　　　　　B. IP 和 UDP

   C. ARP 和 DNS　　　　　　　　　D. FTP 和 POP3

5. HTML 的特点在于是具有链接能力的文本，它的中文全称是（　　　）。

   A. 文件传输协议　　　　　　　　B. 简单电子邮件传输协议

   C. 超文本传输协议　　　　　　　D. 超文本标记语言

6. ARP 协议的作用是（　　　）。

   A. 完成物理地址到 IP 地址的转换

   B. 完成 IP 地址到物理地址的转换

   C. 完成域名到 IP 地址的转换

   D. 完成 IP 地址到域名的转换

7. 下列说法错误的是（　　　）。

   A. 用户数据报协议 UDP 提供了面向非连接的、不可靠的传输服务

   B. 由于 UDP 是面向非连接的，所以它可以将数据直接封装在 IP 数据报中进行

　　　　发送

　　C. 在应用程序利用 UDP 协议传输数据之前,首先需要建立一条到达主机的 UDP
　　　　连接

　　D. 当一个连接建立时,连接的每一端分配一块缓冲区来存储接收到的数据,并将缓
　　　　冲区的尺寸发送给另一端

8. 关于 TCP 和 UDP 端口,下列说法正确的是(　　　)。

　　A. TCP 和 UDP 分别拥有自己的端口号,它们互不干扰,可以共存于同一台主机

　　B. TCP 和 UDP 分别拥有自己的端口号,但它们共享于同一台主机

　　C. TCP 和 UDP 的端口没有本质区别,它们可以共存于同一台主机

　　D. TCP 和 UDP 的端口没有本质区别,它们互不干扰,不能共存于同一台主机

9. 下面(　　　)协议不是使用 TCP 协议传输,而是用 UDP 协议的。

　　A. TFTP　　　　　　　　　　　　B. POP3

　　C. FTP　　　　　　　　　　　　　D. SNMP

三、简答题

1. 讲述 TCP 的三次握手过程。

2. 举例讲述 ICMP 协议的应用。

3. 简述 IP 数据的分片和重组过程。

4. 画出 IP 数据包头的格式。

第4章 局域网技术

局域网是在小范围内将许多数据设备互相连接进行数据通信的计算机网络。其中的数据设备可以是微型机、小型机或中型、大型计算机,也可以是终端、打印机和磁盘机等外围设备。但目前所指的局域网主要是指微型机局域网,尤其是连接机及其兼容机的微型机局域网。

局域网是一个数据传输系统,它允许在有限地理范围的许多独立设备相互连接,直接进行通信并共享网络资源。它的基本特征是网络所覆盖的地理范围较小、数据传输距离短。这使得局域网在选择通信方式、通信控制方法、网络拓扑结构、网络协议等方面具有自己的特色。由于局域网的通信距离较短,通信线路的成本在网络建设的总成本中所占的比例较小,所以它可以使用价格较高的高速传输介质,由各个结点共享。因此,局域网一般不采用网状拓扑结构,而是使用总线型、环型以及星型结构,从而使网络的管理和控制变得更加简单。同时,由于其传输距离较短、传输速率较高,大大地提高了可靠性。

局域网多为一个组织所拥有和使用。从使用者的角度来看,一个组织内部的通信是频繁而且多点同时进行的。由于共享信道且同时使用了多种传输介质,如何协调和控制多个用户同时对共享信道的使用,成为最迫切的问题。局域网所要解决的最主要问题是多源多目的链接的管理,由此便产生了多种传输介质的访问控制技术,这也就意味着局域参考模型之间存在着较大的差异。

综上所述,局域网具有以下主要属性。

(1)其覆盖范围是有限的,一般在一个建筑物或一个校园内,用于企业、机关、学校等某单一组织有限范围内的计算机互联,从而实现内部的资源共享。范围小、传输距离短是产生其他特点的原因。

(2)局域网可以采用多种传输介质,主要有双绞线、同轴电缆、光纤及无线介质。使用不同的介质有不同的低层协议。局域网的传输速率较高,通常可以达 10 Mbit/s~1 000 Mbit/s,其传输可靠性也高。

(3)传输控制比较简单。对于共享信道的局域网来说,网络没有中间结点,也就不需要转接和路由选择等控制功能。

(4)其拓扑结构简单,一般采用总线型、环型、星型结构,便于网络的控制与管理,低层协议也比较简单。

局域网和广域网的主要区别在于通信距离和传输速率,这两方面的不同也决定了所要解决的问题不同,各自的拓扑结构、体系结构、低层协议也相应不同。

4.1　局域网分类

由于局域网的发展较为迅速,种类繁多,分类的方法也较多。概括起来,有以下几种方法。

从广义上,首先可以将局域网分为以下三类:

(1) 局部地区局域网(Local Area Network,LAN);

(2) 高速局域网络(High-speed Local Network,HSLN);

(3) 用户交换机局域网(Private Branch Exchange,PBE)。

这三类网络的主要特性如表 4-1 所示。LAN 是一种使用最普及的局域网络,适用于企业、机关的管理,决策支持系统和办公室自动化。

表 4-1　三种局域网的特性比较

特性	LAN	HSLN	PBE
传输介质	双绞线、光缆、光纤	CATV 电缆	双绞线
拓扑结构	总线、树型、环型	总线	星型
传输速率	1~20 Mbit/s	50 kbit/s	9.5~64 kbit/s
最大距离	25 km	1 km	1 km
交换技术	分组	分组	线路
接入网的最大设备数	几百到几千	几十	几百到几千

按照网络资源共享方式的不同,可将局域网分为对等局域网和非对等局域网。

对等(Peer-to-Peer)局域网中,每台计算机处于平等地位,没有主从之分,即没有服务器与工作站的分工;每一台计算机都能访问和共享其他计算机的资源。非对等局域网中,有网络服务器和网络工作站的明确分工。网络服务器以集中控制方式管理局域网的共享资源,并为网络工作站提供服务。而网络工作站则为本地用户访问本地资源和网络资源提供服务。为了满足多个工作站的需要,服务器通常采用高配置、高性能的计算机,而工作站则一般采用较低配置的微机。目前使用的局域网,大多采用非对等的结构。

按照网络通信方式的不同,可以将局域网分为共享介质局域网和交换局域网。

共享介质局域网是网络中所有结点共享一条传输介质,每个结点均分配到相同的带宽。例如,Ethernet 的传输介质的最大数据传输速率为 100 Mbit/s,即带宽为 10 Mbit/s。当网络中有 n 个结点时,则每个结点可以平均分配到 $10/n$ Mbit/s 的带宽。从上述例 5 中可以看出,共享介质局域网具有明显的缺点:首先是网络扩展不方便,因为结点数的增加必然会导致每个结点可用带宽的减少;其次,没有优先权的设置,这导致重要的数据没有保证,也就是说,当两个结点在通信时,其他结点只能等待,哪怕有更重要的数据要传输也只能等待;再次,各结点间明显会出现争用信道的现象,这就必须解决有关冲突的问题。IEEE 802 局域网就是典型的共享介质局域网。

交换局域网的工作方式在本质上与共享介质局域网不同。交换局域网的核心部件是交换机,每个交换机有多个接口,数据可以在多个结点间并发传输。此外,由于交换机能自动识别端口地址,其数据并非以广播方式发送,所以可以增加局域网的带宽,改善局域网的带宽和服务质量。

按照传输技术的不同,可以将局域网分为基带局域网和宽带局域网。

在基带传输中,信号的传输是双向的。如图 4-1 所示。在传输介质上,任意一点发出的信号沿左、右两个方向传输到总线两端,两端负责所有信号的接收。由于信号的双向传输性,总线上的所有站点都能以广播式发送和接收。基带数字信号的传输介质多采用双绞线、同轴电缆或光纤,采用的拓扑结构一般为总线型,传输速率一般为 1~100 Mbit/s。传输距离较短,通常不超过 2.5 km,否则,信号衰减严重。为延长网段长度,可以采用中继器转接。中继器仅对信号起到放大和复原作用,对于系统其他部分来说是透明的。由于中继器没有对信号作存储缓冲工作,没有将两个网段隔开,当不同网段的两个站同时发送信息时,将发生冲突。为避免此冲突,任何两站之间所允许的中继器数量都是有限的,这也就意味着,即使采用中继器接驳,传输距离也是有限的。

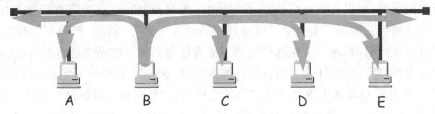

图 4-1　基带信号传输

由于基带传输在进行长距离传输时,信号衰减严重,带宽有限,显然不适合图像一类的宽带信号的传输,不利于多媒体技术的应用。

宽带局域网的传输介质是宽带同轴电缆,采用模拟信号的频分多路复用技术(FDM)。FDM 将宽带同轴电缆的频带分成多个子频带,每个子频带传输一路模拟信号,可同时传输多路模拟信号。宽带局域网采用总线型或树型拓扑结构,可以实现远距离传输,比基带传输的距离远得多。宽带是一种单方向的传输介质,即信号只能沿一个方向传输。因此,只有发送站的下行站才能收到信息。为保证数据传输的有效性,需要有两条数据路径,分别用于发送数据和接收数据。

从物理角度来说,可以用两种不同的构造来实现数据发送和接收通路。一种方法是用两条电缆构造,一条为入径,另一条为出径,它们是分开的(即非同一条),用一无源连接装置将入径和出径连接起来,如图 4-2(a)所示。另一种方法是采用分叉构造,即入径和出径是同一电缆上的不同频段,电缆一端包含一种称为频率转换器的装置,将入径频率转换成出径频率,频率转换器可以采用模拟或数字的装置,如图 4-2(b)所示。

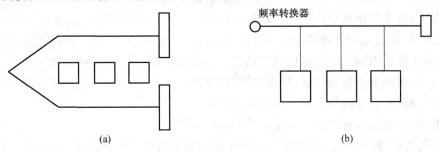

(a)　　　　　　　　　　　　　　　　　(b)

图 4-2　宽带局域网的信号传送

4.2　虚拟局域网

4.2.1　VLAN 概念

虚拟局域网(Virtual Local Area Network,VLAN)是一种高速局域网,它是在交换局域网的基础上给用户提供的一种新的服务,将局域网内的设备逻辑地划分为多个网段,国际标准化组织于 1999 年颁布了用以实现标准化 VLAN 方案的协议标准草案。

在实际应用中,通常希望能将局域网内的某部分计算机继续分为一组,在各组之间不能随意进行数据交换,当发生网络风暴的时候能够将影响控制在较小的网络范围限内,不至于导致整个网络瘫痪。例如一个企业可以将其局域网分为财务、销售、管理等工作组,在每个组的内部可以自由通信,而一个组的站点却不能直接与其他组的站点进行通信,从而保证组内信息的安全性,既可以保证公司财务信息的安全性,又不影响财务工作人员的方便性。

VLAN 相当于 OSI 参考模型的第二层的广播域,能够有效地将网络广播风暴控制在一个 VLAN 内部,使其不扩散到整个网络影响整个网络的性能。划分 VLAN 后,由于缩小了整个广播域的范围,网络中广播包消耗带宽所占的比例大大降低,提高了网络的通信性能。不同的 VLAN 之间的数据传输是通过网络层的路由来实现的。因此,使用 VLAN 技术,结合数据链路层和网络层的交换设备可搭建安全可靠的网络。

VLAN 与传统局域网的区别在于 VLAN 并不局限于某一物理网络范围内。它可以根据网络用户的位置、作用、部门或者根据网络用户所使用的应用程序和协议来进行分组,网络管理员通过控制交换机的每一个端口来控制网络用户对网络资源的访问,大大提高了网络管理的方便性和网络安全性。虚拟局域网 VLAN 是将网络上的站点按一定原则划分成多个逻辑工作小组,每一个逻辑工作小组构成一个虚拟局域网。虚拟局域网以网络交换技术为基础,通过软件方法来实现逻辑工作组的划分及管理。虚拟局域网必须依赖实际的网络,在实际的支持局域网的网络上,采用虚拟局域网技术来实现。虚拟局域网不受站点的物理地址及物理布局的影响,同一逻辑工作组的站点可以分布在不同的网段上,还可以建立在不同的交换机上的,但组内各站点间的通信如同在同一个网段内、使用同一台交换机一样。虚拟局域网的构成如图 4-3 所示。

前面提到,虚拟局域网是建立在交换技术基础上的,在交换式局域网中,各站点都连接在交换机上,各个交换机也连在一起。因为交换机基本上都是存储转发型的,所以可以通过软件设置把广播信息的传播范围限制在同一个虚拟局域网中,使同一组内的站点可实现直接通信,而不同组内站点之间的信息交换则要通过路由器或路由交换机来实现。虚拟局域网的拆分、重组非常方便,通过软件设置,可以方便地将一个站点从一个虚拟局域网转到另一个虚拟局域网,其他的物理设备根本不用改变。

根据前面的介绍,可以总结出虚拟局域网有以下主要特点。

(1) 灵活的、软定义的、边界独立于物理媒质的设备群。VLAN 概念的引入,使交换机承担了网络的分段工作,而不再使用路由器来完成。使用 VLAN,能够把原来一个物理的局域网划分成很多个逻辑意义上的子网,而不必考虑具体的物理位置,每一个 VLAN 都可以对应于一个逻辑单位,如部门、车间和项目组等。

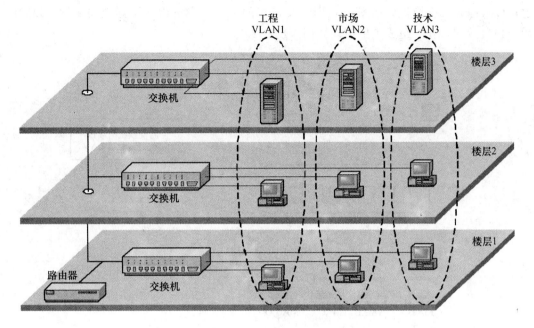

图 4-3　虚拟局域网的构成图

(2) 广播流量被限制在软定义的边界内,提高了网络的安全性。由于在相同 VLAN 内的主机间传送的数据不会影响到其他 VLAN 上的主机,所以减少了数据窃听的可能性,极大地增强了网络的安全性。

(3) 在同一个虚拟局域网中成员之间提供低延迟、线速的通信,能够在网络内划分网段或者微网段,提高网络分组的灵活性。VLAN 技术通过把网络分成逻辑上的不同广播域,使网络上传送的包只在与位于同一个 VLAN 的端口之间交换。这样就限制了某个局域网只与同一个 VLAN 的其他局域网互相连接,避免带宽浪费,从而消除了传统的桥接/交换网络的固有缺陷——包经常被传送到并不需要它的局域网中。这也改善了网络配置规模的灵活性,尤其是在支持广播/多播协议和应用程序的局域网环境中,会遭遇到如潮水般涌来的包。而在 VLAN 结构中,可以轻松地拒绝其他 VLAN 的包,从而大大减少网络流量。

4.2.2　VLAN 的实现

VLAN 是建立在物理网络基础上的一种逻辑子网,所以建立 VLAN 需要相应的支持 VLAN 技术的网络设备。当网络中的不同 VLAN 间进行相互通信时,需要路由的支持,这时就需要增加路由设备。要实现路由功能,既可采用路由器,也可采用三层交换机来完成。同时,还严格限制了用户数量。虚拟局域网是一种软技术,主要是通过配置交换机来实现,主要有以下 6 种实现方法。

1) 基于端口的 VLAN

基于端口的虚拟局域网划分是比较流行和最早的划分方式,其特点是将 VLAN 交换机上的物理端口和 VLAN 交换机内部的 PVC(永久虚电路)端口分成若干组,每个组构成一个虚拟网,相当于一个独立的 VLAN 交换机。这些交换机端口分组,可以在一台交换机上,也可以跨越几个交换机。如图 4-4 所示,交换机的端口 1 和 2 组成了虚拟局域网 VLAN1;而交换机的端口 3、4 组成了虚拟局域网 VLAN2。

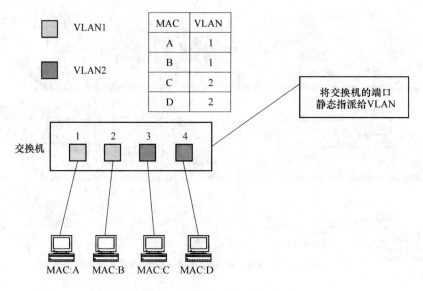

图 4-4　基于端口的 VLAN

　　端口分组目前是定义虚拟局域网成员最常用的方法,而且配置也相当简便。纯粹用端口分组来定义虚拟局域网不会允许多个虚拟局域网包含同一个实际网段(或交换机端口)。其特点是一个虚拟局域网的各个端口上的所有终端都在一个广播域中,它们相互可以通信,不同的虚拟局域网之间需经过路由进行通信。这种虚拟局域网划分方式的优点在于简单,容易实现,从一个端口发出的广播,直接发送到虚拟局域网内的其他端口,也便于直接监控。但是,用端口定义虚拟局域网的主要局限性在于使用不够灵活,当用户从一个端口移动到另一个端口时,网络管理员必须重新配置虚拟局域网成员。不过这一点可以通过灵活的网络管理软件来弥补。

　　2) 基于硬件 MAC 地址的 VLAN

　　基于硬件 MAC 地址层地址的虚拟局域网具有自身的优点和缺点。由于硬件地址层的地址是硬连接到工作站的网络界面卡(NIC)上的,所以基于硬件地址层地址的虚拟局域网使网络管理员能够把网络上的工作站移动到不同的实际位置,而且可以让这台工作站自动地保持它原有的虚拟局域网成员资格,如图 4-5 所示。按照这种方式,由硬件地址层地址定义的虚拟局域网可以被视为基于用户的虚拟局域网。

　　这种方式的虚拟局域网,交换机对终端的 MAC 地址和交换机端口进行跟踪,在新终端入网时根据已经定义的虚拟局域网——MAC 对应表将其划归至某一个虚拟局域网,而无论该终端在网络中怎样移动,由于其 MAC 地址保持不变,故不需进行虚拟局域网的重新配置。这种划分方式减少了网络管理员的日常维护工作量,不足之处在于所有的终端必须被明确地分配在一个具体的虚拟局域网中,任何时候增加终端或者更换网卡,都要对虚拟局域网数据库调整,以实现对该终端的动态跟踪。

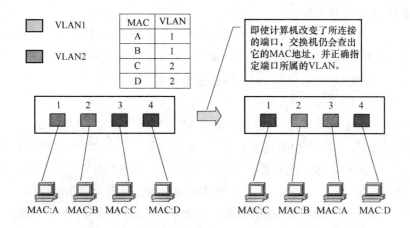

图 4-5 基于 MAC 地址的 VLAN

　　基于硬件地址层地址的虚拟局域网解决方案的缺点之一是要求所有的用户必须初始配置在至少一个虚拟局域网中。在这次初始手工配置之后,用户的自动跟踪才有可能实现,而且取决于特定的供应商解决方案。然而,这种方法的缺点在大型网络中变得非常明显:几千个用户必须逐个分配到各自特定的虚拟局域网中。某些供应商已经减少了初始手工配置基于硬件地址的虚拟局域网的繁重任务,它们采用根据网络的当前状态生成虚拟局域网的工具,也就是说,为每一个子网生成一个基于硬件地址的虚拟局域网。

　　3) 基于网络层的 VLAN

　　基于网络层的虚拟局域网划分也称作基于策略(POLICY)的划分,是这几种划分方式中最高级也是最为复杂的。基于网络层的虚拟局域网使用协议(如果网络中存在多协议的话)或网络层地址(如 TCP/IP 中的子网段地址)来确定网络成员。利用网络层定义虚拟网有以下几点优势。第一,这种方式可以按传输协议划分网段。其次,用户可以在网络内部自由移动而且不用重新配置自己的工作站。第三,这种类型的虚拟网可以减少由于协议转换而造成的网络延迟。这种方式看起来是最为理想的方式,但是在采用这种划分之前,要明确两件事情:一是 IP 盗用,二是对设备要求较高,不是所有设备都支持这种方式。

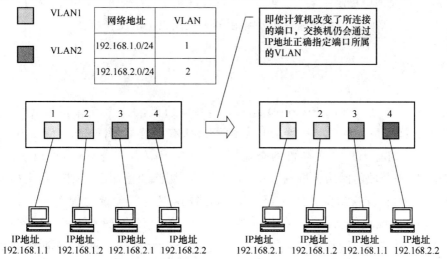

图 4-6 基于网络层的 VLAN

4) 根据 IP 组播划分 VLAN

IP 组播实际上也是一种 VLAN 的定义,即认为一个组播组就是一个 VLAN,这种划分的方法将 VLAN 扩大到了广域网。因此这种方法具有更大的灵活性,而且也很容易通过路由器进行扩展。当然这种方法不适合局域网,主要是效率不高。

5) 基于规则的 VLAN

也称为基于策略的 VLAN。这是最灵活的 VLAN 划分方法,具备自动配置的能力,能够把相关的用户连成一体,在逻辑划分上称为"关系网络"。网络管理员只需在网管软件中确定划分 VLAN 的规则(或属性),那么当一个站点加入网络中时,将会被"感知",并被自动地包含进正确的 VLAN 中。同时,对站点的移动和改变也可自动识别和跟踪。

采用这种方法,整个网络可以非常方便地通过路由器扩展网络规模。有的产品还支持一个端口上的主机分别属于不同的 VLAN,这在交换机与共享式 Hub 共存的环境中显得尤为重要。自动配置 VLAN 时,交换机中的软件自动检查进入交换机端口广播信息的 IP源地址,然后软件自动将这个端口分配给一个由 IP 子网映射成的 VLAN。

6) 基于用户定义、非用户授权划分 VLAN

基于用户定义、非用户授权来划分 VLAN,是指为了适应特别的 VLAN 网络,根据具体的网络用户的特别要求来定义和设计 VLAN,而且可以让非 VLAN 群体用户访问VLAN,但是需要提供用户密码,在得到 VLAN 管理的认证后才可以加入一个 VLAN。

以上实现 VLAN 的方式中,基于端口的 VLAN 端口方式建立在物理层上;MAC 方式建立在数据链路层上;网络层和 IP 广播方式建立在网络层上的。

在 LAN 内的通信,是通过数据帧头中指定通信目标的 MAC 地址来完成的。而为了获取 MAC 地址,TCP/IP 协议下使用 ARP 地址协议解析 MAC 地址的方法是通过广播报文来实现的,如果广播报文无法到达目的地,那么就无从解析 MAC 地址,亦即无法直接通信。当计算机分属不同的 VLAN 时,就意味着分属不同的广播域,自然收不到彼此的广播报文。因此,属于不同 VLAN 的计算机之间无法直接互相通信。为了能够在 VLAN 间通信,需要利用 OSI 参照模型中更高一层——网络层的信息(IP 地址)来进行路由。在目前的网络互连设备中能完成路由功能的设备主要有路由器和三层以上的交换机。

4.2.3　VTP

VTP(VLAN Trunking Protocol)是 VLAN 中继协议,也被称为虚拟局域网干道协议。VTP 的主要目的是在一个交换性的环境中管理所有配置好的 VLAN,使所有 VLAN 保持一致性。在拥有十几台交换机的企业网中,配置 VLAN 工作量大,可以使用 VTP 协议,管理在同一个域的网络范围内 VLANs 的建立、删除和重命名。把一台交换机配置成VTP Server,其余交换机配置成 VTP Client,这样在 VTP Server 上配置一个新的 VLAN时,该 VLAN 的配置信息将自动传播到本域内的其他所有的交换机上。这些交换机会自动地接收这些配置信息,使 VLAN 的配置与 VTP Server 保持一致,从而减少在多台设备上配置同一个 VLAN 信息的工作量,而且保证了 VLAN 配置的统一性,如图 4-7 所示。

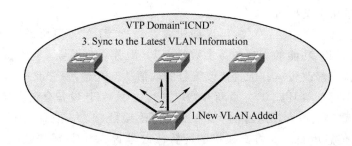

图 4-7　VTP 的特点

VTP 在第二层交换网络中具有以下的优点。

（1）保持 VLAN 信息的连续性。

（2）精确跟踪和监视 VLAN。

（3）动态报告增加了的 VLAN 信息给 VTP 域中的所有交换机。

（4）可以使用即插即用的方法增加 VLAN。

（5）可以在混合型网络中进行 Trunk Link，如以太网到 ATM、FDDI 等。

1）VTP 工作过程

使用 VTP 协议，必须先建立一个 VTP 管理域，以使它能管理网络上当前的 VLAN。在同一管理域中的交换机共享它们的 VLAN 信息，并且一个交换机只能参加一个 VTP 管理域，不同域中的交换机不能共享 VTP 信息。交换机之间交换管理域域名、配置的修订号和已知虚拟局域网的配置信息。交换机使用配置修正号决定当前交换机的内部数据是否应该接收从其他交换机发来的 VTP 更新信息。

如果交换机接收到的 VTP 更新配置修订号与内部数据库的修订号相同或者比它小，交换机忽略更新。否则更新内部数据库，接收更新信息。VTP 管理域在安全模式下，必须配置一个在 VTP 域中所有交换机唯一的口令。

VTP 的运行具有如下特点。

（1）VTP 通过发送到特定 MAC 地址 01-00-0C-CC-CC-CC 的组播 VTP 消息进行工作。

（2）VTP 通告只通过中继端口传递。

（3）VTP 消息通过 VLAN1 传送。这就是不能将 VLAN1 从中继链路中去除的原因。在经过 DTP 自动协商，启动中继之后，VTP 信息就可以沿着中继链路传送。

VTP 域内的每台交换机都定期在每个中继端口上发送通告到保留的 VTP 组播地址。VTP 通告可以封装在 ISL 或者 IEEE 802.1Q 帧内。

2）VTP 域

VTP 域，也称为 VLAN 管理域，由一个以上共享 VTP 域名的相互接连的交换机组成。要使用 VTP，就必须为每台交换机指定 VTP 域名，VTP 信息只能在 VTP 域内保持。一台交换机只属于一个 VTP 域，缺省情况下，Catalyst 交换机处于 VTP 服务器模式，并且不属于任何管理域，直到交换机通过中继链路接收了关于一个域的通告，或者在交换机上配置了一个 VLAN 管理域，交换机才能在 VTP 服务器上把创建或者更改 VLAN 的消息通告给本管理域内的其他交换机。如果在 VTP 服务器上进行了 VLAN 配置变更，所做的修改会传播到 VTP 域内的所有交换机上。

如果交换机配置为"透明"模式,可以创建或者修改 VLAN,但所做的修改只影响单个的交换机。控制 VTP 功能的一项关键参数是 VTP 配置修改编号。这个 32 位的数字表明了 VTP 配置的特定修改版本。配置修改编号的取值从 0 开始,每修改一次,就增加 1,直到达到 4294967295,然后循环归 0,并重新开始增加。每个 VTP 设备会记录自己的 VTP 配置修改编号;VTP 数据包包含发送者的 VTP 配置修改编号。这一信息用于确定接收到的信息是否比当前的信息更新。要将交换机的配置修改号置为 0,只需要禁止中继,改变 VTP 的名称,并再次启用中继。

域内的每台交换机必须使用相同的 VTP 域名,无论是通过配置实现,还是由交换机自动实现,Catalyst 交换机必须是相邻的,这意味着 VTP 域内的所有交换机形成了一棵相互连接的树。每台交换机都通过这棵树与其他交换机相互连接。在所有的交换机之间,必须启用中继。

VTP 模式有 3 种,具体如下。

(1) 服务器模式(SERVER):所有思科 Catalyst 交换机缺省为服务器模式。一个 VTP 域中必须至少保持一台服务器来传播 VLAN 信息。服务器控制着所在域内 VALN 的生成和修改。所有的 VTP 信息都被通告在本域中的所有交换机,而且所有这些 VTP 信息都是被其他交换机同步接收的。

(2) 客户机模式(CLIENT):VTP 客户机不允许管理员创建、修改或删除 VLAN。它们监听本域中其他交换机的 VTP 通告,并相应修改它们的 VTP 配置情况。

(3) 透明模式(TRANSPARENT):VTP 透明模式中的交换机不参与 VTP。当交换机处于透明模式时,它不通告其 VLAN 配置信息。而且,它的 VLAN 数据库更新与收到的通告也不保持同步。但它可以创建和删除本地的 VLAN。不过,这些 VLAN 的变更不会传播到其他任何交换机上。

3) VTP 通告

使用 VTP 时,加入 VTP 域的每台交换机在其中继端口上通告如下信息:管理域、配置版本号、它所知道的 VLAN 和每个已知 VLAN 的某些参数信息。这些通告数据帧被发送到一个多点广播地址(组播地址),以使所有相邻设备都能收到这些帧。

常用的 VTP 通告有 3 种。

(1) 汇总通告。用于通知邻接的 Catalyst 交换机目前的 VTP 域名和配置修改编号,缺省情况下,Catalyst 交换机每 5 分钟发送一次汇总通告。当交换机收到了汇总通告数据包时,它会对比 VTP 域名,如果域名不同,就忽略此数据包;如果域名相同,则进一步对比配置修改编号。如果交换机自身的配置修改编号更高或与之相等,就忽略此数据包;如果更小,就发送通告请求。

(2) 子集通告。如果在 VTP 服务器上增加、删除或者修改 VLAN,配置修改编号就会增加,交换机将首先发送汇总通告,然后发送一个或多个子集通告。挂起或激活某个 VLAN,改变 VLAN 的名称或者 MTU,都会触发子集通告。子集通告中包括 VLAN 列表和相应的 VLAN 信息。如果有多个 VLAN,为了通告所有的信息,可能需要发送多个子集通告。

(3) 通告请求。交换机重新启动后、接到配置修改编号比自己高的 VTP 汇总通告或者

VTP 域名变更将会发出 VTP 通告请求。

4）VTP 修剪

VTP 修剪（VTP PRUNING）是 VTP 的一个功能，它主要是用来减少中继端口上不必要的信息量，如图 4-8 所示。在 Cisco 交换机上，VTP 修剪功能缺省是关闭的。在缺省情况下，发给某个 VLAN 的广播会送到每一个在中继链路上承载该 VLAN 的交换机，即使交换机上没有位于这个 VLAN 的端口也是如此。VTP 通过修剪来减少没有必要扩散的通信量，提高中继链路的带宽利用率。需要注意的是，VTP 修剪仅在 VTP 服务器上实现。

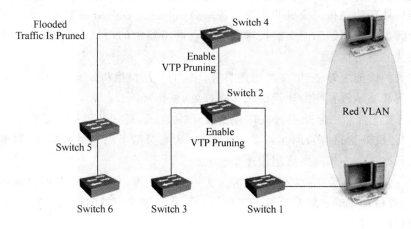

图 4-8　VTP 修剪

5）VTP 的版本

在 VTP 管理域中，有两个 VTP 版本可供采用，Cisco Catalyst 型交换机既可运行版本 1，也可运行版本 2。但是，在一个管理域中，这两个版本是不可互操作的。因此，在同一个 VTP 域中，每台交换机必须配置相同的 VTP 版本。交换机上默认的版本协议是 VTP 版本 1。如果要在域中使用版本 2，只要在一台服务器模式交换机配置 VTP 版本 2 就可以了。

VTP 版本 2 增加了版本 1 所没有的以下主要功能。

与版本相关的透明的模式：在 VTP 版本 1 中，一个 VTP 透明模式的交换机在用 VTP 转发信息给其他交换机时，先检查 VTP 版本号和域名是否与本机相匹配。匹配时，才转发该消息。VTP 版本 2 在转发信息时，不检查版本号和域名。

令牌环支持：VTP 版本 2 支持令牌环交换和令牌环 VLAN，这个是 VTP 版本 2 和版本 1 的最大区别。

4.3　第三层交换技术

传统的局域网交换机是一种二层网络设备，它在操作过程中不断收集信息建立自身的一个 MAC 地址表。这个表相当简单，主要说明某个 MAC 地址是在哪个端口上被发现的。这样当交换机收到一个以太网包时，它便会查看该以太网包的目的 MAC 地址，核对自己的地址表以确认应该从哪个端口把包发出去。但当交换机收到一个不认识的包时，也就是说，如果目的 MAC 地址不在 MAC 地址表中，交换机便会把该包"扩散"出去，即从所有端口发出去,就如同交换机收到一个广播包一样。这就暴露出传统局域网交换机的弱点:不能有效地解决广播、异种网络互连、安全性控制等问题。为了有效地解决广播问题,产生了第三层交换技术。

第三层交换技术(也被称作多层交换技术,或 IP 交换技术)是相对于传统交换概念而提出的。众所周知,传统的交换技术是在 OSI 网络标准模型中的第二层——数据链路层进行操作的,而第三层交换技术是在 OSI 网络标准模型中的第三层实现数据包的高速转发。

简单地说,第三层交换技术就是第二层交换技术＋第三层转发技术,或者说是将传统路由器的数据包处理功能和交换机的速度优势结合在一起。在网络模型中的第三层实现了数据包的高速转发。应用第三层交换技术既可实现网络路由的功能,又可以根据不同的网络状况做到最优的网络性能。

除了优秀的性能之外,三层交换机还具有传统的二层交换机没有的一些特性,这些特性可以给校园网和城域教育网的建设带来许多好处,列举如下。

(1) 高可扩充性。三层交换机在连接多个子网时,子网只是与第三层交换模块建立逻辑连接,不像传统外接路由器那样需要增加端口,从而保障了用户对校园网、城域教育网的投资,并满足学校 3~5 年网络应用快速增长的需要。

(2) 高性价比。三层交换机具有连接大型网络的能力,功能基本上可以取代某些传统路由器,但是价格却接近二层交换机。现在一台百兆三层交换机的价格只有几万元,与高端的二层交换机的价格差不多。

(3) 内置安全机制。三层交换机与普通路由器一样,具有访问列表的功能,可以实现不同 VLAN 间的单向或双向通信。如果在访问列表中进行设置,可以限制用户访问特定的 IP 地址,这样学校就可以禁止学生访问不健康的站点。

访问列表不仅可以用于禁止内部用户访问某些站点,也可以用于防止校园网、城域教育网外部的非法用户访问校园网、城域教育网内部的网络资源,从而提高网络的安全。

(4) 适合多媒体传输。教育网经常需要传输多媒体信息,这是教育网的一个特色。三层交换机具有 QoS(服务质量)的控制功能,可以给不同的应用程序分配不同的带宽。

例如,在校园网、城域教育网中传输视频流时,就可以专门为视频传输预留一定量的专用带宽,相当于在网络中开辟了专用通道,其他的应用程序不能占用这些预留的带宽,能够保证视频流传输的稳定性。而普通的二层交换机就没有这种特性,在传输视频数据时,会出现视频忽快忽慢的抖动现象。

另外,视频点播(VOD)也是教育网中经常使用的业务。但是由于有些视频点播系统使用广播来传输,而广播包是不能实现跨网段的,这样 VOD 就不能实现跨网段进行。如果采用单播形式实现 VOD,虽然可以实现跨网段,但是支持的同时连接数非常少,一般几十个连接就占用了全部带宽。而三层交换机具有组播功能,VOD 的数据包以组播的形式发向各个子网,既实现了跨网段传输,又保证了 VOD 的性能。

(5) 计费功能。在高校校园网和有些地区的城域教育网中,可能会有计费的需求。因为三层交换机可以识别数据包中的 IP 地址信息,所以可以统计网络中计算机的数据流量,按流量计费;也可以统计计算机连接在网络上的时间,按时间计费。而普通的二层交换机难以同时做到这两点。

4.3.1 三层交换原理

下面是两个站点通过三层交换机实现跨网段通信的过程。

假设两个使用 IP 协议的站点 A、B，通过第三层交换机进行通信，发送站点 A 在开始发送时，会先拿自己的 IP 地址与 B 站的 IP 地址进行比较，判断 B 站是否与自己在同一子网内。若目的站 B 与发送站 A 在同一子网内，则进行二层转发。具体操作如下。

为了得到站点 B 的 MAC 地址，站点 A 首先发一个 ARP 广播报文，请求站点 B 的 MAC 地址。该 ARP 请求报文进入交换机后，首先进行源 MAC 地址学习，芯片自动把站点 A 的 MAC 地址以及进入交换机的端口号等信息填入到芯片的 MAC 地址表中，然后在 MAC 地址表中进行目的地址查找。由于此时是一个广播报文，交换机会把这个广播报文从进入交换机端口所属的 VLAN 中进行广播。B 站点收到这个 ARP 请求报文之后，会立刻发送一个 ARP 回复报文，这个报文是一个单播报文，目的地址是站点 A 的 MAC 地址。

当包进入交换机后，同样的，首先进行源 MAC 地址学习，然后进行目的地址查找，由于此时 MAC 地址表中已经存在了 A 站点 MAC 地址的匹配条目，所以交换机直接把此报文从相应的端口中转发出去。通过以上的 ARP 过程，交换芯片就把站点 A 和 B 的信息保存在其 MAC 地址表中。以后 A、B 之间进行通信或者同一网段的其他站点想要与 A 或 B 通信，交换机就知道该把报文从哪个端口送出。还必须说明的一点是，当查找 MAC 地址表的时候发现找不到匹配表项，该报文又不是广播或多播报文，这时该报文被称为 DLF（Destination Lookup Failure）报文，交换机对此类报文的处理方式就如同收到一个广播报文的处理一样，将此报文从进入端口所属的 VLAN 中扩散出去。从以上过程可以看出，所有二层转发都是由硬件完成的，无论是 MAC 地址表的学习过程还是目的地址查找确定输出端口过程都没有软件进行干预。

如果站点 A、B 通过三层交换机进行通信。发送站点 A 在开始发送时，把自己的 IP 地址与站点 B 的 IP 地址比较，判断站点 B 是否与自己在同一子网内。若目的站 B 与发送站 A 在同一子网内，则进行二层的转发。若两个站点不在同一子网内，发送站 A 首先要向其"缺省网关"发出 ARP 请求报文，而"缺省网关"的 IP 地址就是三层交换机上站点 A 所属 VLAN 的 IP 地址。当发送站 A 对"缺省网关"的 IP 地址广播出一个 ARP 请求时，交换机就向发送站 A 回一个 ARP 回复报文，告诉站点 A 交换机此 VLAN 的 MAC 地址，同时可以通过软件把站点 A 的 IP 地址、MAC 地址、与交换机直接相连的端口号等信息设置到交换芯片的三层硬件表项中。站点 A 收到这个 ARP 回复报文之后，进行目的 MAC 地址替换，把要发给 B 的包首先发给交换机。交换机收到这个包以后，同样首先进行源 MAC 地址学习，目的 MAC 地址查找，由于此时目的 MAC 地址为交换机的 MAC 地址，在这种情况下将会把该报文送到交换芯片的三层引擎处理。

一般来说，三层引擎会有两个表，一个是主机路由表，这个表是以 IP 地址为索引的，里面存放目的 IP 地址、下一跳 MAC 地址、端口号等信息。若找到一条匹配表项，就会对报文进行一些操作（例如目的 MAC 与源 MAC 替换、TTL 减 1 等）之后将报文从表中指定的端口转发出去。若主机路由表中没有找到匹配条目，则会继续查找另一个表——网段路由表。这个表存放网段地址、下一跳 MAC 地址、端口号等信息。一般来说，这个表的条目很少，但覆盖的范围很大,只要设置得当,基本上可以保证大部分进入交换机的报文都是硬件转发,这样不仅大大提高转发速度,同时也减轻了 CPU 的负荷。若查找网段路由表也没有找到匹配表项,则交换芯片会把包送给 CPU 处理,进行软路由。由于站点 B 属于交换机的直连网段之一,CPU 收到这个 IP 报文以后,会直接以站点 B 的 IP 为索引检查 ARP 缓存,若没有站点 B 的 MAC 地址,则根据路由信息向站点 B 广播一个 ARP 请求,站点 B 得到此 ARP 请求后向交换机回复其 MAC 地址。CPU 收到 ARP 回复报文的同时,同样可以通过软件把站点 B 的 IP 地址、MAC 地址、进入交换机的端口号等信息设置到交换芯片的三层硬件表项中,然后把由站点 A 发来的 IP 报文转发给站点 B,这样就完成了站点 A 到站点 B 的第一次单向通信。由于芯片内部的三层引擎中已经保存站点 A、B 的路由信息,以后站点 A、B 之间进行通信或其他网段的站点想要与 A、B 进行通信,交换芯片则会直接把包从三层硬件表项中指定的端口转发出去,而不必再把包交给 CPU 处理。将用最终的目的站点的 MAC 地址封包、数据转发的过程全部交给第二层交换处理,信息得以高速交换。这种"一次路由,多次交换"的方式,大大提高了转发速度。需要说明的是,三层引擎中的路由表项大都是通过软件设置的。

第三层交换具有以下突出特点。

(1) 有机的硬件结合使得数据交换加速;

(2) 优化的路由软件使得路由过程效率提高;

(3) 除了必要的路由决定过程外,大部分数据转发过程由第二层交换处理;

(4) 多个子网互连时只与第三层交换模块逻辑连接,不像传统的外接路由器那样需增加端口,这样保障了用户的投资。

4.3.2　三层交换机种类

实现三层交换技术的交换机我们叫做三层交换机,一般三层交换机有下列特点。

(1) 二层交换和三层互通。三层交换机首先是一个交换机,即完成二层交换功能。在以太网上跟普通的二层交换机一样。三层交换机也维护一张用于二层交换的地址表,通常称为 CAM 表,该表是 MAC 地址与出接口的对应关系。这样每当接收到一个以太网数据帧时,三层交换机进行判断,如果该数据帧不是发送给自己的,则根据数据帧的目的 MAC 地址查询 CAM 表。如果能在 CAM 表中找到与该 MAC 地址对应的转发项,则根据查询的结果,通常是一个出接口列表来进行转发;如果不能找到,则向所有端口广播该数据帧。

三层转发表的形成跟二层转发表 CAM 表的形成有很大的不同。它是通过查询路由表并经过其他协议(如 ARP 协议)形成的。

(2) 实现三层精确匹配查询。

(3) 专门针对局域网,特别是以太网进行了优化。传统的路由器提供丰富的接口种类,如 E1/T1、ISDN、Frame-Relay、X. 25、POSATM、SMDS 等。每种接口对应不同的封装类型,而且所对应的最大传输单元和最大接收单元都不相同。这样存在数据报分片的概率相当大。概括这些特性使得路由器的转发效率极低。而三层交换机是由二层交换机发展起来的,其发展过程中一直遵循为局域网服务的原则。没有过多的引入其他接口类型,只是提供跟局域网有关的接口(如以太网接口、ATM 局域网仿真接口等)。接口类型单纯,大部分情况下三层交换机只提供以太网接口。这样在多种类型接口路由器上所碰到的问题就消除了。例如,最大传输单元问题,由于各个接口都是以太网接口,一般不存在冲突的问题,分片的概率就大大降低了。接口类型单纯的另外一个好处就是在进行数据转发的时候,内部经过的路径比较单纯,现在的通信处理器一般都是集中在一块 ASIC 芯片上,而且不同的接口类型有不同的 ASIC 芯片进行处理。这样如果接口类型比较单一,所需要的 ASIC 芯片就相对单一,交互起来必定流畅,使用 ASIC 芯片本身带的功能就可以完成多个接口之间的数据交换。但如果接口类型不统一,则必须有一个转换机构来完成这些芯片之间的数据交换,效率受到很大影响。

（4）引入了一些在二层交换机和三层路由器上都不存在的特性。三层交换机上同时可以完成 VLAN 聚合和 ARP 代理的功能。

（5）实现了初步的 BAS 功能。随着城域网的不断建设,用户接入控制变得越来越重要。而作为汇聚层面的三层交换机,具备某些宽带接入服务器（BAS）功能也很有必要。例如,最典型的就是 DHCP-RELAY,还有一些其他的功能;再如,基于 RADIUS 和 802.1x 的用户接入认证、用户流量控制以及访问列表等。

三层交换机可以根据其处理数据的不同分为纯硬件和纯软件两大类。

（1）纯硬件的三层技术相对较为复杂,成本高,但其速度快、性能好、带负载能力强。其原理是采用 ASIC 芯片,利用硬件的方式进行路由表的查找和刷新。如图 4-9 所示。

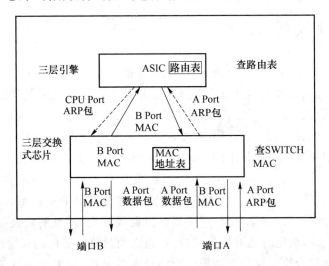

图 4-9　纯硬件三层交换机原理

当数据由端口的接口芯片接收进来后,首先在二层交换芯片中查找相应的目的 MAC 地址,如果查到,就进行二层转发,否则将数据送至三层引擎。在三层引擎中,ASIC 芯片查找相应的路由表信息,与数据的目的 IP 地址相比对,然后发送 ARP 数据包到目的主机,得到该主机的 MAC 地址,将 MAC 地址发到二层芯片,由二层芯片转发该数据包。

（2）基于软件的三层交换机技术较简单,但速度较慢,不适合作为主干。其原理是采用 CPU,用软件的方式查找路由表。如图 4-10 所示。

当数据由端口的接口芯片接收进来后,首先在二层交换芯片中查找相应的目的 MAC 地址,如果查到,就进行二层转发,否则将数据送至 CPU。CPU 查找相应的路由表信息,与数据的目的 IP 地址相比对,然后发送 ARP 数据包到目的主机,得到该主机的 MAC 地址,将 MAC 地址发到二层芯片,由二层芯片转发该数据包。因为低价 CPU 处理速度较慢,所以这种三层交换机处理速度也较慢。

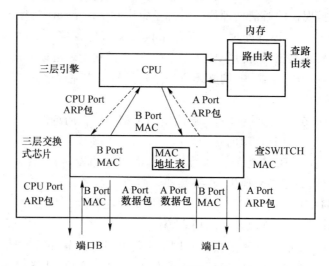

图 4-10　软件三层交换机原理

4.3.3　三层交换技术分类

目前主要存在两类第三层交换技术:第一类是报文到报文交换,每一个报文都要经历第三层处理(即至少是路由处理),并且数据流转发是基于第三层地址的;第二类是流交换,它不在第三层处理所有报文,而只分析流中的第一个报文,完成路由处理,并基于第三层地址转发该报文,流中的后续报文使用一种或多种捷径技术进行处理,此类技术的设计目的是方便线速路由。理解第三层交换技术的关键是区分这两类报文的不同转发方式。

报文到报文交换遵循这样一个数据流过程:报文进入系统中 OSI 参考模型的第一层,即物理接口,然后在第二层接受目的 MAC 检查,若在第二层能交换则进行二层交换,否则进入到第三层,即网络层。在第三层,报文要经过路径确定、地址解析及某些特殊服务。处理完毕后报文已更新,确定合适的输出端口后,报文通过第一层传送到物理介质上。传统路由器是一种典型的符合第三层报文到报文交换技术的设备,它的完全基于软件的工作机制所产生的固有缺陷已被现代基于硬件的第三层交换设备所弥补。

基于三层交换机的流处理方式利用了 ASIC 的硬件多层交换技术实现分层的数据包处理。首先是对数据流的分类,然后对不同的流赋予不同的优先级别,在不损失数据交换性能的情况下更高效地处理网络数据,保证关键数据的优先传送。也就是说,这种 ASIC 的集成处理技术为数据包提供了一个集成的快速的处理平台,让数据包在 ASIC 芯片中完成整个路由甚至是访问策略处理的全过程。

报文到报文处理方法的一个显著特征是它能够适应路由的拓扑变化。通过运行标准协议和维护路由表,报文到报文交换设备可动态地重新路由报文,绕过网络故障点和拥塞点而无需等待高层的协议检测报文丢失。而流交换方法没有这些特征,因为后续报文通过捷径而无需第三层处理,这样它就不能识别标准协议对路由表的改变。因此,流交换方法可能需要另外的协议取得拓扑变化或拥塞信息,以便到达交换系统正确的地方。

4.4　虚拟专网

4.4.1　VPN 概述

虚拟专用网(Virtual Private Network,VPN)是一种"基于公共数据网,给用户一种直接连接到私人局域网感觉的服务"。它是指在公用网络中建立的临时的安全连接。它可以帮助远程用户、公司分支机构、商业伙伴等建立穿越开放的公用网络的安全隧道。它提供安全连接,并保证数据的安全传输。通过将数据流转移到低成本的压网络上,一个企业的虚拟专用网解决方案将大幅度地减少用户花费在城域网和远程网络连接上的费用。同时,这将简化网络的设计和管理,加速连接新的用户和网站。另外,虚拟专用网还可以保护现有的网络投资。随着用户的商业服务不断发展,企业的虚拟专用网解决方案可以让用户将精力集中到自己的生意上,而不是网络上。虚拟专用网可用于不断增长的移动用户的全球 Internet 接入,以实现安全连接;可用于实现企业网站之间安全通信的虚拟专用线路,用于经济有效地连接到商业伙伴和用户的安全外联网虚拟专用网。如图 4-11 所示。VPN 通过数据加密、数据认证、身份认证、访问控制等手段实现安全连接。其中,认证和加密是主要的实现手段,而访问控制相对比较复杂,与控制策略和所用技术关系密切。为了保证 VPN 的安全性,认证、加密和访问控制必须紧密结合。

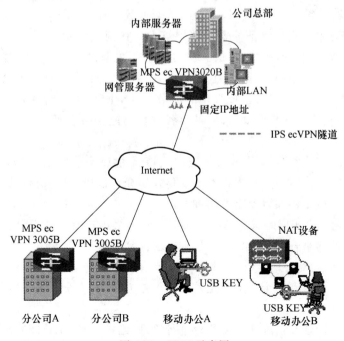

图 4-11　VPN 示意图

下面是 VPN 的信息处理的典型过程。

（1）用户发送明文信息到连接公用网络的源 VPN 设备；

（2）源 VPN 设备根据预先确定的规则，确定是对明文信息进行加密处理还是让其直接通过；

（3）如果需要加密，源 VPN 设备在网络层对 IP 数据分组进行加密和数字签名；

（4）源 VPN 设备将加密后的数据重新封装在某种指定协议的数据分组之中，然后在公用网络上传输；

（5）数据分组到达目的 VPN 设备时，数据分组被开封，数字签名认证后，对原始数据分组进行解密。

从 VPN 使用来看，其具有以下要求。

（1）安全性。VPN 提供用户一种私人专用（Private）的感觉，实现 VPN 的技术和方式很多，但所有的 VPN 均应保证通过公用网络平台传输数据的专用性和安全性。在安全性方面，由于 VPN 直接构建在公用网上，实现简单、方便、灵活，但同时其安全问题也更为突出。企业必须确保其 VPN 上传送的数据不被攻击者窥视和篡改，并且要防止非法用户对网络资源或私有信息的访问。VPN 的安全性可通过隧道技术、加密和认证技术得到解决。在 Intranet VPN 中，要有高强度的加密技术来保护敏感信息；在远程访问 VPN 中要有对远程用户可靠的认证机制。

（2）性能。VPN 要发展其性能至少不应该低于传统方法。尽管网络速度不断提高，但在 Internet 时代，随着电子商务活动的激增，网络拥塞经常发生，这给 VPN 性能的稳定带来极大的影响。因此 VPN 解决方案应能够让管理员进行通信控制来确保其性能。通过 VPN 平台，管理员定义管理政策来激活基于重要性的出入口带宽分配。这样既能确保对数据丢失有严格要求和高优先级应用的性能，又不会"饿死"低优先级的应用。

（3）服务质量保证（QoS）。VPN 网应当为企业数据提供不同等级的服务质量保证。不同的用户和业务对服务质量保证的要求差别较大。在网络优化方面，构建 VPN 的另一重要需求是充分有效地利用有限的广域网资源，为重要数据提供可靠的带宽。广域网流量的不确定性使其带宽的利用率很低，在流量高峰时引起网络阻塞，使实时性要求高的数据得不到及时发送；而在流量低谷时又造成大量的网络带宽空闲。QoS 通过流量预测与流量控制策略，可以按照优先级分实现带宽管理，使得各类数据能够被合理地先后发送，并预防阻塞的发生。

（4）可扩充性和灵活性。VPN 必须能够支持通过 Intranet 和 Extranet 的任何类型的数据流，方便增加新的结点，支持多种类型的传输媒介，可以满足同时传输语音、图像和数据等新应用以及对高质量传输以及带宽增加的需求。

（5）管理问题。由于网络设施、应用不断增加，网络用户所需的 IP 地址数量持续增长，面对越来越复杂的网络管理，网络安全处理能力的大小是 VPN 解决方案好坏的至关紧要的区分。VPN 是公司对外的延伸，因此，VPN 要有一个固定管理方案以减轻管理、报告等方面负担。管理平台要有一个定义安全政策的简单方法，将安全政策进行分布，并管理大量设备。

从用户角度和运营商角度应可方便地进行管理、维护。VPN 管理的目标为减小网络风险，具有高扩展性、经济性、高可靠性等优点。事实上，VPN 管理主要包括安全管理、设备管理、配置管理、访问控制列表管理、QoS 管理等内容。

（6）互操作。在 Extranet VPN 中，企业要与不同的客户及供应商建立联系，VPN 解决方案也会不同。因此，企业的 VPN 产品应该能够同其他厂家的产品进行互操作。这就要求所选择的 VPN 方案应该是基于工业标准和协议的。这些协议有 IPSec、点到点隧道协议（Point-to-Point Tunneling Protocol，PPTP）、第二层隧道协议（Layer 2 Tunneling Protocol，L2TP）等。

4.4.2 VPN 的分类

VPN 有多种实现方案，不同的方案所提供的安全性和可用性不同，要根据具体的应用需求而选择。按照用途划分，VPN 可分为内部网络 VPN、远程访问 VPN 和外联网络。

1）VPDN（Virtual Private Dial Network）

远程用户或移动雇员和公司内部网之间的 VPN，称为远程访问 VPN（VPDN）。实现过程：用户拨号 NSP（网络服务提供商）的网络访问服务器 NAS（Network Access Server），发出 PPP 连接请求，NAS 收到呼叫后，在用户和 NAS 之间建立 PPP 链路，然后，NAS 对用户进行身份验证，确定是合法用户，启动 VPDN 功能，与公司总部内部连接，访问其内部资源，如图 4-12 所示。

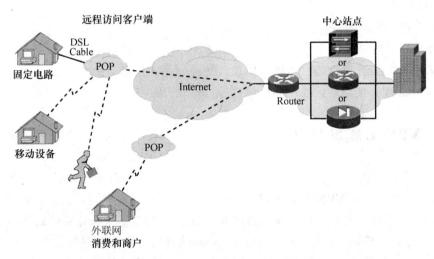

图 4-12 远程访问 VPN

2）内部 VPN（Intranet VPN）

在公司远程分支机构的 LAN 和公司总部 LAN 之间的 VPN。通过 Internet 这一公共网络将公司在各地分支机构的 LAN 连到公司总部的 LAN，以便公司内部的资源共享、文件传递等，可省 DDN 等专线所带来的高额费用。

3）外联网络（Extranet VPN）

在供应商、商业合作伙伴的 LAN 和公司的 LAN 之间的 VPN。由于不同公司网络环境的差异性，该产品必须能兼容不同的操作平台和协议。由于用户的多样性，公司的网络管理员还应该设置特定的访问控制表 ACL（Access Control List），根据访问者的身份、网络地

址等参数来确定他所相应的访问权限,开放部分资源而非全部资源给外联网的用户。如图
4-13 所示。

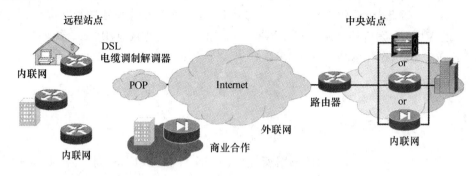

图 4-13　内部 VPN 和外联 VPN

网络设备提供商针对不同客户的需求,开发出不同的 VPN 网络设备,主要为交换机式
VPN、路由器式 VPN 和防火墙式 VPN。按所用的设备类型进行分类,VPN 分为以下三种。

(1) 交换机式 VPN:主要应用于连接用户较少的 VPN 网络。

(2) 路由器式 VPN:路由器式 VPN 部署较容易,只要在路由器上添加 VPN 服务即可。

(3) 防火墙式 VPN:防火墙式 VPN 是最常见的一种 VPN 的实现方式,许多厂商都提
供这种配置类型。

4) 按 VPN 的协议分类

VPN 的隧道协议主要有三种,PPTP,L2TP 和 IPSec。其中 PPTP 和 L2TP 协议工作
在 OSI 模型的第二层,又称为二层隧道协议;IPSec 是第三层隧道协议,也是最常见的协议。
L2TP 和 IPSec 配合使用是目前性能最好,应用最广泛的一种。

4.4.3　VPN 的隧道协议

VPN 是一种点到点的连接,表面上看像是专用连接,但实际上是在共享网络上通过隧
道技术来实现的。实现 VPN 的最关键部分是在公网上建立虚信道,而建立虚信道是利用
隧道技术实现的,隧道技术是一个虚拟的点对点的连接,提供了一条通路使封装的数据报文
能够在这个通路上传输,并且在一个 Tunnel 的两端分别对数据报进行封装及解封装。IP
隧道的建立可以是在数据链路层和网络层上,在数据链路层实现数据封装的协议叫第二层
隧道协议。第二层隧道主要是 PPP 连接,如 GRE、PPTP 和 L2TP,其特点是协议简单、易
于加密、适合远程拨号用户。在网络层实现数据封装的协议叫第三层隧道协议,如 IPSec,
其可靠性及扩展性优于第二层隧道,但没有前者简单直接。另外,SOCKSv5 协议则在 TCP
层实现数据安全。

1. GRE

GRE 协议是对某些网络层协议(如 IP 和 IPX)的数据报文进行封装,使这些被封装的
数据报文能够在另一个网络层协议(如 IP)中传输。GRE 采用了 Tunnel(隧道)技术,是
VPN(Virtual Private Network)的第三层隧道协议。一个 X 协议的报文要想穿越 IP 网络
在 Tunnel 中传输,必须要经过加封装与解封装两个过程,下面以图 4-14 的网络为例说明这

两个过程。

图 4-14　X 协议网络通过 GRE 隧道互连

　　GRE 主要用于源路由和终路由之间所形成的隧道。例如,将通过隧道的报文用一个新的报文头(GRE 报文头)进行封装,然后带着隧道终点地址放入隧道中。当报文到达隧道终点时,GRE 报文头被剥掉,继续原始报文目标地址的寻址。GRE 隧道通常是点到点的,即隧道只有一个源地址和一个终地址。然而也有一些实现允许点到多点,即一个源地址对多个终地址。这时候就要和下一跳路由协议(Next-HopRoutingProtocol,NHRP)结合使用。NHRP 主要是为了在路由之间建立捷径。

　　GRE 隧道用来建立 VPN 有很大优势。从体系结构的观点来看,VPN 就像是通过普通主机网络的隧道集合。普通主机网络的每个点都可利用其地址以及路由所形成的物理连接,配置成一个或多个隧道。在 GRE 隧道技术中,入口地址用的是普通主机网络的地址空间,而在隧道中流动的原始报文用的是 VPN 的地址空间,这样就要求隧道的终点应该配置成 VPN 与普通主机网络之间的交界点。这种方法的好处是使 VPN 的路由信息从普通主机网络的路由信息中隔离出来,多个 VPN 可以重复利用同一个地址空间而没有冲突,并且使 VPN 从主机网络中独立出来,从而满足了 VPN 的关键要求:可以不使用全局唯一的地址空间。隧道也能封装数量众多的协议族,减少实现 VPN 功能函数的数量。还有,对许多 VPN 所支持的体系结构来说,用同一种格式来支持多种协议同时又保留协议的功能,这是非常重要的。IP 路由过滤的主机网络不能提供这种服务,只有隧道技术才能把 VPN 私有协议从主机网络中隔离开来。

　　基于隧道技术的 VPN 实现的另一特点是对主机网络环境和 VPN 路由环境进行隔离。对 VPN 而言,主机网络可看成点到点的电路集合,VPN 能够用其路由协议穿过符合 VPN 管理要求的虚拟网。同样,主机网络用符合网络要求的路由设计方案,而不必受 VPN 用户网络的路由协议限制。

　　虽然 GRE 隧道技术有很多优点,但利用该技术作为 VPN 机制也有缺点,例如管理费用高、隧道的规模数量大等。因为 GRE 是由手工配置的,所以配置和维护隧道所需的费用和隧道的数量是直接相关的——每次隧道的终点改变,隧道要重新配置。隧道也可自动配置,但这样做有缺点,如不能考虑相关路由信息、性能问题以及容易形成回路问题。一旦形成回路,会极大恶化路由的效率。除此之外,通信分类机制是通过一个好的粒度级别来识别通信类型。如果通信分类过程是通过识别报文(进入隧道前的)进行的话,就会影响路由发送速率的能力及服务性能。

　　GRE 隧道技术是用在路由器中的,可以满足 Extranet VPN 以及 Intranet VPN 的需求。但是在远程访问 VPN 中,多数用户是采用拨号上网。这时可以通过 L2TP 和 PPTP 来解决。

2. PPTP(Point-to-Point Tunneling Protocol)/ L2TP(Layer 2 Tunneling Protocol)

1996 年,Microsoft 和 Ascend 等在 PPP 协议的基础上开发了 PPTP,它集成于 Windows NT Server 4.0 中,Windows NT Workstation 和 Windows 9.X 也提供相应的客户端软件。PPP 支持多种网络协议,可把 IP、IPX、AppleTalk 或 NetBEUI 的数据包封装在 PPP 包中,再将整个报文封装在 PPTP 隧道协议包中,最后再嵌入 IP 报文或帧中继或 ATM 中进行传输。

PPTP 是一种用于让远程用户拨号连接到本地的 ISP,通过 Internet 安全远程访问公司资源的新型技术。它能将 PPP(点到点协议)帧封装成 IP 数据包,以便能够在基于 IP 的互联网上进行传输。PPTP 使用 TCP(传输控制协议)连接的创建、维护,终止隧道,并使用 GRE(通用路由封装)将 PPP 帧封装成隧道数据。被封装后的 PPP 帧的有效载荷可以被加密或压缩或同时被加密与压缩。PPTP 提供流量控制,减少拥塞的可能性,避免由于包丢弃而引发包重传的数量。PPTP 的加密方法采用 Microsoft 点对点加密(MPPE:Microsoft Point-to-Point Encryption)算法,可以选用较弱的 40 位密钥或强度较大的 128 位密钥。

PPTP 作为"主动"隧道模型允许终端系统进行配置,与任意位置的 PPTP 服务器建立一条不连续的、点到点的隧道。并且,PPTP 协商和隧道建立过程都没有中间媒介 NAS 的参与。NAS 的作用只是提供网络服务。

PPTP 建立过程如下。

(1) 用户通过串口以拨号 IP 访问的方式与 NAS 建立连接取得网络服务;

(2) 用户通过路由信息定位 PPTP 接入服务器;

(3) 用户形成一个 PPTP 虚拟接口;

(4) 用户通过该接口与 PPTP 接入服务器协商、认证建立一条 PPP 访问服务隧道;

(5) 用户通过该隧道获得 VPN 服务。

1996 年,Cisco 提出 L2F(Layer2 Forwarding)隧道协议,它也支持多协议,但其主要用于 Cisco 的路由器和拨号访问服务器。1997 年底,Microsoft 和 Cisco 公司把 PPTP 协议和 L2F 协议的优点结合在一起,形成了 L2TP 协议。L2TP 支持多协议,利用公共网络封装 PPP 帧,可以实现和企业原有非 IP 网的兼容。它还继承了 PPTP 的流量控制,支持 MP (Multilink Protocol),把多个物理通道捆绑为单一逻辑信道。L2TP 使用 PPP 可靠性发送 (RFC1663)实现数据包的可靠发送。L2TP 隧道在两端的 VPN 服务器之间采用口令握手协议 CHAP 来验证对方的身份。L2TP 受到了许多大公司的支持。

在 L2TP 构建的 VPN 中,网络组件包括以下三个部分,如图 4-15 所示。

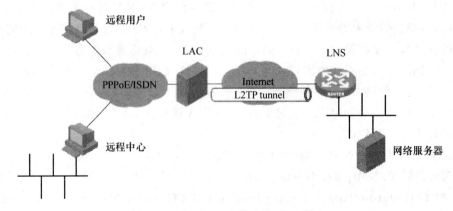

图 4-15　应用 L2TP 构建的 VPN 服务

（1）远端系统是指要接入 VPN 网络的远地用户和远地分支机构，通常是一个拨号用户的主机或私有网络的一台路由设备。

（2）LAC(L2TP Access Concentrator)是 L2TP 访问集中器，附属在交换网络上的具有 PPP 端系统和 L2TP 协议处理能力的设备，通常是一个当地 ISP 的 NAS，主要用于为 PPP 类型的用户提供接入服务。LAC 位于 LNS 和远端系统之间，用于在 LNS 和远端系统之间传递信息包。它把从远端系统收到的信息包按照 L2TP 协议进行封装并送往 LNS，同时也将从 LNS 收到的信息包进行解封装并送往远端系统。LAC 与远端系统之间采用本地连接或 PPP 链路，VPDN 应用中通常为 PPP 链路。

（3）LNS(L2TP Network Server)是 L2TP 网络服务器。LNS 既是 PPP 端系统，又是 L2TP 协议的服务器端，通常作为一个企业内部网的边缘设备。LNS 作为 L2TP 隧道的另一侧端点，是 LAC 的对端设备，是 LAC 进行隧道传输的 PPP 会话的逻辑终止端点。通过在公网中建立 L2TP 隧道，将远端系统的 PPP 连接的另一端由原来的 LAC 在逻辑上延伸到了企业网内部的 LNS。

L2TP 作为"强制"隧道模型是让拨号用户与网络中的另一点建立连接的重要机制。建立过程如下：

（1）用户通过 Modem 与 NAS 建立连接；

（2）用户通过 NAS 的 L2TP 接入服务器进行身份认证；

（3）在政策配置文件或 NAS 与政策服务器进行协商的基础上，NAS 和 L2TP 接入服务器动态地建立一条 L2TP 隧道；

（4）用户与 L2TP 接入服务器之间建立一条点到点协议(Point to Point Protocol，PPP)访问服务隧道；

（5）用户通过该隧道获得 VPN 服务。

L2TP 隧道的建立包括以下两种典型模式。

（1）NAS-Intiated。如图 4-16 所示，由 LAC 端（指 NAS）发起 L2TP 隧道连接。远程系统的拨号用户通过 PPPoE/ISDN 拨入 LAC，由 LAC 通过 Internet 向 LNS 发起建立隧道连接请求。拨号用户的私网地址由 LNS 分配；对远程拨号用户的验证与计费既可由 LAC 侧代理完成，也可在 LNS 侧完成。

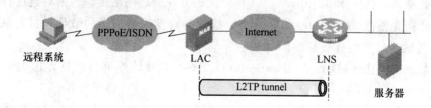

图 4-16　NAS-Initiated L2TP 隧道模式

（2）Client-Initiated。如图 4-17 所示，直接由 LAC 客户（指本地支持 L2TP 协议的用户）发起 L2TP 隧道连接。LAC 客户获得 Internet 访问权限后，可直接向 LNS 发起隧道连接请求，无需经过一个单独的 LAC 设备建立隧道。LAC 客户的私网地址由 LNS 分配。

在 Client-Initiated 模式下,LAC 客户需要具有公网地址,能够直接通过 Internet 与 LNS 通信。

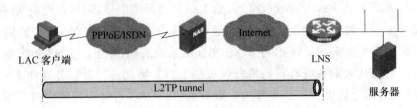

图 4-17　Client-Initiated L2TP 隧道模式

在 L2TP 中,用户感觉不到 NAS 的存在,仿佛与 PPTP 接入服务器直接建立连接。而在 PPTP 中,PPTP 隧道对 NAS 是透明的;NAS 不需要知道 PPTP 接入服务器的存在,只是简单地把 PPTP 流量作为普通 IP 流量处理。

采用 L2TP 还是 PPTP 实现 VPN,取决于要把控制权放在 NAS 还是用户手中。L2TP 比 PPTP 更安全,因为 L2TP 接入服务器能够确定用户是从哪里来的。L2TP 主要用于比较集中的、固定的 VPN 用户,而 PPTP 比较适合移动的用户。

PPTP/L2TP 的优点是对使用微软操作系统的用户来说很方便,因为微软已把它作为路由软件的一部分。PPTP/L2TP 也支持其他网络协议,如 Novell 的 IPX、NetBEUI 和 AppleTalk 协议,还支持流量控制。它通过减少丢弃包来改善网络性能,这样可减少重传。但 PPTP 和 L2TP 将不安全的 IP 包封装在安全的 IP 包内,用 IP 帧在两台计算机之间创建和打开数据通道,一旦通道打开,源用户和目的用户身份就不再需要,这样将带来问题。它们不对两个结点间的信息传输进行监视或控制。PPTP 和 L2TP 限制同一时间最多只能连接 255 个用户。端点用户需要在连接前手工建立加密信道。认证和加密受到限制,没有强加密和认证支持。

3. IPSec 协议

IPSec(IP Security)是 IETF 制定的三层隧道加密协议,它为 Internet 上传输的数据提供了高质量的、可互操作的、基于密码学的安全保证。特定的通信方之间在 IP 层通过加密与数据源认证等方式提供了以下的安全服务。

(1) 数据机密性(Confidentiality):IPSec 发送方在通过网络传输包前对包进行加密。

(2) 数据完整性(Data Integrity):IPSec 接收方对发送方发送的数据包进行认证,以确保数据在传输过程中没有被篡改。

(3) 数据来源认证(Data Authentication):IPSec 在接收端可以认证发送 IPsec 报文的发送端是否合法。

(4) 防重放(Anti-Replay):IPSec 接收方可检测并拒绝接收过时或重复的报文。

IPSec 具有以下优点。

(1) 支持因特网密钥交换(Internet Key Exchange,IKE),可实现密钥的自动协商功能,减少了密钥协商的开销。可以通过 IKE 建立和维护 SA 的服务,简化了 IPSec 的使用和管理。

(2) 所有使用 IP 协议进行数据传输的应用系统和服务都可以使用 IPSec,而不必对这些应用系统和服务本身做任何修改。

（3）对数据的加密是以数据包为单位的，而不是以整个数据流为单位，这不仅灵活而且有助于进一步提高 IP 数据包的安全性，可以有效防范网络攻击。

（4）IPSec 协议不是一个单独的协议，它给出了应用于 IP 层上网络数据安全的一整套体系结构，包括网络认证协议 AH（Authentication Header，认证头）、ESP（Encapsulating Security Payload，封装安全载荷）、IKE（Internet Key Exchange，因特网密钥交换）和用于网络认证及加密的一些算法等。其中，AH 协议和 ESP 协议用于提供安全服务，IKE 协议用于密钥交换。

IPSec 提供了两种安全机制：认证和加密。认证机制使 IP 通信的数据接收方能够确认数据发送方的真实身份以及数据在传输过程中是否被篡改。加密机制通过对数据进行加密运算来保证数据的机密性，以防数据在传输过程中被窃听。

IPSec 协议中的 AH 协议定义了认证的应用方法，提供数据源认证和完整性保证；ESP 协议定义了加密和可选认证的应用方法，提供数据可靠性保证。

AH 协议（IP 协议号为 51）提供数据源认证、数据完整性校验和防报文重放功能，它能保护通信免受篡改，但不能防止窃听，适合用于传输非机密数据。AH 的工作原理是在每一个数据包上添加一个身份验证报文头，此报文头插在标准 IP 包头后面，对数据提供完整性保护。可选择的认证算法有 MD5（Message Digest）、SHA-1（Secure Hash Algorithm）等。

ESP 协议（IP 协议号为 50）提供加密、数据源认证、数据完整性校验和防报文重放功能。ESP 的工作原理是在每一个数据包的标准 IP 包头后面添加一个 ESP 报文头，并在数据包后面追加一个 ESP 尾。与 AH 协议不同的是，ESP 将需要保护的用户数据进行加密后再封装到 IP 包中，以保证数据的机密性。常见的加密算法有 DES、3DES、AES 等。同时，作为可选项，用户可以选择 MD5、SHA-1 算法保证报文的完整性和真实性。

在实际进行 IP 通信时，可以根据实际安全需求同时使用这两种协议或选择使用其中的一种。AH 和 ESP 都可以提供认证服务，不过，AH 提供的认证服务要强于 ESP。同时使用 AH 和 ESP 时，设备支持的 AH 和 ESP 联合使用的方式：先对报文进行 ESP 封装，再对报文进行 AH 封装，封装之后的报文从内到外依次是原始 IP 报文、ESP 头、AH 头和外部 IP 头。

4. SSL VPN（安全套接层协议）

SSL VPN 是网景公司提出的基于 Web 应用的在两台机器之间提供安全通道的协议。它具有保护传输数据积极识别通信机器的功能。SSL 主要采用公开密钥体制和 X509 数字证书技术在 Internet 上提供服务器认证、客户认证、SSL 链路上的数据保密性的安全性保证。

SSL VPN 广泛应用于基于 Web 的远程安全接入，为用户远程访问公司内部网络提供了安全保证。SSL VPN 的典型组网架构如图 4-18 所示。管理员在 SSL VPN 网关上创建企业网内服务器对应的资源；远程接入用户访问企业网内的服务器时，首先与 SSL VPN 网关建立 HTTPS 连接，选择需要访问的资源，由 SSL VPN 网关将资源访问请求转发给企业网内的服务器。SSL VPN 通过在远程接入用户和 SSL VPN 网关之间建立 SSL 连接、SSL

VPN 网关对用户进行身份认证等机制,实现了对企业网内服务器的保护。

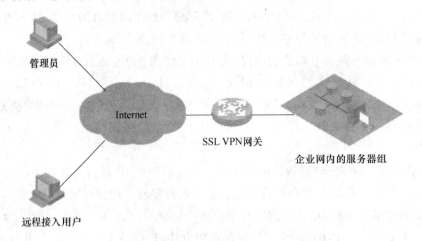

图 4-18　SSL VPN 典型组网架构

SSL VPN 的工作机制如下。

(1) 管理员以 HTTPS 方式登录 SSL VPN 网关的 Web 管理界面,在 SSL VPN 网关上创建与服务器对应的资源。

(2) 远程接入用户与 SSL VPN 网关建立 HTTPS 连接。通过 SSL 提供的基于证书的身份验证功能,SSL VPN 网关和远程接入用户可以验证彼此的身份。

(3) HTTPS 连接建立成功后,用户登录到 SSL VPN 网关的 Web 页面,输入用户名、密码和认证方式(如 RADIUS 认证),SSL VPN 网关验证用户的信息是否正确。

(4) 用户成功登录后,在 Web 页面上找到其可以访问的资源,通过 SSL 连接将访问请求发送给 SSL VPN 网关。

(5) SSL VPN 网关解析请求,与服务器交互后将应答发送给用户。

SSL 协议是高层协议,在第四层实现。IPSec 在第三层实现。许多 TCP/IP 协议栈是这样实现的:TCP、IP 以及 IP 以下的协议在操作系统中实现,而 TCP 之上的协议在用户进程(应用程序)中实现。SSL 协议的设计思想是在不改变操作系统的情况下部署实现,因此实现在 TCP 之上。SSL 协议要求与应用程序接口(安全套结字 API)而不是与 TCP 接口,也就是不与操作系统接口。与 SSL 协议的设计思想不同,IPSec 是在操作系统内部实现安全功能,从而自动地对应用系统实现保护。

SSL 实现在 TCP 之上的安全协议存在一个问题,因为 TCP 协议本身没有密码的保护,所以只要恶意的代码插入数据包并通过 TCP 的校验,TCP 数据包就不能够觉察到恶意代码的存在,TCP 会将这些数据包转发给 SSL,而 SSL 会接受这些数据包,然后进行完整性验证,最后丢弃这些数据包。但是当真实的数据包到达时,TCP 会以为这是重复的数据包,从而丢弃,因为丢弃的包和前一个包有着相同的序列号。SSL 别无选择,只好关闭。

同样,IPSec 不能对应用程序进行修改就可以运行也存在安全问题,因为 IPSec 可以对源 IP 地址进行认证,但却无法告诉应用程序真正用户的身份。许多情况下,通信实体往往从不同的地址登录,并被允许访问网络。大多数应用程序需要区分不同的用户,如果 IPSec 已经认证了用户的身份,那么理论上它应该把用户的身份告诉应用程序,但这样就要修改

API 和应用程序。最大可能就是基于公钥的认证方法,并建立 IP 地址与用户名的关联方法。

4.4.4　VPN 发展趋势

在国外,Internet 已成为全社会的信息基础设施,企业端应用也大都基于 IP,在 Internet 上构筑应用系统已成为必然趋势,因此基于 IP 的 VPN 业务获得了极大的增长空间。

在中国,制约 VPN 的发展和普及的因素大致可分为客观因素和主观因素两方面。

(1) 客观因素包括 Internet 带宽和服务质量 QoS 问题。在过去,无论 Internet 的远程接入还是专线接入,以及骨干传输的带宽都很小,QoS 更是无法保障,企业用户宁愿花费大量的金钱去投资自己的专线网络或是花费巨额的长途话费来提供远程接入。现在随着 ADSL、DWDM、MPLS 等新技术的大规模应用和推广,上述问题将得到根本改善和解决。

(2) 主观因素之一是用户总害怕自己内部的数据在 Internet 上传输不安全。其实前面介绍的 VPN 技术已经能够提供足够安全的保障,可以使用户数据不被查看、修改。主观因素之二,也是 VPN 应用最大的障碍,是客户自身的应用跟不上,只有企业将自己的业务完全和网络联系上,VPN 才会有真正的用武之地。

可以想象,当我们消除了所有这些障碍因素后,VPN 将会成为我们网络生活的主要组成部分。将来,VPN 技术将成为广域网建设的最佳解决方案,它不仅会大大节省广域网的建设和运行维护费用,而且增强了网络的可靠性和安全性。同时,VPN 会加快企业网的建设步伐,使得集团公司不仅仅只是建设内部局域网,而且能够很快地把全国各地分公司的局域网连起来,从而真正发挥整个网络的作用。VPN 对推动整个电子商务、电子贸易将起到不可低估的作用。

习 题 四

一、填空题

1. 根据不同客户的需求,VPN 网络分为_____、路由器 VPN 和_____。

2. 常用的有 3 种 VTP 通告是_____、_____和_____。

3. VPN 的隧道协议主要有三种_____、_____和_____。

4. IPsec 提供了两种安全机制是_____和_____。

5. 按照用途划分,VPN 可分为_____、_____和外联网络三类。

6. L2TP 隧道的建立包括_____和_____两种典型模式。

7. 从广义上,首先可以将局域网分为_____、_____和_____三类。

二、选择题

1. 有关 VLAN 的概念,下面说法不正确的是(　　)。

    A. VLAN 是建立在局域网交换机和 ATM 交换机上的,以软件方式实现的逻辑分组

    B. 可以使用交换机的端口划分虚拟局域网,且虚拟局域网可以跨越多个交换机

    C. 使用 IP 地址定义的虚拟局域网与使用 MAC 地址定义的虚拟局域网相比,前者性能较高

    D. VLAN 中的逻辑工作组的各结点可以分布在同一物理网段上,也可以分布在不同的物理网段上

2. ( )不增加 VLAN 带来的好处。

    A. 交换机不需要配置

    B. 广播可以得到控制

    C. 机密数据可以得到保护

    D. 物理的界限限制了用户群的移动

3. 下面( )的安全服务不是 IPSec 提供的。

    A. 数据机密性   B. 数据完整性

    C. 数据来源认证   D. 数据的目的地

4. 在 L2TP 构建的 VPN 中,下面选项不是它的网络组件部分的是( )。

    A. 远端系统   B. PPTP

    C. LAC   D. LNS

5. 下面( )VPN 的隧道协议是工作在第三层的。

    A. PPTP   B. L2TP

    C. IPSec   D. GRE

6. 下面选项不是虚拟局域网的主要特点的是( )。

    A. 交换机不需要配置

    B. 灵活的、软定义的、边界独立于物理媒质的设备群

    C. 广播流量被限制在软定义的边界内,提高了网络的安全性

    D. 在同一个虚拟局域网成员之间提供低延迟、线速的通信

7. ( )VPN 是在路由器上添加 VPN 服务。

    A. 路由器式 VPN   B. 交换机式 VPN

    C. 防火墙式 VPN

8. 下面选项不是三层交换机给校园网和城域教育网的建设带来的好处的是( )。

    A. 内置安全机制   B. 增加带宽

    C. 适合多媒体传输   D. 计费功能

三、问答题

1. 什么是虚拟局域网技术?它有哪几种实现方法?

2. VPN 隧道技术有哪些?各有什么特点?

3. 三层交换机有哪些特点?

第5章　无线局域网

5.1　无线局域网概述

5.1.1　无线局域网的历史

无线网络的发展,可以追溯到五十年前,当时美国陆军研发出了一套无线电传输技术,采用高强度的加密技术,使用无线电信号作为传输介质进行数据的传输。在 1971 年时,夏威夷大学(University of Hawaii)的研究员创造了第一个基于封包式技术的无线电通信网络,这个被称做 ALOHNET 的网络,可以算是相当早期的无线局域网络(WLAN)。这种最早的 WLAN 包括了 7 台计算机,它们采用双向星型拓扑(Bi-directional Star Topology),横跨四座夏威夷的岛屿,中心计算机放置在瓦胡岛(Oahu Island)上。从这时开始,无线网络可以说是正式诞生了。虽然当时几乎所有的局域网络(LAN)仍旧是有线的架构,但近年来无线网络的应用却日益增加,而且相关的技术也一直在进步。随着局域网的应用领域不断拓宽和现代通信方式的不断变化,尤其是移动和便携式通信的发展,无线局域网(WLAN)的发展也突飞猛进。

5.1.2　无线局域网概念

无线局域网是指以无线信道作为传输媒介的计算机局域网络(Wireless Local Area Network,WLAN),是利用无线通信技术在一定的局部范围内建立的网络,是计算机网络与无线通信技术相结合的产物。它以无线多址信道作为传输媒介,是在有线网的基础上发展起来的。

如果局域网所用的传输介质是同轴电缆、双绞线或光纤,那么这种局域网就是有线局域网。但是有线网络在应用中受到一定的限制:布线、改线工程量大;线路容易损坏;网中的各结点不可移动;如果要把相离较远的结点连接起来,铺设专用通信线路的布线施工难度大、费用高、耗时长,对正在迅速扩大的联网需求形成了严重的瓶颈。无线局域网正好可以很好地解决上述有线网络存在的问题。

无线局域网的计算机具有可移动性,能快速、方便地解决有线方式不易实现的网络信道的连通问题。无线局域网要求以无线方式相连的计算机之间实现资源共享,且具有现有网络操作系统(NOS)所支持的各种服务功能。图 5-1 所示是典型的无线局域网结构。

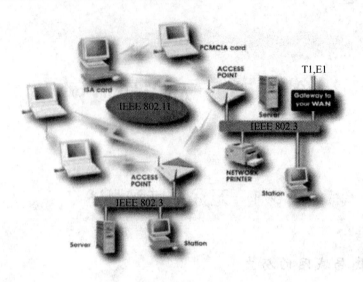

图 5-1　无线局域网

无线数据通信不仅可以作为有线数据通信的补充及延伸,而且还可以与有线网络环境互为备份。在某些环境下,无线通信是主要的而且是唯一可行的通信方式。从通信方式上考虑,多元化通信方式是现代化通信网络的重要特征。相对于有线局域网,无线局域网具有以下优点。

(1) 灵活性和移动性。在有线网络中,网络设备的安放位置受网络位置的限制,而无线局域网在无线信号覆盖区域内的任何一个位置都可以接入网络。无线局域网另一个最大的优点在于其移动性,连接到无线局域网的用户可以移动且能同时与网络保持连接。

(2) 安装便捷。无线局域网可以免去或最大程度地减少网络布线的工作量,一般只要安装一个或多个接入点设备,就可建立覆盖整个区域的局域网络。

(3) 易于进行网络规划和调整。对于有线网络来说,办公地点或网络拓扑的改变通常意味着重新建网。重新布线是一个昂贵、费时、浪费和琐碎的过程,无线局域网可以避免或减少这种情况的发生。

(4) 组网速度快、工程周期短。无线扩频通信可以在数十分钟之内迅速组建起通信链路,实现临时、应急、抗灾通信的目的,而有线通信则需要较长的时间。

(5) 易于故障定位。有线网络一旦出现物理故障,尤其是由于线路连接不良而造成的网络中断,往往很难查明,而且检修线路需要付出很大的代价。无线网络则很容易定位故障,只需更换故障设备即可恢复网络连接。

(6) 易于扩展。无线局域网有多种配置方式,可以很快从只有几个用户的小型局域网扩展到上千用户的大型网络,并且能够提供结点间"漫游"等有线网络无法实现的特性。由于无线局域网有以上诸多优点,所以其发展十分迅速。最近几年,无线局域网已经在企业、医院、商店、工厂和学校等场合得到了广泛的应用。

(7) 开发运营成本低。无线局域网在人们的印象中是价格昂贵的,但实际上,在购买时不能只考虑设备的价格,因为无线局域网可以在其他方面降低成本。有线通信的开通必须架设电缆,或挖掘电缆沟或架设架空明线。而架设无线链路则无需架线挖沟,线路开通速度快。将所有成本和工程周期统筹考虑,无线扩频的投资是相当节省的。使用无线局域网不仅可以减少对布线的需求和与布线相关的一些开支,还可以为用户提供灵活性更高、移动性更强的信息获取方法。

(8) 受自然环境、地形及灾害的影响较有线通信小。除电信部门外,其他单位的通信系统没有在城区挖沟铺设电缆的权力;而无线通信方式则可根据客户需求灵活定制专网。有线通信受地势影响,不能任意铺设;而无线通信覆盖范围大,几乎不受地理环境限制。

无线局域网在给网络用户带来便捷和实用的同时,也存在着一些缺陷。无线局域网的不足之处体现在以下几个方面。

(1) 性能。无线局域网是依靠无线电波进行传输的。这些电波通过无线发射装置进行发射,而建筑物、车辆、树木和其他障碍物都可能阻碍电磁波的传输,这会影响网络的性能。

(2) 速率。无线信道的传输速率与有线信道相比要低得多。目前,无线局域网的最大传输速率为 150 Mbit/s,只适合于个人终端和小规模网络应用。

(3) 安全性。本质上无线电波不要求建立物理的连接通道,无线信号是发散的。从理论上讲,很容易监听到无线电波广播范围内的任何信号,造成通信信息泄露。

5.2　无线网络相关技术

5.2.1　无线网络标准

由于 WLAN 是基于计算机网络与无线通信技术,在计算机网络结构中,逻辑链路控制(LLC)层及其之上的应用层对不同的物理层的要求可以是相同的,也可以是不同的,所以WLAN 标准主要是针对物理层和媒质访问控制层(MAC),涉及所使用的无线频率范围、空中接口通信协议等技术规范与技术标准。

1. IEEE 802.11

1990 年,IEEE 802 标准化委员会成立了 IEEE 802.11 WLAN 标准工作组。IEEE 802.11 的别名是 Wi-Fi(Wireless Fidelity)无线保真。它是在 1997 年 6 月,由大量的局域网以及计算机专家审定通过的标准,该标准定义了物理层和媒体访问控制(MAC)规范。物理层定义了数据传输的信号特征和调制,还定义了两个 RF 传输方法和一个红外线传输方法。RF 传输标准是跳频扩频和直接序列扩频,工作在 2.400 0～2.483 5 GHz 频段。IEEE 802.11 是 IEEE 最初制定的一个无线局域网标准,主要用于解决办公室局域网和校园网中用户与用户终端的无线接入,业务主要限于数据访问,速率最高只能达到 2 Mbit/s。由于它在速率和传输距离上都不能满足人们的需要,所以 IEEE 802.11 标准被 IEEE 802.11b 所取代了。

2. IEEE 802.11b

1999 年 9 月,IEEE 802.11b 被正式批准,该标准规定 WLAN 工作频段在 2.400 0～2.483 5 GHz,数据传输速率达到 11 Mbit/s,传输距离控制在 50～150 英尺。该标准是对IEEE 802.11 的一个补充,采用补偿编码键控调制方式,采用点对点模式和基本模式两运作模式,在数据传输速率方面可以根据实际情况在 11 Mbit/s、5.5 Mbit/s、2 Mbit/s、1 Mbit/s 的不同速率间自动切换。它改变了 WLAN 设计状况,扩大了 WLAN 的应用领域。IEEE 802.11b 已成为当前主流的 WLAN 标准,被多数厂商所采用,所推出的产品广泛应用于办公室、家庭、宾馆、车站、机场等众多场合,但是由于许多 WLAN 的新标准的出现,IEEE 802.11a 和 IEEE 802.11g 更是备受业界关注。

3. IEEE 802.11a

1999 年,IEEE 802.11a 标准制定完成,该标准规定 WLAN 工作频段在 5.15～8.825 GHz,数据传输速率达到 54 Mbit/s 或 72 Mbit/s(Turbo),传输距离控制在 10～100 米。该标准也是 IEEE 802.11 的一个补充,扩充了标准的物理层,采用正交频分复用(OFDM)的独特扩频技术,利用 QFSK 调制方式,可提供 25 Mbit/s 的无线 ATM 接口和 10 Mbit/s 的以太网无线帧结构接口,支持多种业务,如话音、数据和图像等。一个扇区可以接入多个用户,每个用户可带多个用户终端。IEEE 802.11a 标准是 IEEE 802.11b 的后续标准,其设计初衷是取代 802.11b 标准。然而,工作于 2.4 GHz 频带是不需要执照的,该频段属于工业、教育、医疗等专用频段,是公开的。工作于 5.15～8.825 GHz 频带需要执照的。一些公司没有表示出对 802.11a 标准的支持,一些公司更加看好最新混合标准——802.11g。

4. IEEE 802.11g

目前,IEEE 推出最新版本 IEEE 802.11g 认证标准,该标准提出拥有 IEEE 802.11a 的传输速率,安全性较 IEEE 802.11b 好,采用两种调制方式,含 IEEE 802.11a 中采用的 OFDM 与 IEEE 802.11b 中采用的 CCK,做到与 802.11a 和 802.11b 兼容。虽然 802.11a 较适用于企业,但 WLAN 运营商为了兼顾现有 802.11b 设备投资,选用 802.11g 的可能性极大。

IEEE 802.11a/b/g 是 Wi-Fi 联盟最受欢迎的三种无线网络传输标准,它们在速度、频率和兼容性方面都存在着差异。表 5-1 对它们的特性进行了比较。

表 5-1　无线网络的 a-b-g 三种标准

标准	经测试最大覆盖范围(英尺)	频率	最高速度	优点	缺点
802.11a	25～75	5 GHz	54 Mbit/s	速度快;不会与蓝牙设备或者手机相互干扰	与 802.11b 和 802.11g 无线网络不兼容;覆盖范围小
802.11b	室内 100～150,室外 300	2.4 GHz	11 Mbit/s	低成本;与 802.11g 相互兼容 1	共享大文件或宽带时速度慢;可能与蓝牙设备或者手机相互干扰
802.11g	室内 100～150,室外 300	2.4 GHz	54 Mbit/s	快速;产品可选择性高,与 802.11b 兼容	可能与蓝牙设备或者手机相互干扰;比 802.11b 要稍微贵一些

5. IEEE 802.11i

IEEE 802.11i 标准是结合 IEEE 802.1x 中的用户端口身份验证和设备验证,对 WLAN 的 MAC 层进行修改与整合,定义了严格的加密格式和鉴权机制,以改善 WLAN 的安全性。IEEE 802.11i 新修订标准主要包括两项内容:Wi-Fi 保护访问(Wi-Fi Protected Access，WPA）技术和强健安全网络（RSN）。Wi-Fi 联盟计划采用 802.11i 标准作为 WPA 的第二个版本，并于 2004 年初开始实行。

IEEE 802.11i 标准在 WLAN 网络建设中的是相当重要的，数据的安全性是 WLAN 设备制造商和 WLAN 网络运营商应该首先考虑的内容。

6. IEEE 802.11e/f/h

IEEE 802.11e 标准对 WLAN 的 MAC 层协议提出改进，以支持多媒体传输，以及所有WLAN 无线广播接口的服务质量保证（QoS）机制。IEEE 802.11f，定义访问结点之间的通信，支持 IEEE 802.11 的接入点互操作协议（IAPP）。IEEE 802.11h 用于 802.11a 的频谱管理技术。

7. HIPERLAN

欧洲电信标准化协会（ETSI）的宽带无线电接入网络（BRAN）小组着手制定 Hiper（High Performance Radio）接入泛欧标准，已推出 HiperLAN1 和 HiperLAN2。HiperLAN1 推出时，数据速率较低，没有被人们重视。2000 年，HiperLAN2 标准制定完成，HiperLAN2 标准的最高数据速率能达到 54 Mbit/s，HiperLAN2 标准详细定义了 WLAN 的检测功能和转换信令，用以支持许多无线网络，支持动态频率选择、无线信元转换、链路自适应、多束天线和功率控制等。该标准在 WLAN 性能、安全性、服务质量保证（QoS）等方面也给出了一些定义。HiperLAN1 对应 1EEE 802.11b，HiperLAN2 与 1EEE 082.11a 具有相同的物理层，他们可以采用相同的部件，并且 HiperLAN2 强调与 3G 整合。HiperLAN2 标准也是目前较完善的 WLAN 协议。

8. HomeRF

HomeRF 工作组是由美国家用射频委员会领导于 1997 年成立的，其主要工作任务是为家庭用户建立具有互操作性的语音和数据通信网，2001 年 8 月推出 HomeRF2.0 版，集成了语音和数据传送技术，工作频段在 10 GHz，数据传输速率达到 10 Mbit/s。在 WLAN 的安全性方面主要考虑访问控制和加密技术。HomeRF 是针对现有无线通信标准的综合和改进。当进行数据通信时，采用 IEEE 802.11 规范中的 TCP/IP 传输协议；进行语音通信时，则采用数字增强型无绳通信标准。

除了 IEEE 802.11 委员会、欧洲电信标准化协会和美国家用射频委员会之外，无线局域网联盟 WLANA（Wireless LAN Association）在 WLAN 的技术支持和实施方面也做了大量工作。WLANA 是由无线局域网厂商建立的非营利性组织，由 3Com、Aironet、Cisco、Intersil、Lucent、Nokia、Symbol 和中兴通讯等厂商组成，其主要工作是验证不同厂商的同类产品的兼容性，并对 WLAN 产品的用户进行培训等。

5.2.2 无线网络设备

在无线局域网里，常见的设备有无线网卡、无线接入点、无线网桥和无线路由器等。

1. 无线网卡

无线网卡是无线局域网中最基本的设备，它的作用类似于以太网中的网卡，作为无线局域网的接口，实现与无线局域网的连接。无线网卡根据接口类型的不同，主要分为三种类型，即笔记本电脑专业的 PCMCIA 无线网卡、台式机的 PCI 无线网卡和都可以使用的 USB

无线网卡,如图 5-2 所示。

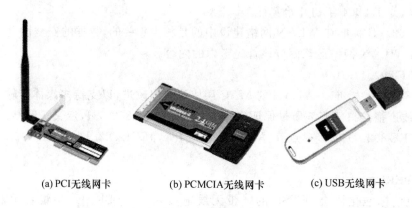

(a) PCI无线网卡　　　　(b) PCMCIA无线网卡　　　(c) USB无线网卡

图 5-2　无线网卡

PCMCIA 无线网卡仅适用于笔记本电脑,支持热插拔,可以非常方便地实现移动无线接入。PCI 无线网卡适用于普通的台式计算机使用。其实 PCI 无线网卡只是在 PCI 转接卡上插入一块普通的 PCMCIA 卡。USB 接口无线网卡适用于笔记本和台式机,支持热插拔,如果网卡外置有无线天线,那么 USB 接口就是一个比较好的选择。

2. 无线接入点(AP)

无线接入点(Wireless Network Access Point,AP)的功能类似于有线网络中的集线器,如图 5-3 所示。

3. 无线网桥

从作用上来理解无线网桥,它可以用于连接两个或多个独立的网络段,这些独立的网络段通常位于不同的建筑物内,相距几百米到几十千米,所以说它可以广泛应用于不同建筑物间的互联。同时,根据协议不同,无线网桥又可以分为 2.4 GHz 频段的 802.11b 或802.11g以及采用 5.8 GHz 频段的 802.11a 无线网桥。无线网桥有三种工作方式,点对点、点对多点和中继连接。它特别适用于城市中的远距离通信。

图 5-3　AP

无线网桥通常用于室外,主要用于连接两个网络,使用无线网桥不可能只使用一个,必须两个以上,而 AP 可以单独使用。无线网桥具有功率大、传输距离远(最大可达约50 km)、抗干扰能力强等特点,不自带天线,一般配备抛物面天线实现长距离的点对点连接。

4. 无线路由器

无线路由器(Wireless Router)就是带有无线覆盖功能的路由器,如图 5-4 所示,它主要应用于用户上网和无线覆盖。市场上流行的无线路由器一般都支持专线 XDSL/CABLE、动态 XDSL、PPTP 四种接入方式,它还具有其他一些网络治理的功能,如 DHCP 服务、NAT 防火墙、MAC 地址过滤等功能。

图 5-4　无线路由器

无线路由器好比将单纯性无线 AP 和宽带路由器合二为一的扩展型产品,它不仅具备单纯性无线 AP 所有功能如支持 DHCP 客户端、支持 VPN、防火墙、支持 WEP 加密等,而且还包括了网络地址转换(NAT)功能,可支持局域网用户的网络连接共享。它还可实现家庭无线网络中的 Internet 连接共享,实现 ADSL 和小区宽带的无线共享接入。

无线路由器可以与所有以太网接的 ADSL Modem 或 CABLE Modem 直接相连,也可以在使用时通过交换机/集线器、宽带路由器等局域网方式接入。其内置简单的虚拟拨号软件,可以存储用户名和密码拨号上网,可以为拨号接入 Internet 的 ADSL、CM 等提供自动拨号功能,而无须手动拨号或占用一台电脑作服务器使用。此外,无线路由器一般还具备更加完善的安全防护功能。

无线路由器适合于不带路由的 ADSL Modem、CABLE Modem 等用户以及带路由的 ADSL Modem、CABLE Modem。无线路由器将多种设备合而为一,亦比较适合于初次建网的用户,其集成化的功能可以使用户只用一个设备而满足所有的有线和无线网络需求。

5.2.3　无线局域网的接入技术

1. 红外线

红外线是按视距方式传播的,也就是说,发送点可以直接看到接收点,中间没有阻挡。红外线频谱非常宽,可以提供极高的数据传输率。由于红外线与可见光有一部分特性是一致的,所以它可以被浅色物体漫反射,这样就可以用天花板反射来覆盖整个房间。红外线不会穿过墙壁或其他的不透明的物体,因此红外线无线局域网具有以下优点。

(1) 红外线通信相比微波通信来说不易被入侵,提高了安全性。

(2) 安装在大楼中每个房间里的红外线网络可以互不干扰,因此建立一个大的红外线网络是可行的。

(3) 红外线局域网设备简单且相对便宜。红外线数据基本上是用强度调制,所以红外线接收器只是测量光信号的强度,而大多数的微波接收器则要测量信号的频谱或相位。

红外线局域网的数据传输有三种基本技术。

1) 定向光束红外线

定向光束红外线可以被用于点—点链路。在这种方式中,传输的范围取决于发射的强度与接收装置的性能。红外线连接可以被用于连接几座大楼的网络,但是每幢大楼的路由器或网桥都必须在视线范围内。

2）全方位红外传输技术

一个全方位（Omini Direction）配置要有一个基站。基站能看到红外线无线局域网中的所有结点。典型的全方位配置结构是将基站安装在天花板上。基站的发射器向所有的方向发送信号，所有的红外线收发器都能接收到信号，所有结点的收发器都用定位光束瞄准天花板上的基站。

3）漫反射红外传输技术

全方位配置需要在天花板安装一个基站，而漫反射配置则不需要在天花板安装一个基站。在漫反射红外线配置中，所有结点的发射器都瞄准天花板上的漫反射区。红外线射到天花板上，被漫反射到房间内的所有接收器上。

红外线局域网也存在一些缺点。例如，室内环境中的阳光或室内照明的强光线都会成为红外线接收器的噪声部分，这限制了红外线局域网的应用范围。

2. 扩频技术

扩展频谱技术是指发送信息带宽的一种技术，又称扩频技术。它是一种信息传输方式，其信号所占有的频带宽度远大于所传信息必需的最小带宽。频带的扩展是通过一个独立的码序列完成，用编码及调制的方法实现的，与所传信息数据无关。在接收端也用同样的码进行相关同步接收、解扩以及恢复所传信息数据。

目前，最普遍的无线局域网技术是扩展频谱（简称扩频）技术。扩频的第一种方法是跳频（Frequency Hopping），第二种方法是直接序列（Direct Sequence）扩频。这两种方法都被无线局域网所采用。

1）跳频通信

在跳频方案中，发送信号频率按固定的间隔从一个频谱跳到另一个频谱。接收器与发送器同步跳动，从而正确地接收信息。而那些可能的入侵者只能得到一些无法理解的标记。发送器以固定的间隔一次变换一个发送频率。IEEE 802.11 标准规定每 300 ms 的间隔变换一次发送频率。发送频率变换的顺序由一个伪随机码决定，发送器和接收器使用相同变换的顺序序列。数据传输可以选用频移键控（FSK）或二进制相位键控（PSK）方法。

2）直接序列扩频

在直接序列扩频方案中，输入数据信号进入一个通道编码器（Channel Encoded）并产生一个接近某中央频谱的较窄带宽的模拟信号。这个信号将用一系列看似随机的数字（伪随机序列）来进行调制，调制的结果大大地拓宽了要传输信号的带宽，因此称为扩频通信。在接收端，使用同样的数字序列来恢复原信号，信号再进入通道解码器来还原传送的数据。

3. 窄带微波无线局域网

窄带微波（Narrowband Microwave）是指使用微波无线电频带进行数据传输，其带宽刚好能容纳信号。以前所有的窄带微波无线网产品都使用申请执照的微波频带，直到最近至少有一个制造商提供了在工业、科学和医药（Industrial Scientific and Medicine，ISM）频带内的窄带微波无线网产品。

1）申请执照的窄带 RF（Radio Frequency）

用于声音、数据和视频传输的微波无线电频率需要申请执照和进行协调，以确保在一个地理环境中的各个系统之间不会相互干扰。在美国，由 FCC 控制执照。每个地理区域的半径为 28 km，可以容纳 5 个执照，每个执照覆盖两个频率。在整个频带中，每个相邻的单元都避免使用互相重叠的频率。为了提供传输的安全性，所有的传输都经过加密。申请执照的窄带无线网的一个优点是，它保证了无干扰通信。与免申请执照的 ISM 频带相比，申请执照的频带执照拥有者，其无干扰数据通信的权利在法律上得到保护。

2）免申请执照的窄带 RF

1995 年，Radio LAN 成为第一个使用免申请执照 ISM 的窄带无线局域网产品。Radio LAN 的数据传输速率为 10 Mbit/s，使用 5.8 GHz 的频率，在半开放的办公室有效范围是 50 m，在开放的办公室是 100 m。Radio LAN 采用了对等网络的结构方法。传统局域网（如 Ethernet 网）组网一般需要集线器，而 Radio LAN 组网不需要集线器，它可以根据位置、干扰和信号强度等参数来自动地选择一个结点作为动态主管。当连网的结点位置发生变化时，动态主管也会自动变化。这个网络还包括动态中继功能，它允许每个站点像转发器一样工作，以使不在传输范围内的站点之间也能进行数据传输。

4. 蓝牙技术

蓝牙的英文名称为"Bluetooth"，实际上它是一种实现多种设备之间无线连接的协议。通过这种协议能使包括蜂窝电话、掌上电脑、笔记本电脑、相关外设和家庭 Hub 等包括家庭 RF 的众多设备之间进行信息交换。蓝牙应用于手机与计算机的相连，可节省手机费用，实现数据共享、Internet 接入、无线免提、同步资料和影像传递等。蓝牙是一种短距离无线通信技术，用于掌上电脑、笔记本电脑和移动电话手机等移动通信终端设备之间的通信，也能够成功地简化以上这些设备与 Internet 之间的通信。

蓝牙主要有以下特点。

（1）蓝牙是一种有限范围射频技术，传输距离的范围一般为 0.1～10 m，若是附和一个 25 dB 的专用放大器，可达到 100 m 的距离。

（2）蓝牙采用 2.402～2.483 GHz 高频无线频率（ISM 频段）。

（3）数据速率是 1 Mbit/s，其中有效的数据速率是 721 kbit/s。

（4）蓝牙基带协议是电路交换与分组交换的结合，适用于语音和数据传输。

（5）蓝牙网络拓扑采用星型结构，最小的工作单位叫 Piconet（微微网），一个 Piconet 中有一个主设备（Master），其可以连接 7 个从属设备（Slave）。

5.2.4　无线局域网的组网方式

在无线局域网 WLAN 中，每台电脑被称为工作站（STA），主要网络结构只有两类：一种就是类似于对等网的 Ad-Hoc 结构；另一种则是类似于有线局域网中星型结构的 Infra-structure 结构。

1. 点对点 Ad-Hoc 结构（无中心网络）

点对点 Ad-Hoc 对等结构相当于有线网络中的多机（一般最多是 3 台机）直接通过网卡互联，中间没有集中接入设备，没有无线接入点（AP），信号是直接在两个通信端点对点传输的。如图 5-5 所示。

在有线网络中，因为每个连接都

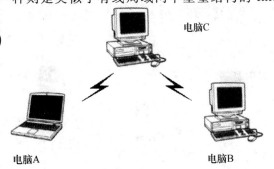

图 5-5　Ad-Hoc 结构

需要专门的传输介质,所以在多机互连中,一台可能要安装多块网卡。而在 WLAN 中,没有物理传输介质,信号不是通过固定的传输作为信道传输的,而是以电磁波的形式发散传播的,所以在 WLAN 中的对等连接模式中,各用户无须安装多块 WLAN 网卡,相比有线网络来说,组网方式要简单许多。

　　Ad-Hoc 对等结构网络通信中没有信号交换设备,网络通信效率较低,所以仅适用于较少数量的计算机无线互连(通常是在 5 台主机以内)。同时,由于这一模式没有中心管理单元,所以这种网络在可管理性和扩展性方面受到一定的限制,连接性能也不是很好。而且各无线结点之间只能单点通信,不能实现交换连接,就像有线网络中的对等网一样。这种无线网络模式通常只适用于临时的无线应用环境,如小型会议室,SOHO 家庭无线网络等。

　　由于这种网络模式的连接性能有限,所以此种方案的实际效果可能会差一些。况且现在的无线局域网设备价格已大幅下降,一般的 108 Mbit/s 无线 AP 价格可以在 500 元以内买到,54 Mbit/s 的在 200 元左右,所以没必要采用这种连接性能受到诸多限制的对等无线局域网模式。

　　为了达到无线连接的最佳性能,所有主机最好都使用同一品牌、同一型号的无线网卡。并且要详细了解一下相应型号的网卡是否支持 Ad-Hoc 网络连接模式,因为有些无线网卡只支持下面将要介绍的基础结构模式,当然绝大多数无线网卡是同时支持两种网络结构模式的。

2. 基于 AP 的 Infrastructure 结构

　　这种基于无线 AP 的 Infrastructure(基础)结构模式其实与有线网络中的星型交换模式类似,属于集中式结构类型,其中的无线 AP 相当于有线网络中的交换机,起着集中连接和数据交换的作用。

　　这种模式由无线接入点 AP、无线工作站 STA 以及分布式系统 DSS 构成,信号覆盖的区域称为基本服务区 BSS(Basic Service Set,BSS)。一个基本服务区 BSS 包括一个基站和若干个移动站,所有的站在本 BSS 以内都可以直接通信。BSS 的组成有两种方式。一种为分布对等式,此时 BSS 中任意两个终端可直接通信,无需中心转接站,这种方式结构简单、使用方便,但 BSS 区域较小。另一种为集中控制式,每个 BSS 由一个中心站控制,网中的终端在该中心站的协调下与其他终端通信,这种方式下需使用比较昂贵的中心站,但 BSS 区域较大。无线接入点 AP 用于在无线 STA 和有线网络之间接收、存储和转发数据,所有无线通信都经过 AP 完成,是一种有中心的拓扑结构。

　　在这种无线网络结构中,除了需要像 Ad-Hoc 对等结构中在每台主机上安装无线网卡以外,还需要一个 AP 接入设备,俗称"访问点"或"接入点"。这个 AP 设备就是用于集中连接所有无线结点并进行集中管理的。当然一般的无线 AP 还提供了一个有线以太网接口,用于与有线网络、工作站和路由设备的连接,如图 5-6 所示。

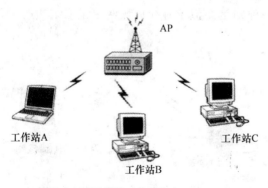

图 5-6　基于无线 AP 的 Infrastructure

　　另外,基础结构的无线局域网不仅

可以应用于独立的无线局域网中,如小型办公室无线网络、SOHO 家庭无线网络,也可以以它为基本网络结构单元组建成庞大的无线局域网系统,如 ISP 在"热点"位置为各移动办公用户提供的无线上网服务,在宾馆、酒店、机场为用户提供的无线上网区等。不过这时就要充分考虑到各 AP 所用的信道了,在同一有效距离内只能使用 3 个不同的信道。

3. 多 AP 模式(分布式服务系统 DSS)

多 AP 模式也称分布式服务系统(Distribution Service Systems,DSS),也成为多蜂窝结构。它是指由多个 AP 以及连接它们的分布式系统组成的基础架构模式的网络,也称为扩展服务区 ESS。每个服务区内的 AP 都是独立的无线网络基本服务区 BSS,所有 AP 共享一个扩展服务区标识符 ESSID。不同标识符的无线网络形成逻辑上的子网。相同 ESSID 的无线网络之间可以漫游。所谓漫游就是在一个服务区的用户可以从当前接入服务点移动到另一个 AP 接入点的服务范围。在多 AP 结构中,不同的 AP 接入点之间一般有 15% 的服务区域重叠,以便无线工作站在他们之间的透明漫游。

5.2.5　无线局域网的操作方式

WLAN 网络的操作可分为两个主要工作过程:工作站加入一个 BSS,工作站从一个 BSS 移动到另一个 BSS,实现小区间的漫游。一个站点访问现存的 BSS 需要几个阶段。首先,工作站开机加电开始运行,然后进入睡眠模式或者进入 BSS 小区。站点始终需要获得同步信号,该信号一般来自 AP 接入点,站点则通过主动和被动扫频获得同步信号。

主动扫频是指 STA 启动或关联成功后扫描所有频道。一次扫描中,STA 采用一组频道作为扫描范围,如果发现某个频道空闲,就广播带有 ESSID 的探测信号。AP 根据该信号做响应。被动扫频是指 AP 每 100 ms 向外传送灯塔信号,包括用于 STA 同步的时间戳,支持速率以及其他信息,STA 接收到灯塔信号后启动关联过程。

WLAN 为防止非法用户接入,在站点定位了接入点并取得了同步信息之后,开始交换验证信息。验证业务提供了控制局域网接入的能力,这一过程被所有终端用来建立合法介入的身份标志。

站点经过验证后,关联(Associate)就开始了。关联用于建立无线访问点和无线工作站之间的映射关系,实际上它是把无线变成有线网的连线。分布式系统将该映射关系分发给扩展服务区中的所有 AP。一个无线工作站同一时间只能与一个 AP 关联。在关联过程中,无线工作站与 AP 之间要根据信号的强弱协商速率,速率变化包括 11 Mbit/s、5.5 Mbit/s、2 Mbit/s 和 1 Mbit/s(以 IEEE 802.11b 为例)。

工作站从一个小区移动到另一个小区需要重新关联。重关联(Reassociate)是指当无线工作站从一个扩展服务区中的一个基本服务区移动到另外一个基本服务区时,与新的 AP 关联的整个过程。重关联总是由移动无线工作站发起。

IEEE 802.11 无线局域网的每个站点都与一个特定的接入点相关。如果站点从一个小区切换到另一个小区,就是处在漫游(Roaming)过程中。漫游是指无线工作站在一组无线访问点之间移动,并提供对于用户透明的无缝连接,包括基本漫游和扩展漫游。基本漫游是指无线 STA 的移动仅局限在一个扩展服务区内部。扩展漫游指无线 SAT 从一个扩展服务区中的一个 BSS 移动到另一个扩展服务区的一个 BSS,IEEE 802.11 并不保证这种漫游的上层连接。

5.3　无线局域网安全

无线局域网具有安装便捷、使用灵活、经济节约、易于扩展等有线网络无法比拟的优点，因此无线局域网得到越来越广泛的使用。但是无线局域网信道开放的特点，使得攻击者能够很容易地进行窃听、恶意修改并转发，所以安全性成为阻碍无线局域网发展的最重要因素。

就目前而言，有很多种无线局域网的安全技术，包括物理地址（MAC）过滤、服务区标识符（SSID）匹配、有线对等保密（WEP）、端口访问控制技术（IEEE 802.1x）、WPA（Wi-Fi Protected Access）、IEEE 802.11i 等。

5.3.1　无线局域网的安全威胁

利用 WLAN 进行通信必须具有较高的通信保密能力。对于现有的 WLAN，它的安全隐患表现在以下几个方面。

（1）未经授权使用网络服务。由于无线局域网的开放式访问方式，非法用户可以未经授权而擅自使用网络资源，不仅会占用宝贵的无线信道资源，增加带宽费用，降低合法用户的服务质量，而且未经授权的用户没有遵守运营商提出的服务条款，甚至可能导致法律纠纷。

（2）地址欺骗和会话拦截（中间人攻击）。在无线环境中，非法用户通过侦听等手段获得网络中合法站点的 MAC 地址比有线环境中要容易得多，这些合法的 MAC 地址被用来进行恶意攻击。

另外，由于 IEEE 802.11 没有对 AP 身份进行认证，非法用户很容易装扮成 AP 进入网络，并进一步获取合法用户的身份鉴别信息，并通过会话拦截实现网络入侵。

（3）高级入侵（企业网）。一旦攻击者进入无线网络，它将成为进一步入侵其他系统的起点。多数企业部署的 WLAN 都在防火墙之后，这样 WLAN 的安全隐患就会成为整个安全系统的漏洞，只要攻破无线网络，就会使整个网络暴露在非法用户面前。

5.3.2　基本的无线局域网安全技术

通常网络的安全性主要体现在访问控制和数据加密两个方面。访问控制保证敏感数据只能由授权用户进行访问，而数据加密则保证发送的数据只能被所期望的用户接收和理解。在无线局域网中，IEEE 802.11 定义的安全主要有两个 SSID（服务标识），主要控制工作站访问 AP。WEP（Wired Equivalent Privacy）协议主要保护数据安全和传输控制。

在无线局域网中常用的安全技术有以下几种。

1. 物理地址（MAC）过滤

每个无线客户端网卡都由唯一的 48 位物理地址（MAC）标识，用户可在 AP 中手工维护一组允许访问的 MAC 地址列表,实现物理地址过滤。这种方法的效率会随着终端数目的增加而降低,而且非法用户通过网络侦听就可获得合法的 MAC 地址表,而 MAC 地址并不难修改,因而非法用户完全可以通过盗用合法用户的 MAC 地址实现非法接入,如图 5-7所示。

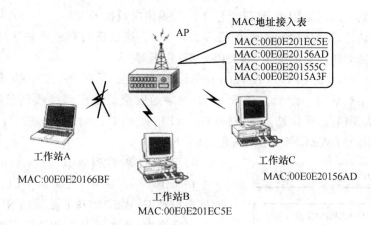

图 5-7　MAC 地址过滤

2. 服务区标识符（SSID）匹配

每个基于 IEEE 802.11 标准的 AP 在无线局域网中都被赋予一个 SSID 号。SSID 是一个最大 32 个字符的标识符,相当于 AP 的访问密码。无线工作站在使用无线网络之前,必须有相应的参数设置,其中工作站的服务区标识设置与无线访问点 AP 的 SSID 必须一致才能访问 AP。如果出示的 SSID 与 AP 的 SSID 不同,那么 AP 将拒绝它通过本服务区上网。利用 SSID 设置,可以很好地进行用户群体分组,避免任意漫游带来的安全和访问性能的问题。可以通过设置隐藏接入点(AP)及 SSID 区域的划分和权限控制来达到保密的目的,因此可以认为,SSID 是一个简单的口令,通过提供口令认证机制,实现一定的安全,如图 5-8所示。

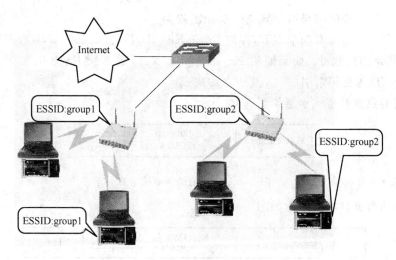

图 5-8　服务区标识匹配

3. 用户认证技术

在无线网络环境中，要保证网络的安全，必须对用户的身份进行验证。在 IEEE 802.11 系列标准中，对用户进行认证的技术包括 3 种。

开放系统认证（Open System Authentication）。该认证是 IEEE 802.11 默认认证，允许任何用户接入到无线网络中去，实际上根本没有提供对数据的保护。

封闭系统认证（Closed System Authentication）。该认证与开放系统认证相反，通过网络设置可以保证无线网络的安全，如关闭 SSID 广播等。

共享密钥认证（Shared Key Authentication）。该认证是基于 WEP 的共享密钥认证，它事先假定一个站点通过一个独立于 802.11 网络的安全信道已经接收到目标站点的一个 WEP 加密的认证帧，然后该站点将该帧通过 WEP 加密向目标站点发送。目标站点在接收到之后，利用相同的 WEP 密钥进行解密，然后进行认证。

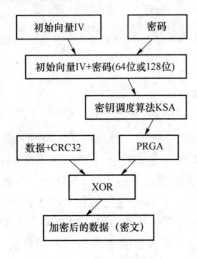

图 5-9 WEP 加密原理图

4. 有线对等保密（WEP）

在 IEEE 802.11 中，定义了 WEP 对无线传送的数据进行加密，WEP 的核心是采用 RC4 串流加密算法。在标准中，加密密钥长度有 64 位和 128 位两种。其中有 24Bit 的 IV 是由系统产生的，需要在 AP 和 Station 上配置的密钥就只有 40 位或 104 位。

WEP 加密原理如图 5-9 所示。

其加密过程如下。

（1）AP 先产生一个 IV，将其同密钥串接（IV 在前）作为 WEP 种子，采用 RC4 算法生成和待加密数据等长（长度为 MPDU 长度加上 ICV 的长度）的密钥序列。

（2）计算待加密的 MPDU 数据校验值 ICV，将其串接在 MPDU 之后。

（3）将上述两步的结果按位异或生成加密数据。

（4）加密数据前面有四个字节，存放 IV 和 Key ID，IV 占前三字节，Key ID 在第四字节的高两位，其余的位置 0。如果使用 Key-mapping Key，则 Key ID 为 0；如果使用 Default Key，则 Key ID 为密钥索引（0~3 其中之一）。

加密前的数据帧格式示意如图 5-10 所示。

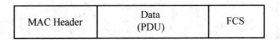

图 5-10 加密前的数据帧格式

加密后的数据帧格式示意如图 5-11 所示。

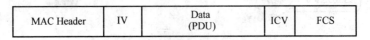

图 5-11 加密后的数据帧格式

WEP 解密原理图如图 5-12 所示。

其解密过程如下。

(1) 找到解密密钥。

(2) 将密钥和 IV 串接(IV 在前)作为 RC4 算法的输入生成和待解密数据等长的密钥序列。

(3) 将密钥序列和待解密数据按位异或,最后 4 个字节是 ICV,前面是数据明文。

(4) 对数据明文计算校验值 ICV,并和 ICV 比较,如果相同则解密成功,否则丢弃该数据。

有线对等保密协议(WEP)是 IEEE 802.11 标准中提出的认证加密方法。它使用 RC4 流密码来保证数据的保密性,通过共享密钥来实现认证,理论上增加了网络侦听、会话截获等非法侵入的攻击难度。由于其使用固定的加密密钥和过短

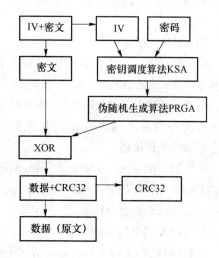

图 5-12 WEP 解密原理图

的初始向量,且无线局域网的通信速度非常高,该方法已被证实存在严重的安全漏洞,在 15 分钟内就可被攻破。现在已有专门的自由攻击软件(如 airsnort)。而且这些安全漏洞和 WEP 对加密算法的使用机制有关,即使增加密钥长度也不能增加安全性。另外,WEP 缺少密钥管理。用户的加密密钥必须与 AP 的密钥相同,并且一个服务区内的所有用户都共享同一把密钥。WEP 中没有规定共享密钥的管理方案,通常是手工进行配置与维护。由于同时更换密钥的费时与困难,所以密钥通常很少更换,倘若一个用户丢失密钥,则会殃及整个网络的安全。

ICV 算法不合适。WEP ICV 是一种基于 CRC-32 的用于检测传输噪音和普通错误的算法。CRC-32 是信息的线性函数,这意味着攻击者可以篡改加密信息,并很容易地修改 ICV。

同时,WEP 还可以作为一种认证方法,认证过程如下。

(1) 在无线接入点 AP 和工作站 STA 关联后,无线接入点 AP 随机产生一个挑战包,也就是一个字符串,并将挑战包发送给工作站 STA。

(2) 工作站 STA 接收到挑战包后,用密钥加密挑战包,然后将加密后的密文,发送回无线接入点 AP。

(3) 无线接入点也用密钥将挑战包加密,然后将自己加密后的密文与工作站 STA 加密后的密文进行比较,如果相同,则认为工作站 STA 合法,允许工作站 STA 利用网络资源;否则,拒绝工作站 STA 利用网络资源。

5. IEEE 802.11i 加密技术

为了填补无线局域网自身存在的缺陷,IEEE 标准委员会正式核准了新一代的 Wi-Fi 安全标准——IEEE 802.11i。在数值加密方面,定义了 TKIP、CCMP 和 WRAP 三种加密机制。

1) TKIP 技能

TKIP(Temporal Key Integrity Protocol,临时密钥完备性协议)是一种过渡的加密技能,与 WEP 一样,采用 RC4 加密算法。不同的是,TKIP 将 WEP 密钥的长度从 40 位加长

到 128 位,初始化向量(Initialization Vector,IV)的长度从 24 位加长到 48 位,这样提高了暗码破解难度。

2) CCMP 技能

CCMP(Counter-Mode/CBC-MAC Protocol,计数模式/暗码块链接动静鉴别编码协议)是基于 AES(Advanced Encryption Standard,高级加密标准)加密算法和 CCM(Counter-Mode/CBC-MAC,计数模式/暗码块链接动静鉴别编码)认证方式的一种加密技能,具备分组序号的初始向量,采用 128 位加密算法,使 WLAN 的安全水平大大提高。

3) WRAP 技能

WRAP(Wireless Robust Authenticated Protocol,无线鉴别协议)是基于 AES 加密算法和 OCB(Offset Codebook,偏移电报暗码本)认证方式的一种可选的加密机制。和 CCMP 一样,采用 128 位加密算法。

6. WPA/WPA2 协议

WPA(Wi-Fi Protectedness,Wi-Fi 掩护访问)是一种基于标准的可互操作的无线局域网安全性协议,可以保证无线局域网数值的安全,只有授权用户才可以访问该网络。其核心是使用 IEEE 802.1x 和 TKIP 来实现对无线局域网的访问控制、密钥办理与数值加密。

虽然通过 WEP 加密可以保护无线网络的安全,但就目前来说,因为 WEP 加密采用的是 24 位的初始化向量和对称加密原理,所以 WEP 本身就容易被破解。在安全性方面,WPA/WPA2 要强于 WEP。

WPA 是一种继承了 WEP 基本原理并且解决了 WEP 缺点的新技术。由于其加强了生成加密密钥的算法,引入了扩展的 48 位初始化向量和挨次规则、每包密钥构建机制、Michael 动静完备性代码、密钥从头获取和分发机制等新算法,所以即便收集到分组信息并对其进行解析,也很难计算出通用密钥。其原理是根据通用密钥配合表示电脑 MAC 地址和分组信息顺序号的编号,分别为每个分组信息生成不同的密钥。然后与 WEP 一样将此密钥用于 RC4 加密处理。通过这种处理,所有客户端的所有分组信息所交换的数据将由各不相同的密钥加密而成。无论收集到多少这样的数据,要想破解出原始的通用密钥几乎是不可能的。WPA 还追加了防止数据中途被篡改的功能和认证功能。由于具备这些功能,WEP 中备受指责的缺点全部解决。WPA 不仅是一种比 WEP 更为强大的加密方法,而且有更为丰富的内涵。作为 802.11i 标准的子集,WPA 包含了认证、加密和数据完整性校验三个组成部分,是一个完整的安全性方案。

WPA2 的设置与 WPA 相同,但无线网络使用的必须是支持 WPA2 的无线 AP、无线网卡以及 Windows XP SP2 系统。为了进一步提高无线局域网的安全性,Wi-Fi 联盟还进行了 WPA2 的认证,WPA2 认证的目的在于支持 IEEE 802.11i 标准,以代替 WEP、IEEE 802.11 标准的其他安全功效以及 WPA 产物尚不包括的安全功效。该认证引入了 AES 加密算法,初次将 128 位高级加密标准应用于无线局域网,同时也支持 RC4 加密算法。目前有 3Com、思科网络等公司的产物提供了对 WPA2 的支持。

7. 端口访问控制技术(IEEE 802.1x)和可扩展认证协议(EAP)

IEEE 802.1x,也称为基于端口的访问控制协议。它是一种基于端口的访问控制技术。该技术是用于无线局域网的一种增强网络安全解决方案,提供一个可靠的用户认证和密钥分发的框架,可以控制用户只有在认证通过以后才能连接网络。IEEE 802.1x 本身并不提供实际的认证机制,需要和上层认证协议(EAP)配合来实现用户认证和密钥分发。EAP 允许无线终端可以支持不同的认证类型,能与后台不同的认证服务器进行通信,如远程身份验证接入用户服务(RADIUS),如图 5-13 所示。

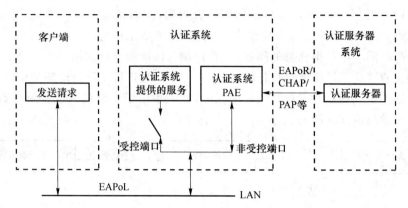

图 5-13　IEEE 802.1x 端口认证

在 802.1x 协议中,只有具备了以下三个元素才能完成基于端口的访问控制的用户认证和授权。

(1)客户端:一般安装在用户的工作站上,通常是支持 802.1x 认证的用户终端设备,用户通过启动客户端软件发起 802.1x 认证,输入必要的用户名和口令,客户端程序将会送出连接请求。

(2)认证系统:在无线网络中,是指无线接入点 AP 或者具有无线接入点 AP 功能的通信设备。认证系统对连接到链路对端的认证请求者进行认证。它为请求者提供服务端口,该端口可以是物理端口也可以是逻辑端口,其主要作用是完成用户认证信息的上传、下达工作,并根据认证的结果打开或关闭端口。

(3)认证服务器:通过检验客户端发送来的身份标识(用户名和口令)来判别用户是否有权使用网络系统提供的服务,并根据认证结果向认证系统发出打开或保持端口关闭的状态。

在具有 802.1x 认证功能的无线网络系统中,一个 WLAN 用户在对网络资源进行访问之前必须先要完成以下的认证过程。

(1)当用户有网络连接需求时打开 802.1x 客户端程序,输入已经申请、登记过的用户名和口令,发起连接请求。此时,客户端程序将发出请求认证的报文给 AP,开始启动一次认证过程。

(2)AP 收到请求认证的数据帧后,将发出一个请求帧要求用户的客户端程序将输入的用户名送上来。

(3)客户端程序响应 AP 发出的请求,将用户名信息通过数据帧送给 AP。AP 将客户端送上来的数据帧经过封包处理后送给认证服务器进行处理。

(4)认证服务器收到 AP 转发上来的用户名信息后,将该信息与数据库中的用户名表相比对,找到该用户名对应的口令信息,用随机生成的一个加密字对它进行加密处理,同时也将此加密字传送给 AP,由 AP 传给客户端程序。

(5)客户端程序收到由 AP 传来的加密字后,用该加密字对口令部分进行加密处理(此种加密算法通常是不可逆的),并通过 AP 传给认证服务器。

(6)认证服务器将送上来的加密后的口令信息和经过自己加密运算后的口令信息进行对比。如果相同,则认为该用户为合法用户,反馈认证通过的消息,并向 AP 发出打开端口的指令,允许用户的业务流通过端口访问网络。否则,反馈认证失败的消息,并保持 AP 端口的关闭状态,只允许认证信息数据通过而不允许业务数据通过。

这里要提出的一个值得注意的问题:在客户端与认证服务器交换口令信息的时候,没有将口令以明文直接送到网络上进行传输,而是对口令信息进行了不可逆的加密算法处理,使在网络上传输的敏感信息有了更高的安全保障,杜绝了由于下级接入设备所具有的广播特性而导致敏感信息泄露的问题。

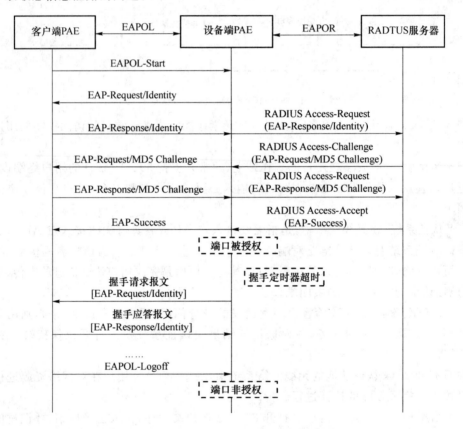

图 5-14　基于 EAP 方式的 802.1x 认证过程

8. 国产 WLAN 安全标准——WAPI

除了国际上的 IEEE 802.11i 和 WPA 安全标准外,我国在 2003 年 5 月也公布了无线局域网国家标准 GB15629.11,该标准提出了全新的 WAPI 安全机制。WAPI 即 WLAN Authentication and Privacy Infrastructure,称为 WLAN 鉴别与保密基础架构。

WAPI 是针对 IEEE 802.11 标准中 WEP 协议的安全问题,在我国无线局域网国家标准 GB15629.11 中提出的 WLAN 安全解决方案。同时,本方案已由 ISO/IEC 授权的机构 IEEE Registration Authority 审查并获得认可。它的主要特点是采用基于公钥密码体系的证书机制,真正实现了移动终端(MT)与无线接入点(AP)之间的双向鉴别。用户只要安装一张证书就可以在覆盖 WLAN 的不同地区漫游,方便用户使用。与现有计费技术兼容,可实现按时计费、按流量计费、包月等多种计费方式。AP 设置好证书后,无须再对后台的 AAA 服务器进行设置,安装、组网便捷,易于扩展,可满足家庭、企业、运营商等多种应用模式。

WAPI 由 WAI 和 WPI 两个部分组成。WAI(WLAN Authentication Infrastructure, WLAN 鉴别基础架构)可以实现对用户身份的鉴别,采用公开密钥体制,利用证书对无线局域网中的用户进行验证;WPI(WLAN Privacy Infrastructure,WLAN 保密基础架构)可以采用对称暗码算法实现对 MAC 层 MSDU 进行加密、解密操作,以保证传输数值的安全。

可是,WAPI 标准不能与 Wi-Fi 联盟制定的主流 WEP 及 WPA 兼容,该标准自公布以来就饱受争议。目前,WAPI 标准还处在与美国的 IEEE 802.11i 标准的调解阶段,将来两种针对无线局域网的安全标准可能会"合并",但"合并"之路较曲折。

5.4　无线局域网规划

无线局域网在移动性、可扩展性、安全性以及传输速度方面的发展,已使其可以满足大容量、多用户、广覆盖的可管理无线网络的要求。其热点地区覆盖的扩大、网络结构的日益复杂以及 WLAN 主设备所使用的 2.4 GHz ISM 频段的开放性都要求在部署无线局域网时必须进行科学的无线网络规划。

无线局域网规划包括对整个网络架构的选定、拓扑结构的设计以及对频率、站点、功率、干扰、容量、服务等级以及切换等诸多方面的规划。

5.4.1　网络结构与大小规划

无线局域网主要由工作站(Station,STA)、接入点(Access Point,AP)、无线介质(Wireless Medium,WM)和分布式系统(Distribution System,DS)组成。网络结构如图 5-15 所示。

IEEE 802.11b 的实际吞吐量约 6 Mbit/s,
IEEE 802.11g 的实际吞吐量约 25 Mbit/s。
用户浏览网页一般需要 100 kbit/s,高质量的视频流所需要的带宽约 2 Mbit/s。在理想状态下,IEEE 802.11b 标准的 1 个 AP 可支持 60 个用户浏览网页或者 3 个用户同时使用视频传输;IEEE 802.11g 标准,1 个 AP 可

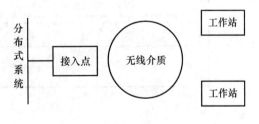

图 5-15　无线网络结构

支持 240 个用户浏览网页或者 12 个用户同时使用视频传输。实际网络建设中,在满足覆盖范围的前提下,AP 数量由用户数量、渗透率、并发率决定。

$$AP 数 = (用户数 \times 渗透率 \times 并发率)/30$$

渗透率为该地区使用 WLAN 的用户数比例;公式中除以 30 是因为要保持较好的网络质量,1 个 AP 连接的用户数量不要超过 30 个。

5.4.2　用户需求分析

WLAN 一般在热点区域建设,包括酒店、写字楼、高档社区、旅游景点或业主提出的覆盖要求等地区。首先应获取建网地点的图纸作为勘察依据,充分考虑客户需求,如浏览网页、下载、语音/视频传输等,计算出所需的带宽,计算公式为

$$热点带宽＝AP 数量×每 AP 用户数×并发率×每个用户平均带宽$$

其中,并发率可以理解为网内用户同时最大在网率,如并发率为 10% 意味着 100 个用户中最多只有 10 个用户同时在网。例如,某热点地区的 AP 数量 5 个,每个 AP 的用户数为 21 个,并发率为 25%,每个用户平均带宽 0.2 Mbit/s,经计算该热点地区带宽为 5.25 Mbit/s,因此其需要 3 条 2 Mbit/s 带宽传输。

根据用户的应用考虑不同用户的安全等级设置,设置个人防火墙。另外,根据覆盖规模计算项目投资成本,制定施工组织计划。

5.4.3　频率规划

依照国标 GB 15629.11、GB 15629.1102 和 IEEE 802.11b Wi-Fi 标准,WLAN 的无线设备工作频段为 2.4～2.483 5 GHz。工作频率带宽为 83.5 MHz,划分为 14 个子频道,每个子频道带宽为 22 MHz。各子频道的分配情况如图 5-16 所示。

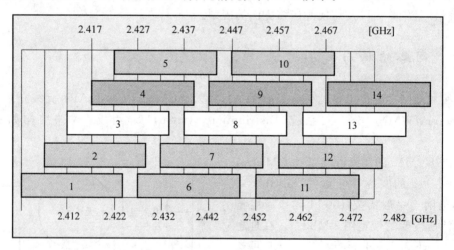

图 5-16　频率规划

多个频道同时工作的情况下,为保证频道之间相互不干扰,要求两个频道的中心频率间隔不能低于 25 MHz。从图 5-16 可以看到,信道 1 在频谱上和信道 2、3、4、5 都有交叠的地方,这就意味着:如果有两个无线设备同时工作,且它们工作的信道分别为 1 和 3,则它们发送出来的信号会互相干扰。所以在一个蜂窝区内,直序扩频技术最多可以提供 3 个不重叠的频道同时工作,提供高达 33 Mbit/s 的吞吐量。

5.4.4　损耗计算和干扰因素

假设 WLAN 点对点的传输链路处在自由空间,其传输路径损耗等于自由空间传播路径损耗。设电磁波的频率为 f(MHz),距离为 d(km),自由空间传播损耗为 PL(d)（dB）。自由空间传播损耗公式如下:

$$PL(d)=32.45+20\lg(d \cdot f)$$

1. 室内、外传播路径损耗

自由空间是一种理想情况,实际上电磁波是在有限空间内传播,受到大气及周围地面环境(树林、山地和建筑物)等因素的影响。例如,建筑物的布置、材料结构和类型,都会造成电波传播特性和覆盖区的变化及不稳定性。在 WLAN 系统中,通过计算、测量室外不同气候条件下的远程传输的接收功率、室内建筑物不同布置和材料结构的近程传输的接收功率,并分别与自由空间的接收功率相比较,可以得出不同条件下的路径损耗计算公式。这对WLAN 的规划和设计很有意义。

2. 最小化干扰

WLAN 网络使用 2.4 GHz 公共频段,其他非 WLAN 网络的设备,如微波炉、无绳电话、蓝牙及无线 LAN 等工作在该频段的设备使用时均会对 WLAN 产生频率干扰。2.4 GHz无绳电话对 WLAN 的干扰最为严重,其次是距离 STA 4 m 以内的微波炉,蓝牙等小功率设备对 WIAN 的影响很小,可以忽略。

最小化干扰的有效措施主要有以下几种:

(1) 分析潜在的 RF 干扰,可关掉干扰设备或搬移干扰设备;

(2) 增强 WLAN 覆盖信号;

(3) 正确选择配置参数。

总的来说,无线局域网的无线网络规划通过初步勘测,进行频率规划、覆盖规划、功率规划、干扰避免和容量规划,从而初步确定 AP 数量和位置以及实际测试、调整和优化,最终得出无线网络规划设计。

5.5　无线局域网的应用

随着无线局域网技术的发展,人们越来越深刻地认识到,无线局域网不仅能够满足移动和特殊应用领域网络的要求,还能覆盖有线网络难以涉及的范围。无线局域网作为传统局域网的补充,目前已成为局域网应用的一个热点。

无线局域网的应用领域主要有以下 4 个方面。

1. 作为传统局域网的扩充

传统的局域网用非屏蔽双绞线实现 10 Mbit/s 的传输速率,甚至更高速率的传输,这使得结构化布线技术得到广泛的应用。很多建筑物在建设过程中已经预先布好了双绞线。但是在某些特殊环境中,无线局域网能发挥传统局域网起不到的作用。这一类环境主要是建筑物群之间和工厂建筑物之间的连接、股票交易场所的活动结点,以及不能布线的历史古建

筑物、临时性小型办公室、大型展览会等。在上述情况中,无线局域网提供了一种更有效的
连网方式。在大多数情况下,传统局域网用来连接服务器和一些固定的工作站,而移动和不
易于布线的结点可以通过无线局域网接入。图 5-17 给出了典型的无线局域网结构示意图。

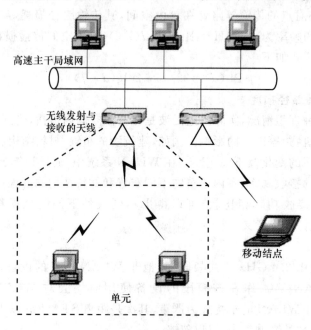

图 5-17   典型的无线局域网结构示意图

2. 建筑物之间的互连

无线局域网的另一个用途是连接邻近建筑物中的局域网。在这种情况下,两座建筑物
使用一条点到点的无线链路,连接的典型设备是网桥或路由器。

3. 漫游访问

带有天线的移动数据设备(如笔记本电脑)与无线局域网集线器之间可以实现漫游访
问。如在展览会会场的工作人员向听众做报告时,通过他的笔记本电脑访问办公室的服务
器文件。漫游访问在大学校园或是业务分布于几栋建筑物的环境中也是很有用的。用户可
以带着他们的笔记本电脑随意走动,可以从任何地点连接到无线局域网集线器上。

4. 特殊网络

特殊网络(如 Ad hoc Network)是一个临时需要的对等网络(无集中的服务器)。例
如,一群工作人员每个人都有一个带天线的笔记本电脑,他们被召集到一个房间里开业务会
议或讨论会,他们的计算机可以连接到一个暂时网络上,会议完毕后网络将不再存在。这种
情况在军事应用中很常见。

5.6   无线局域网的发展趋势

无线局域网的发展方向有两个:一个是 HiperLAN(High Performance Radio LAN),另
一个是无线 ATM。HiperLAN 已在欧洲发展起来,它是一种适合于各种不同用户的一系

列无线局域网标准,分为 1～4 型,由欧洲电信标准化协会(ETSI)的宽带无线电接入网络(BRAN)小组着手制定,已推出 HiperLAN1 和 HiperLAN2。HiperLAN1 在协议方面支持 IEEE 802.11,对应于 IEEE 802.11b,工作频率为无线电频谱的 5 GHz,速率可达 20 Mbit/s,能在当今技术的基础上大幅度提高,可与 100 Mbit/s 有线以太网媲美。HiperLAN2 是为集团消费者、公共和家庭环境提供无线接入到 Internet 和未来的多媒体,即实时视频服务。HiperLAN2 与 IEEE 802.11a 具有相同的物理层,HiperLAN2 代表目前发展阶段最先进的无线局域网技术,有可能是下一代高速无线局域网技术的标准,其工作频谱为 5 GHz,速率可达 54 Mbit/s。

无线 ATM 是 ATM 技术扩展到无线本地接入和无线宽带服务的一个标准。目前 ATM 论坛的无线 ATM 工作组和 ETSI 的宽带无线接入网络组正在进行相关标准化工作。

另外,在标准方面,IEEE 已公布的 IEEE 802.11e 及 IEEE 802.11g 将是下一代无线局域网标准,被称为无线局域网标准方式 IEEE 802.11 的扩展标准,均在现有的 802.11b 及 802.11a 的 MAC 层追加了 QoS 功能及安全功能的标准。最近,FCC 也在 5 GHz 附近留出了 300 MHz 的无授权频谱,称为国家内部信息 NII(National information infrastructure)频带,这一配置为高速率无线局域网(每秒数千万比特)应用释放出大量无授权频谱。

无线局域网将朝着数据速率更高、功能更强、应用更加安全可靠、价格更加低廉的方向发展。

习 题 五

一、填空题

1. WLAN 标准主要是针对物理层和＿＿＿＿＿＿＿＿＿＿涉及的技术等制定的标准。

2. 常见的无线网络设备有无线网卡、＿＿＿＿＿＿、＿＿＿＿＿＿＿＿＿和无线路由器等。

3. 红外线局域网的数据传输有＿＿＿＿＿＿＿＿＿＿＿＿＿＿＿、和漫反射红外传输技术三种基本技术。

4. 无线局域网的主要网络结构是 Ad-Hoc 结构和＿＿＿＿＿＿＿＿＿＿结构。

5. 当无线工作站从一个扩展服务区中的一个基本服务区移动到另外一个基本服务区时,与新的 AP 关联的这个过程叫＿＿＿＿＿＿＿＿＿。

6. 在 IEEE 802.11 系列标准中,对用户进行认证的技术主要包括＿＿＿＿＿＿＿＿＿、封闭系统认证和＿＿＿＿＿＿＿＿＿。

7. 漫游指无线工作站在一组无线访问点之间移动,并提供对于用户透明的无缝连接,包括＿＿＿＿＿＿＿和＿＿＿＿＿＿＿＿＿＿两类。

8. 网络的安全性主要体现在＿＿＿＿＿＿＿和＿＿＿＿＿＿＿＿两个方面。

二、选择题

1. 下面对最小化干扰的有效措施说法错误的是(　　)。

A.用户可以关掉潜在的 RF 干扰设备

B.增加信号的带宽

C.增强 WLAN 覆盖信号

D. 正确选择配置参数

2. 下面不属于采用加密方法的安全措施是（　　　　）。

A. MAC 过滤　　　　　　　B. WEP　　　　　　C. TKIP　　　　　　D. CCMP

3. 下面不属于无线局域网构成的是（　　　　）。

A. 工作站(Station,STA)　B. AP　　　　　　C. 无线介质　　　　D. BSS

4. 在计算用户所需的带宽时,不需要考虑的因素是（　　　　）。

A. 网络所使用的接入方式　　　　　　　　B. AP 数量

B. 每 AP 用户数　　　　　　　　　　　　D. 每个用户平均带宽

5. 下面对 WLAN 网络操作过程的说法错误的是（　　　　）。

A. 主动扫频是指 STA 启动或关联成功后扫描所有频道

B. 漫游是指无线工作站在一组无线访问点之间移动,并提供对于用户透明的无缝连接

C. 工作站从一个小区移动到另一个小区不需要重新关联

D. 关联用于建立无线访问点和无线工作站之间的映射关系

6. 下面关于 WEP 的说法错误的是（　　　　）。

A. WEP 是用来对无线传送的数据进行加密的

B. WEP 的核心是采用的 RC4 串流加密算法

C. WEP 是通过共享密钥来实现认证

D. WEP 经常更换密钥

三、简答题

1. 无线网络的主要标准有哪些? 各有什么特点?

2. 常用来保证无线网络的安全措施有哪些?

3. 举例说明常用的无线设备的特点。

第6章 局域网互联

6.1 简介

　　把自己的网络同其他的网络互连,从网络中获取更多的信息并向网络发布自己的消息,是网络互连的最主要的动力。网络的互连有多种方式,其中使用最多的是网桥互连和路由器互连。

　　网桥工作在 OSI 模型中的第二层,即数据链路层,完成数据帧(frame)的转发,主要目的是在连接的网络间提供透明的通信。网桥的转发是依据数据帧中的源地址和目的地址来判断一个帧是否应转发和转发到哪个端口,帧中的地址称为"MAC"地址或"硬件"地址,一般就是网卡所带的地址。

　　网桥的作用是把两个或多个网络互连起来,提供透明的通信。网络上的设备看不到网桥的存在,设备之间的通信就如同在一个网络上。由于网桥是在数据帧上进行转发的,所以只能连接相同或相似的网络(或者相同或相似结构的数据帧),如以太网之间、以太网与令牌环(Token Ring)之间的互连。对于不同类型的网络(数据帧结构不同),如以太网与 X.25 之间,网桥就无能为力了。

　　网桥扩大了网络的规模,提高了网络的性能,给网络应用带来了方便,在以前的网络中,网桥的应用较为广泛。但网桥互连也带来了不少问题:一个是广播风暴(Broadcasting Storm),网桥不阻挡网络中的广播消息,当网络的规模较大时(几个网桥,多个以太网段),有可能引起广播风暴,导致整个网络全被广播信息充满,直至完全瘫痪。第二个问题是,当与外部网络互连时,网桥会把内部和外部网络合二为一,成为一个网,双方都自动向对方完全开放自己的网络资源。这种互连方式在与外部网络互连时显然是难以接受的。问题的主要根源是网桥只是最大限度地沟通网络,而不管传送的信息是什么。

　　路由器工作在 OSI 模型中的第三层,即网络层。路由器利用网络层定义的"逻辑"网络地址(即 IP 地址)来区分不同的网络,实现网络的互连和隔离,保持各个网络的独立性。路由器不转发广播消息,而把广播消息限制在各自的网络内部。发送到其他网络的数据先被送到路由器,再由路由器转发出去。

　　IP 路由器只转发 IP 分组,把其余的部分挡在网内(包括广播),从而保持各个网络具有相对的独立性,这样可以组成具有许多网络(子网)互连的大型的网络。由于是在网络层的互连,网络中的设备使用它们的网络地址(TCP/IP 网络中为 IP 地址)互相通信。IP 地址是与硬件地址无关的"逻辑"地址。路由器只根据 IP 地址来转发数据。IP 地址由两部分组成,一部分定义网络号,另一部分定义网络内的主机号。目前,在 Internet 网络中采用子网掩码确定 IP 地址中的网络地址和主机地址。子网掩码与 IP 地址一样也是 32 bit,并且两者是一一对应的,而且规定,子网掩码中数字"1"所对应的 IP 地址中的部分为网络号,"0"所对应的则为主机号。网络号和主机号合起来才构成一个完整的 IP 地址。同一个网络中的主机 IP 地址,其网络号必须是相同的,这个网络称为 IP 子网。

通信只能在具有相同网络号的 IP 地址之间进行,要与其他 IP 子网的主机进行通信,则必须经过同一网络上的某个路由器或网关(Gateway)。不同网络号的 IP 地址不能直接通信,即使它们接在一起,也不能通信。

路由器有多个端口,用于连接多个 IP 子网。每个端口的 IP 地址的网络号要求与所连接的 IP 子网的网络号相同。不同的端口为不同的网络号,对应不同的 IP 子网,这样才能使各子网中的主机通过自己子网的 IP 地址把要求出去的 IP 分组送到路由器上。

在一个有几百台、甚至几千台计算机连在一起的互连网络中,必须有一些约定的方式供这些设备相互访问和通信。随着网络规模的增大,让每一台计算机记住互连网络上其他所有计算机的地址是不切实际的,因此必须有机制来减少每台计算机为实现与其他所有计算机通信而维护的信息量。已使用的机制是将一个互连网络分成许多独立、但互相连接的网络,这些网络本身可能又被分为许多子网(见图 6-1)。这些分立网络的任务可以交给被称为路由器的专用计算机来完成。使用这种方法,网络上的计算机只需记住互连网络中的分立网络,而不需记住网络上的每一台计算机。要描述互连网络上的计算机是怎样相互寻址的,最好的类比是邮局服务系统。当邮寄一封信时,需要提供公寓号码、街区名称和号码、城镇和州名。在计算机术语中,发送信息时,需要提供应用端口号、主机号、子网号和网络号(见图 6-2)。关键的概念是当邮局接收到发往另一个城镇的信件时,邮政人员首先将它发送到目的城镇所在的分局。从那里,这封信被交给负责特定街区的某个邮递员。最终,这封信被投递到目的地。计算机网络也采用相似的过程。发往互连网络的信息首先被送到与目的网络相连的路由器。路由器实际上起着这个网络的分发中心的作用,它把信息送到目的子网。最后此信息被送到目的主机的目的端口上。

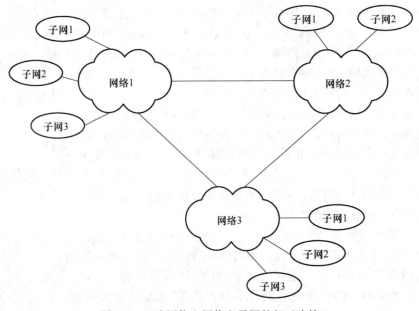

图 6-1 互连网络上网络和子网的相互连接

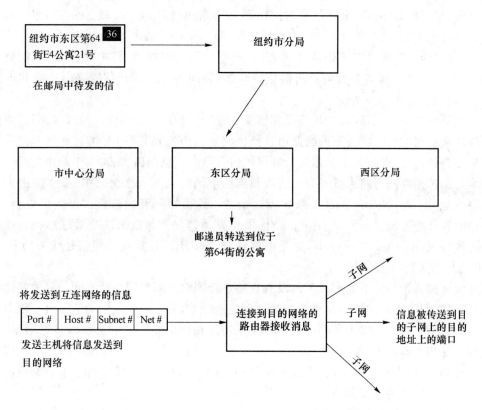

图 6-2　邮局服务系统与互连网络的寻址方案比较

6.2　路由概念

6.2.1　路由原理

当 IP 子网中的一台主机发送 IP 分组给同一 IP 子网的另一台主机时,它直接把 IP 分组送到网络上,对方就能收到。而要发送给不同 IP 子网上的主机时,它要选择一个能到达目的子网上的路由器,把 IP 分组送给该路由器,由路由器负责把 IP 分组送到目的地。如果没有找到这样的路由器,主机就把 IP 分组送给一个被称为"缺省网关(Default Gateway)"的路由器上。缺省网关是每台主机上的一个配置参数,它是接在同一个网络上的某个路由器端口的 IP 地址。

路由器转发 IP 分组时,只根据 IP 分组目的 IP 地址的网络号部分选择合适的端口,把 IP 分组发送出去。同主机一样,路由器也要判定端口所接的是否是目的子网,如果是,就直接把分组通过端口送到网络上,否则选择下一个路由器来传送分组。路由器也有它的缺省网关,用来传送找不到路由器的 IP 分组。总之,通过路由器把知道如何传送的 IP 分组正确转发出去,不知道的 IP 分组送给"缺省网关"路由器,这样一级级地传送,IP 分组最终将送到目的地,送不到目的地的 IP 分组则被网络丢弃了。

目前的 TCP/IP 网络,全部是通过路由器互连起来的,Internet 就是成千上万个 IP 子网通过路由器互连起来的国际性网络。这种网络称为以路由器为基础的网络(Router Based Network),形成了以路由器为结点的"网间网"。在"网间网"中,路由器不仅负责对 IP 分组的转发,还要负责与其他路由器进行联络,共同确定"网间网"的路由选择和维护路由表。

路由动作包括两项基本内容:寻径和转发。寻径即判定到达目的地的最佳路径,由路由选择算法来实现。由于涉及不同的路由选择协议和路由选择算法,要相对复杂一些。为了判定最佳路径,路由选择算法必须启动并维护包含路由信息的路由表,其中路由信息取决于所用的路由选择算法。路由选择算法将收集到的不同信息填入路由表中,根据路由表可将目的网络与下一站(Nexthop)的关系告诉路由器。路由器间互通信息进行路由更新,更新维护路由表使之正确反映网络的拓扑变化,并由路由器根据量度来决定最佳路径。这就是路由选择协议(Routing Protocol),如路由信息协议(RIP)、开放式最短路径优先协议(OS-PF)和边界网关协议(BGP)等。

路由选择协议使路由器可以了解没有直接连接到它上面的网络状态和与其他路由器通信,以了解它们关心的网络。这个通信的过程是连续的,所以路由表中的信息可以随着互连网络的变化而更新。链路上相邻的路由器需要使用相同的路由选择协议以进行通信,这样它们可以互相了解路由,因而和其他相邻的路由器通信。在一个路由器内部可以使用多个路由选择协议,但在设计网络时,应该避免这种状况,因为在配置时要额外小心。路由选择协议之间相互区别的特点如下。

(1) 维护路由信息的路由协议。

(2) 路由器相互通信的方式。

(3) 路由器通信方式出现的频率。

(4) 用于确定最佳路径的算法和度。

转发即沿寻径好的最佳路径传送信息分组。路由器首先在路由表中查找,判明是否知道如何将分组发送到下一个站点(路由器或主机),如果路由器不知道如何发送分组,通常将该分组丢弃;否则就根据路由表的相应表项将分组发送到下一个站点,如果目的网络直接与路由器相连,路由器就把分组直接送到相应的端口上。这就是路由转发协议(Routed Pro-tocol)。

路由转发协议和路由选择协议相互配合又相互独立,前者使用后者维护路由表,同时后者要利用前者提供的功能来发布路由协议数据分组。下文中提到的路由协议,除非特别说明,都是指路由选择协议,这也是普遍的习惯。

6.2.2　路由算法

路由算法在路由协议中起着至关重要的作用,采用何种算法往往决定了最终的寻径结果,因此选择路由算法一定要仔细。通常需要综合考虑以下几个设计目标。

(1) 最优化:指路由算法选择最佳路径的能力。算法所提供的最佳路径确实是一条开销最小的分组转发路径。但是,由于不同的路由选择算法通常采用不同的评价因子及权重来进行最佳路径的计算,所以在不同的路由算法之间,并不存在关于最优的严格可比性。

（2）简洁性：在保证正确性的前提下，算法设计要尽可能简洁，利用最少的软件和开销，提供最有效的功能。

（3）坚固性：路由算法处于非正常或不可预料的环境时，如硬件故障、负载过高或操作失误时，都能正确运行。由于路由器分布在网络连接点上，所以在它们出故障时会产生严重后果。最好的路由器算法要能经受时间的考验，并在各种网络环境下被证实是可靠的。

（4）快速收敛：收敛是在最佳路径的判断上所有路由器达到一致的过程。当某个网络事件引起路由可用或不可用时，路由器就发出更新信息。路由更新信息遍及整个网络，引发重新计算最佳路径，最终达到所有路由器一致公认的最佳路径。收敛慢的路由算法会造成路径循环或网络中断。

（5）灵活性：路由算法可以快速准确地适应各种网络环境。例如，某个网段发生故障，路由算法要能很快发现故障，并为使用该网段的所有路由选择另一条最佳路径。

路由算法按照种类可分为以下几种：静态和动态、单路和多路、平等和分级、源路由和透明路由、域内和域间、链路状态和距离向量。前面几种的特点与字面意思基本一致，下面着重介绍链路状态和距离向量算法。

链路状态算法（也称最短路径算法）发送路由信息到互联网上所有的结点，然而对于每个路由器，仅发送它的路由表中描述了其自身链路状态的那一部分。距离向量算法（也称为Bellman-Ford算法）则要求每个路由器发送其路由表全部或部分信息，但仅发送到邻近结点上。从本质上来说，链路状态算法将少量更新信息发送至网络各处，而距离向量算法发送大量更新信息至邻接路由器。

由于链路状态算法收敛更快，所以它在一定程度上比距离向量算法更不易产生路由循环。但另一方面，链路状态算法要求比距离向量算法有更强的 CPU 能力和更多的内存空间，因此链路状态算法将会在实现时显得更昂贵一些。除了这些区别，两种算法在大多数环境下都能很好地运行。

最后需要指出的是，路由算法使用了许多种不同的度量标准去决定最佳路径。复杂的路由算法可能采用多种度量来选择路由，通过一定的加权运算，将它们合并为单个的复合度量、再填入路由表中，作为寻径的标准。通常所使用的度量有：路径长度、可靠性、时延、带宽、负载和通信成本等。

6.2.3　路由协议

路由协议根据路由选择方式分为两种：静态路由和动态路由。

静态路由是指网络管理员根据其所掌握的网络连通信息以手工配置方式创建的路由表表项，也称为非自适应路由。当网络的拓扑结构或链路的状态发生变化时，网络管理员需要手工去修改路由表中的相关静态路由信息，否则静态路由不会发生变化。由于静态路由不能对网络的改变作出反应，一般用于网络规模不大、拓扑结构固定的网络中。静态路由的优点是简单、高效、可靠。在所有的路由中，静态路由优先级最高。当动态路由与静态路由发生冲突时，以静态路由为准。

动态路由是网络中的路由器之间相互通信，传递路由信息，利用收到的路由信息更新路由器表的过程。它能实时地适应网络结构的变化。如果路由更新信息表明发生了网络变化,路由选择软件就会重新计算路由,并发出新的路由更新信息。这些信息通过各个网络,引起各路由器重新启动其路由算法,并更新各自的路由表以动态地反映网络拓扑变化。动态路由适用于网络规模大、网络拓扑复杂的网络。当然,各种动态路由协议会不同程度地占用网络带宽和 CPU 资源。

静态路由和动态路由有各自的特点和适用范围,因此在网络中动态路由通常作为静态路由的补充。当一个分组在路由器中进行寻径时,路由器首先查找静态路由,如果查到则根据相应的静态路由转发分组;否则再查找动态路由。

6.3　直连路由和静态路由

路由器在转发数据时,要先在路由表(Routing Table)中查找相应的路由。路由器可以通过以下三种途径建立路由。

- 直连路由:路由器自动添加和自己直接连接的网络的路由。
- 静态路由:管理员手动输入到路由器的路由。
- 动态路由:由路由协议(Routing Protocol)动态建立的路由。

根据路由器学习路由信息、生成并维护路由表的方法包括直连路由(direct)、静态路由(static)和动态路由(dynamic)。直连路由:路由器接口所连接的子网的路由方式称为直连路由;非直连路由,通过路由协议从别的路由器学到的路由称为非直连路由;分为静态路由和动态路由。

当路由器在路由表中找不到到达目的地址的具体路由时,应该怎么转发数据呢？这时候路由器就会根据默认路由的指示将数据转发。默认路由是路由器在路由表中找不到到达目的网络的具体路由时,最后会采用的路由。

6.3.1　直连路由

直连路由是由链路层协议发现的,一般指去往路由器的接口地址所在网段的路径,该路径信息不需要网络管理员维护,也不需要路由器通过某种算法进行计算获得,只要该接口处于活动状态(active),路由器就会把通向该网段的路由信息填写到路由表中去,直连路由无法使路由器获取与其不直接相连的路由信息。

直连路由是由链路层协议发现的,一般指去往路由器的接口地址所在网段的路径。该路径信息不需要网络管理员维护,也不需要路由器通过某种算法进行计算获得,只要该接口处于活动状态(Active),路由器就会把通向该网段的路由信息填写到路由表中去,直连路由无法使路由器获取与其不直接相连的路由信息。

直连路由通常在一个三层交换机连接几个 VLAN 时使用,通过设置直连路由 VLAN 间就能够直接通信而不需要设置其他路由方式了。例如,一个三层交换机划分两个 VLAN,VLAN1 中有 PC1,地址为 192.168.1.2/24,VLAN2 有 PC2,地址为 192.168.2.2/24;假如它们两个不同 VLAN 间需要通信,因为 VLAN1,VLAN2 都是与三层交换机直连,所以它们之间可以直接通信,而不需要设置其他路由协议,如图 6-3 所示。

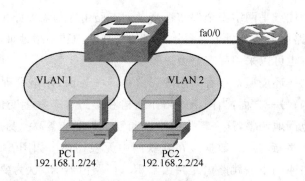

图 6-3　VLAN 间的通信

6.3.2　静态路由

静态路由是一种特殊的路由,它是指网络管理员根据其所掌握的网络连通信息以手工配置方式创建的路由表表项,也称为非自适应路由。当网络结构比较简单时,只需配置静态路由就可以使网络正常工作。静态路由是由网络规划者根据网络拓扑,使用命令在路由器上配置的路由信息,这些静态路由信息指导报文发送,静态路由方式也不需要路由器进行计算,但是它完全依赖于网络规划者,当网络规模较大或网络拓扑经常发生改变时,网络管理员需要做的工作将会非常复杂并且容易产生错误。

静态路由不能自动适应网络拓扑结构的变化。当网络发生故障或者拓扑发生变化后,必须由网络管理员手工修改配置。

配置静态路由的命令为"ip route",命令的格式如下。

ip route 目的网络　掩码｛网关地址｜接口｝

例如:ip route 192.168.1.0 256.256.256.0 s0/0

例如:ip route 192.168.1.0 256.256.256.0 12.12.12.2

在配置静态路由时,如果链路是点到点的链路(如 PPP 封装的链路),采用网关地址和接口都是可以的;然而如果链路是多路访问的链路(如以太网),则只能采用网关地址,即不能写为 ip route 192.168.1.0 256.256.256.0 f0/0。

下面给出一个静态路由配置示例,在路由器 A 上配置静态路由,如图 6-4 所示。

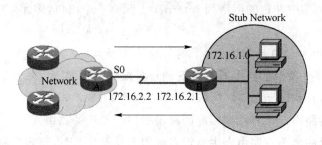

图 6-4　静态路由选择图例

router(config)＃ip route 172.16.1.0 256.256.256.0 172.16.2.1 或 router(config)＃ip route 172.16.1.0 256.256.256.0 serial 0。

　　静态路由的一个优点是网络安全保密性高。动态路由因为需要路由器之间频繁地交换各自的路由表,而对路由表的分析可以揭示网络的拓扑结构和网络地址等信息。因此,网络出于安全方面的考虑也可以采用静态路由。

　　大型和复杂的网络环境通常不宜采用静态路由。一方面,网络管理员难以全面地了解整个网络的拓扑结构;另一方面,当网络的拓扑结构和链路状态发生变化时,路由器中的静态路由信息需要大范围地调整,这一工作的难度和复杂程度非常高。另外,在配置静态路由时很容易出现路由环路,致使 IP 数据报在互联网中无限循环。如图 6-5 所示。路由器 R1 认为要到达目的网络 4 的下一跳路由是路由器 R2,而路由器 R2 认为要到达目的网络 4 的下一跳路由是路由器 R1,这样就导致了要传到目的网络 4 的数据包在路由器 R1 和 R2 之间来回的传递,而没有办法到达目的网络。

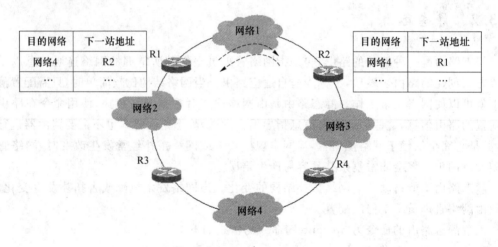

图 6-5　配置路由错误导致 IP 数据报在互联网中无限循环

6.3.3　默认路由

　　所谓的默认路由,是指路由器在路由表中如果找不到到达目的网络的具体路由时,最后会采用的路由。默认路由通常会在存根网络(Stub network,即只有一个出口的网络)中使用。如图 6-4 所示,图中左边的网络到 Internet 上只有一个出口,因此可以在路由器 B 上配置默认路由。

　　命令:ip route 0.0.0.0 0.0.0.0 {网关地址│接口}

　　例如,给如图 6-4 所示的路由器 B 配置的一条默认路由如下。

　　router(config)♯ip route 0.0.0.0 0.0.0.0 172.16.2.2

　　默认路由是在路由器没有找到匹配的路由表项时使用的路由。

　　如果报文的目的地不在路由表中且没有配置默认路由,那么该报文将被丢弃,将向源端返回一个 ICMP 报文报告该目的地址或网络不可达。

　　默认路由有两种生成方式。第一种是网络管理员手工配置。配置时将目的地址与掩码配置为全零(0.0.0.0 0.0.0.0)。第二种是动态路由协议生成(如 OSPF、IS-IS 和 RIP),由路由能力比较强的路由器将缺省默认路由发布给其他路由器,其他路由器在自己的路由表里生成指向那台路由器的默认路由。

6.4 动态路由

对于精确控制互联网络的路由行为来说,静态路由不失为一个好工具。但是,如果网络互连规模增大,或者网络经常发生变化,那么手动配置方式导致静态路由的管理工作根本就无法进行下去,而且很难及时适应网络状态的变化。而采用动态路由选择协议,则能够使互连网络迅速并自动地响应网络拓扑的变化,对路由表信息进行动态更新和维护路由生成方式。

动态路由是依靠路由协议自主学习而获得的路由信息,又称为自适应路由。路由器上的路由表项是通过相互连接的路由器之间交换彼此信息,然后按照一定的算法优化出来的,而这些路由信息是在一定时间间隙里不断更新,以适应不断变化的网络,以随时获得最优的寻路效果。如图 6-6 所示。

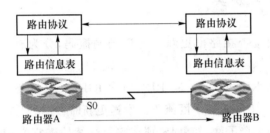

图 6-6 路由信息交换过程

每一种路由算法都有其衡量"最佳路径"的标准,标准不同,"最佳"也不同,所以不存在一种绝对的最佳路由算法。"最佳"只能是相对于某一种特定要求度量值(metric)得出的较为合理的选择。常用的度量值从以下几个方面考虑。

跳数(Hop Count):IP 数据报到达目的地经过的路由器个数。

带宽(Band Width):链路的数据发送能力。带宽度量将会选择高带宽路径,而不是低带宽路径,然而带宽本身可能不是一个好的度量。如果一条 T1 链路被其他流量过多占用,那么与一个 56K 的空闲链路比到底谁好呢? 或者一条高带宽但时延也很大的链路又如何呢?

时延(Delay):将数据从源地址送到目的地所需的时间。时延是度量报文经过一条路径所花费的时间。使用时延作度量的路由选择协议将会选择使用最低时延的路径作为最优路径。有多种方法可以度量时延。时延不仅要考虑链路时延,而且还要考虑路由器的处理时延和队列时延等因素。路由的时延可能根本无法度量。因此,时延可能是沿路径各接口所定义的静态延时量的总和,其中每个独立的时延量是基于连接接口的链路类型估算而得到的。

负载(Load):网络中(如路由器中或链路中)信息流的活动数,如 CPU 使用情况和每秒处理的分组数。负载度量反映了占用沿途链路的流量大小。最优路径应该是负载最低的路径。不像跳数和带宽,路径上的负载会发生变化,因而度量也会跟着变化。这里需要注意,如果度量变化过于频繁,路由翻动(也叫路由震荡)即最优路径频繁变化可能就发生了。路由翻动会对路由器的 CPU、数据链路的带宽和全网稳定性产生负面影响。

可靠性(Reliability):可靠性度量是用以度量链路在某种情况下发生故障的可能性,可靠性可以是变化的或固定的。链路发生故障的次数或特定时间间隔内收到错误的次数都是可变可靠性度量的例子。固定可靠性度量是基于管理员确定的一条链路的已知量。可靠性最高的路径将会被最优先选择。

最大传输单元(MTU):路由器端口所能处理的、以字节为单位的包的最大尺寸。

开销(Cost):一个变化的数值,通常可以根据建设费用、维护费用、使用费用等因素由网络管理员指定 。

对于特定的路由协议,计算路由的度量并不一定全部使用这些参数,有些使用一个,有些使用几个。例如,RIP 协议只使用跳数作为路由的度量,而 OSPF 会用到接口的带宽。

6.4.1　动态路由的分类

动态路由协议根据是否在路由更新中发送子网掩码,分为有类路由协议和无类路由协议。

有类路由协议包括 RIP version 1 (RIPv1)和 IGRP。有类路由协议在路由通告信息(Route Advertisement)中不包括子网掩码。发送更新时,首先检查直接连接的网络是否和发送更新的网络属于同一个子网,如果是,那么它会继续检查它们的子网掩码是否相等,如果不等,那么更新信息会被丢弃而不会被广播。

无类路由协议在路由通告信息中包括子网掩码,无类路由协议支持可变长度子网掩码 VLSM (Variable-Length Subnet Mask)。无类路由协议包括 RIP version 2 (RIPv2)、EIGRP、OSPF、IS-IS 和 BGP。

根据路由协议的工作方式,可以分为距离矢量路由、链路状态路由和混合路由。

(1) 距离矢量路由:根据距离和方向计算路由,依赖于来自其他路由器的传闻(二手信息)。

(2) 链路状态路由:使用 SPF 算法寻找最佳路由,学习网络的完整拓扑并计算路由。

(3) 混合路由:综合距离矢量协议和链路状态协议的优点。

根据是否在一个自治系统(Autonomous System,AS)内部使用,动态路由协议分为内部网关协议(IGP)和外部网关协议(EGP)。自治系统是指在具有统一管理机构、统一路由策略的网络的集合。一个自治系统是一个互联网,其最重要的特点就是自治系统有权自主决定在本系统内应采用何种路由选择协议。一个自治系统的所有路由器在本自治系统内都必须是连通的。如图 6-7 所示。

内部网关协议:IGP 工作在同一个自治系统内。

外部网关协议:EGP 连接多个自治系统内部网关协议 。

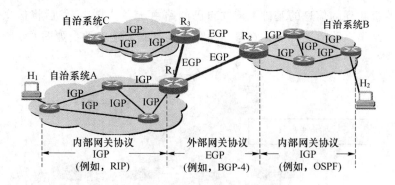

图 6-7 自治系统和内部网关协议、外部网关协议

IGP (Interior Gateway Protocol)即在一个自治系统内部使用的路由选择协议。目前这类路由选择协议使用得最多,如 RIP 和 OSPF 协议。外部网关协议 EGP (External Gateway Protocol)是指若源站和目的站处在不同的自治系统中,当数据报传到一个自治系统的边界时,就需要使用一种协议将路由选择信息传递到另一个自治系统中。这种协议就是外部网关协议 EGP,在外部网关协议中目前使用最多的是 BGP-4。

表 6-1 所示为常用动态协议的比较。

表 6-1 常用动态协议的比较

characteristic	RIPv1	RIPv2	IGRP	EIGRP*	IS-IS	OSPF
Distance vector	×	×	×	×		
Link state					×	×
Automatic route summarization	×	×	×	×		
Manual route summarization		×		×	×	×
VLSM support		×		×	×	×
Proprietary			×	×		
Convergence time	Slow	Slow	Slow	Very Fast	Fast	Fast

* EIGRP is an advanced distance vector protocol with some link features.

6.4.2 距离矢量路由

距离矢量路由选择算法(Bellman-Ford 算法):路由器周期性地向其相邻路由器广播自己知道的路由信息,用于通知相邻路由器自己可以到达的网络以及到达该网络的距离(通常用"跳数"表示),相邻路由器可以根据收到的路由信息修改和刷新自己的路由表。

运行距离矢量型路由协议的路由器向它的邻居通告路由信息时包含两项内容:一个是到达目的网络所经过的跳距离(跳数),使用的度量值,或者网络的数量;另一个是下一跳是什么,或者到达目的网络要使用的方向(矢量)。

距离矢量路由器定期向相邻的路由器发送它们的整个路由选择表,距离相邻路由器在从相邻路由器接收到的信息的基础上建立自己的路由选择信息表，然后将信息传递到它的相邻路由器。结果是路由选择表是在第二手信息的基础上建立的。如图 6-8 所示。

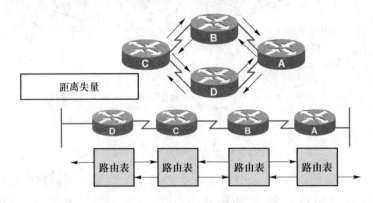

图 6-8　距离矢量路由

当互连网络上无法使用某个路由时，距离矢量路由器将通过路由变化或者网络链路寿命而了解这种变化。和故障链路相邻的路由器将在整个网络上发送"路由改变传输"(或是"路由无效")信息。寿命将在所有的路由选择信息中设置。当无法使用某个路由，并且没有用新信息向网络发出这个信息时，距离矢量路由选择算法在那个路由上设置一个寿命计时器。当路由达到寿命计时器的终点时，它将从路由选择表中删除。寿命计时器根据所使用的路由选择协议不同而不同。

无论使用何种类型的路由选择算法，互连网络上的所有路由器都需要时间以更新它们的路由选择表中的改动，这个过程称为收敛。在距离矢量路由选择中，收敛包括以下内容。

(1) 每个路由器接收到的更新的路由选择信息。

(2) 每个路由器更新它自己的路由选择信息表。

(3) 每个路由器用它自己的信息(如加入一个跳)更新其度量值。

(4) 每个路由器向它的邻居广播新信息。

距离矢量路由选择算法本质上是每个路由器根据它从其他路由器接收到的信息而建立的路由选择表，这意味着，路由器在它们的表格中使用第二手信息，这会遇到一个问题，即无限计数问题。

下面来说明无限计数问题的产生。如图 6-9 所示，在 Router C 连接的 10.4.0.0 网络失败之前，所有的路由器信息一致，具有正确的路由信息。但当 10.4.0.0 网络失败时，Router C 停止转发数据到 E0 接口，而 Router A 和 Router B 还没有收到这个信息，仍然具有到达 10.4.0.0 的路由信息。这时，Router B 发送路由更新到 Router C，使得 Router C 相信可以通过 Router B 到达 10.4.0.0，Router C 根据 Router B 的消息，更新路由表信息，将到达 10.4.0.0 的路由项的度量值更新为 2。同样道理，Router B 再次从 Router C 收到信息，将到达 10.4.0.0 的路由表项的度量值更新为 3。Router A 从 Router B 收到信息，将到达 10.4.0.0 的路由表项的度量值更新为 4。最终 3 个路由器上到达 10.4.0.0 的路由表项都是错误的。如果所有路由器的路由继续更新的话，跳数将不断增加，从而引发无穷计数问题，到达 10.4.0.0 的数据将在路由器之间不断重复传送，引发路由环路问题。

Routing Table		
10.1.0.0	E0	0
10.2.0.0	S0	0
10.3.0.0	S0	1
10.4.0.0	S0	2

Routing Table		
10.2.0.0	S0	0
10.3.0.0	S1	0
10.4.0.0	S1	1
10.1.0.0	S0	1

Routing Table		
10.3.0.0	S0	0
10.4.0.0	E0	Down
10.2.0.0	S0	1
10.1.0.0	S0	2

图 6-9 无限计数问题的产生

发生无穷计数时,会形成到达某个子网的路由环路,路由更新也会不停地进行下去,进而产生路由环路问题。无限计数问题可能导致不稳定的网络状况,原因是不准确的路由选择会持续几分钟的时间,所以应该尽量避免产生这种情况的发生。距离矢量路由选择算法提出了以下的对策消除路由环路。

(1)最大跳数。定义一个数值作为无穷计数的最大值,当路由更新达到该最大值时,将认为网络不可到达,并停止该路由的继续扩算。如 RIP 允许一个跳计数最大为 15 跳,任何需要经过 16 跳的网络都认为不可达。这种方法是从减轻后果的角度提出的解决方案,这种方案并没有解决路由环路的问题。

(2)水平分割。水平分割的方法是从产生环路的原因提出的解决方案,它的规则是:路由器从某个方向(接口)接收了一条路由信息后,不会将该信息从接收的方向发送出去。

(3)触发更新。路由环路问题可能由不一致的信息、慢速收敛以及计时等因素引起,周期性更新路由过程中,会产生收敛缓慢问题,进而引发其他问题。触发更新是从产生环路的概率提出的方案。当某一网络不可达时,路由器立即将其置为 16,并立即告诉其他路由器,所有受影响的路由器立刻进入保持关闭状态,而不是等待定时周期。触发更新可能发生以下问题:包含更新信息的数据包可能会在网络中的某些链路被丢弃或破坏,或者触发更新并没有即刻发生。路由器很有可能在没有接收到触发更新信息的情况下,恰好在错误的时刻发出了常规更新,从而使某个已经收到触发更新信息的邻居路由器产生错误的路由。触发更新与抑制计时器配合使用,可以解决以上问题。

(4)保持关闭。保持关闭也称为抑制或阻止。它是阻止一个定期的更新消息去恢复一个不断开闭的路由。为使路由器有足够的时间传播毒化路由,并保证传播毒化路由时没有环路产生,实施抑制机制。确定路由表中某个网络不可达时,路由器启动一个保持关闭的定时器(一般时间为三个更新周期),在定时器时间内路由器从相邻路由器接收到一个新的比原来度量值表项更好的路由更新时,定时器被撤销;如果从相邻路由器接收到一个等于或还不如原来度量值表项的路由更新时,这个更新将被忽略,保持关闭定时器继续工作。在四个更新周期后将此路由删除。这种方案在链路翻转频繁时会引起路由收敛缓慢。

(5)路由中毒。路由中毒是水平分割的另一种形式,也称反向抑制水平分割。当路由器监测到到达某个网络连接断开时,会给该路由分配一个无穷大的数值来引发一个路由中毒。路由器向其相邻路由器通告毒化信息时,其相邻路由器会违反水平分割规则,将中毒信息送回始发站,称为毒化逆转。毒化逆转保证路由器都不再错误地更新路由。

距离失量路由算法的特点如下。

(1) 优点:算法简单、易于实现。

(2) 缺点:易产生慢收敛问题,路由器的路径变化需要像波浪一样从相邻路由器传播出去,过程缓慢;需要交换的信息量较大,与自己路由表的大小相似。

(3) 适用环境:路由变化不剧烈的中小型互联网 。

6.4.3　链路状态路由

距离矢量路由选择一直到 1979 年之后才逐步为链路状态路由选择所代替。两个主要问题导致了距离矢量路由选择算法的消亡。第一,因为延迟度量是队列长度,在选择路由时,并没有将线路的带宽考虑进去 。开始时,所有的线路都是 56 kbit/s,线路带宽并不是待考虑的因素。但当有些线路升级为 230 kbit/s,乃至 1.544 Mbit/s 后,不考虑带宽因素将出现问题。当然,也可以在延时变量中加入线路带宽因子。但第二个问题依然存在,也就是算法往往耗去过多时间用于记录信息,即使使用了像水平分离这样的技术。因此,它被一种全新的算法,现在称为链路状态路由选择(Link State Routing)算法所替代。现在各种各样的链路状态路由选择算法得到了广泛的应用。

链路状态路由选择协议的目的是映射互连网络的拓扑结构。每个链路状态路由器提供关于它邻居的拓扑结构信息。这些信息包括:路由器所连接的网段(链路);链路的情况(状态)。如图 6-10 所示。

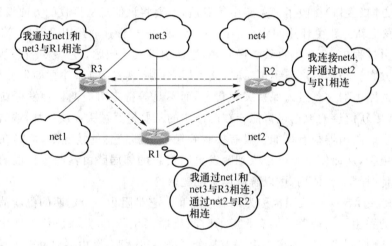

图 6-10　链路状态路由

如果把距离矢量路由选择协议比做是由路标提供的信息,那么链路状态路由选择协议就是一张交通线路图。因为它有一张完整的网络图,所以它是不容易被欺骗而作出错误的路由决策的。链路状态不同于距离矢量依照传闻进行路由选择的工作方式,每台路由器都会产生一些关于自己、本地直连链路以及这些链路的状态(以此而得名)和所有直接相连邻居的信息。这些信息从一台路由器传送到另一台路由器,每台路由器都做一份信息备份,但是决不改动这些信息,最终每台路由器都有一个相同的有关网络的信息,并且每台路由器可以独立地计算各自的最优路径。

链路状态协议,有时也叫最短路径优先协议或分布式数据库协议,是围绕着图论中的一个著名算法——E. W. Dijkstra 的最短路径算法设计的。链路状态协议有以下几种。

(1) IP 开放式最短路径优先 OSPF。

(2) CLNS 或 IP ISO 的中间系统到中间系统 IS-IS。

(3) DEC 的 DNA 阶段 5。

(4) Novell 的 NetWare 链路服务协议 NLSP。

链路状态路由选择协议的基本步骤如下。

(1) 每台路由器与它的邻居之间建立联系,这种联系称为邻接关系。

(2) 每台路由器向每个邻居发送链路状态通告 LSA,如图 6-11 所示。对每台路由器链路都会生成一个 LSA,LSA 用于标识这条链路、链路状态、路由器接口到链路的代价度量值以及链路所连接的所有邻居。每个邻居在收到通告后将依次向它的邻居转发(泛洪)这些通告。

(3) 每台路由器要在数据库中保存一份它所收到的 LSA 的备份,如果所有路由器工作正常,那么它们的链路状态数据库应该相同。

(4) 完整的拓扑数据库,也叫做链路状态数据库,Dijkstra 算法使用它对网络图进行计算得出到每台路由器的最短路径,然后链路状态协议对链路状态数据库进行查询找到每台路由器所连接的子网,并把这些信息输入到路由表中。

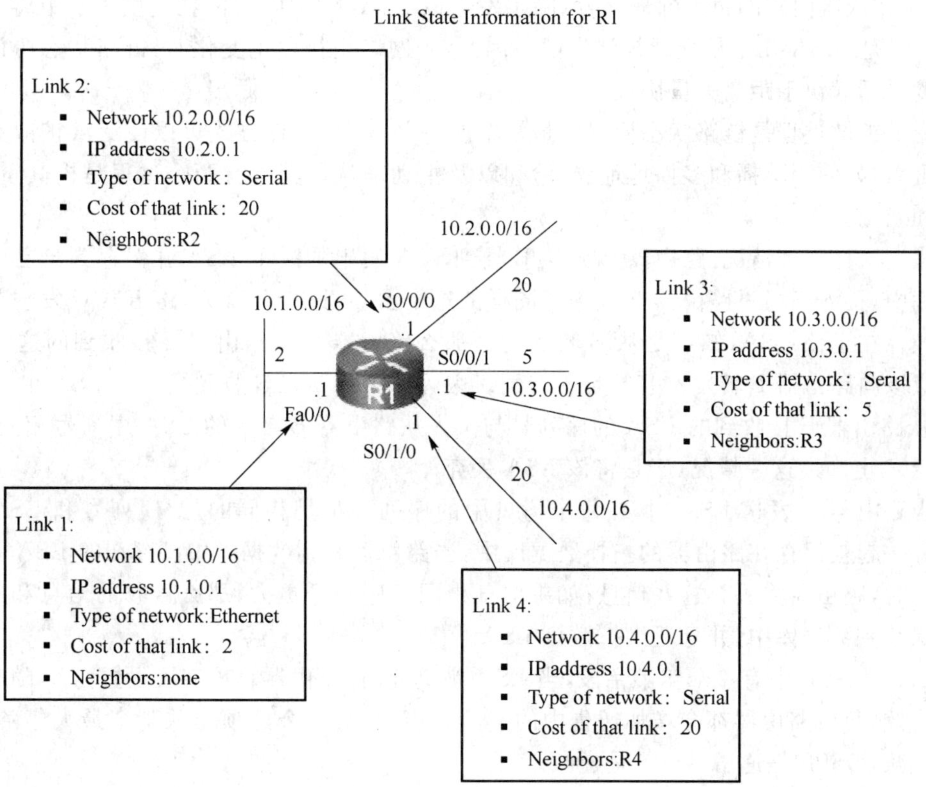

Link State Information for R1

Link 2:
- Network 10.2.0.0/16
- IP address 10.2.0.1
- Type of network：Serial
- Cost of that link：20
- Neighbors:R2

10.2.0.0/16

20

Link 3:
- Network 10.3.0.0/16
- IP address 10.3.0.1
- Type of network：Serial
- Cost of that link：5
- Neighbors:R3

10.1.0.0/16　S0/0/0
.1

2　　S0/0/1　5

.1　　.1　10.3.0.0/16

Fa0/0　.1

S0/1/0

20

10.4.0.0/16

Link 1:
- Network 10.1.0.0/16
- IP address 10.1.0.1
- Type of network:Ethernet
- Cost of that link：2
- Neighbors:none

Link 4:
- Network 10.4.0.0/16
- IP address 10.4.0.1
- Type of network：Serial
- Cost of that link：20
- Neighbors:R4

图 6-11　链路状态通告

1. 邻居

邻居发现是建立链路状态环境并运转的第一步,它将使用 Hello 协议(Hello Protocol)。Hello 协议定义了一个 Hello 数据包的格式和交换数据包并处理数据包信息的过程。Hello 数据包至少应包含一个路由器 ID CRID 和发送数据包的网络地址。路由器 ID 可以将发送该数据包的路由器与其他路由器唯一地区分开,例如,路由器 ID 可以是路由器一个接口的 IP 地址。数据包的其他字段可以携带子网掩码、Hello 间隔、线路类型描述符和帮助建立邻居关系的标记。其中,Hello 间隔是路由器在宣布邻居死亡之前等待的最大周期。

当两台路由器已经互相发现并将对方视为邻居时,它们要进行数据库同步过程,即交换和确认数据库信息,直到数据库相同为至。为了执行数据库同步,邻居之间必须建立邻接关系,即它们必须就某些特定的协议参数,如计时器和对可选择能力的支持,达成一致意见。通过使用 Hello 数据包建立邻接关系,链路状态协议就可以在受控的方式下交换信息,与距离矢量相比,这种方式仅在配置了路由选择协议的接口上广播更新信息(组播)。

除建立邻接关系外,Hello 数据包还可作为监视邻接关系的握手信号。如果在特定的时间内没有从邻接路由器收到 Hello 数据包,那么就认为邻居路由器不可达,随即邻接关系被解除。典型的 Hello 数据包交换间隔为 10 s,典型的死亡周期是交换间隔的 4 倍。

2. 链路状态泛洪扩散(Flooding)

在建立了邻接关系之后,路由器开始发送 LSA 给每个邻居,同时每个邻居保存接收到的 LSA 并依次向它的每个邻居转发,除了发送该 LSA 的邻居之外,在这里优于距离矢量的一个特点是:LSA 几乎是立即被转发的。因此,当网络拓扑发生变化时,链路状态协议的收敛速度要远远快于距离矢量协议。

泛洪扩散过程是链路状态协议中最复杂的一部分,有几种方式可以使泛洪扩散更高效和更可靠,如使用单播和多播地址、校验和以及主动确认。其中有两个过程是极其重要的:排序和老化。

假设这样一种情况:路由器 C 先从 B 收到了 A 发出的一个 LSA 并保存到自己的拓扑数据库中,接着又通过路由器 F 收到了同样的这个由 A 发出的 LSA,路由器 C 发现数据库中已经存在了该 LSA(知道是从 B 收到的),那么路由器 C 从路由器 F 接收到的这个 LSA 是否应该向路由器 B 转发? 答案是不转发。因为路由器 B 已经收到了这个 LSA,由于路由器 C 从路由器 F 接收到的 LSA 的序列号与早先从路由器 B 接受的 LSA 序列号相同,所以路由器 C 也知道这一情况,于是将该 LSA 丢弃。

当路由器 A 发送 LSA 时,在每个拷贝中的序列号都是相同的,此序列号和 LSA 的其他部分一起被保存在路由器的拓扑数据库中,当路由器收到数据库中已存在的 LSA 且序列号相同时,路由器将丢弃这些信息;如果信息相同但序列号更大,那么接收的信息和新序列号被保存到数据库中,并且泛洪扩散该 LSA。

LAS 包格式中有一个年龄字段,当 LSA 被创建时,路由器将该字段设置为 0,随着数据包的扩散,每台路由器都会增加通告中的年龄。当然,另一个选项是从某个最大年龄开始,然后递减,OSPF 是递增,IS-IS 是递减。

老化过程为泛洪扩散增加了可靠性,该协议为网络定义了一个最大年龄差距(MaxAgeDiff)值。路由器可能接收到一个 LSA 的多个副本,其中序列号相同,年龄不同。如果年龄的差距小于 MaxAgeDiff,那么认为是由于网络的正常时延造成了年龄的差异,数据库原有的 LSA 继续保存,新收到的 LSA(年龄更大)不被扩散;如果年龄差距超过 MaxAgeDiff,那么认为网络发生异常,因为新被发送的 LSA 的序列号值没有增加。在这种情况下,较新的 LSA 会被记录下来,并将数据包扩散出去。典型的 MaxAgeDiff 值为 15min(用于 OSPF)。

若 LSA 驻留在数据库中,则 LSA 的年龄会不断增加。如果链路状态记录的年龄增加到某个最大值(MaxAge)——由特定的路由选择协议——那么一个带有 MaxAge 值的 LSA 被泛洪扩散到所有邻居,邻居随即从数据库中删除相关记录。

当 LSA 的年龄到达 MaxAge 时,将被从所有的数据库中删除,这需要有一种机制来定期地确认 LSA 并且在达到最大年龄之前将它的计时器复位。链路状态刷新计时器(LSRefesh Timer)就是用于此用途的。一旦计时器超时,路由器将向所有邻居泛洪扩散新的 LSA,收到的邻居会把有关路由器记录的年龄设置为新接收到的年龄。OSPF 定义 MaxAge 为 1 小时,LSRefresh Time 为 30 min。

3. 链路状态数据库

除了邻居发现和泛洪扩散 LSA,链路状态路由选择协议的第三个主要任务是建立链路状态数据库。链路状态数据库,也叫拓扑数据库,把 LSA 作为一连串记录保存下来。LSA 包括两类通用信息。

(1) 路由器链路信息。使用路由器 ID、邻居 ID 和代价通告路由器的邻居路由器,这里的代价是发送 LSA 路由器到其邻居的代价。

(2)末梢网络信息。使用路由器 ID、网络 ID 和代价通告路由器直接连接的末梢网络(没有邻居的网络)。

链路状态数据库主要包括三个方面的数据表格。

(1) 邻居表:也被称为邻接数据库,包含识别的邻居列表。

(2) 拓扑表:也被称为 LSDB(Link State Database,链路状态数据库),包含了在区域或网络内所有路由器的链路。同一区域内的所有路由器有相同的 LSDB。

(3) 路由表:也被称为转发数据库(Forwarding Database),包含了到目标的最佳路由列表。

4. SPF 算法——Dijkstra 算法

SPF 算法的基本过程:构建最短路径树时,路由器首先将它自己作为根,然后使用拓扑数据库中的信息,创建所有与它直连的邻居列表。到一个邻居的代价最小的路径将成为树的一个分枝,该路由器的所有邻居都被加入列表。检查该列表,看是否有重复的路径:如果有,代价高的路径将从列表中删除,代价低的路由器将被加入树。路由器的邻居也被加入列表,再次检查该列表是否有重复路径。此过程不断重复,直到列表中没有路由器为止。如图 6-12 所示。

路由器发现最佳路径是通过在链路状态数据库应用 SPF 算法得到下面的信息。

(1) 在一个区域内部的每个路由器都有相同的 LSDBs。

(2) 在一个区域内部的每个路由器都建立以自己为根的树。

(3) 通过计算链路成本总和最低的路径作为到目标的最佳路径。

最佳路由是被放入转发数据库(路由表)中。

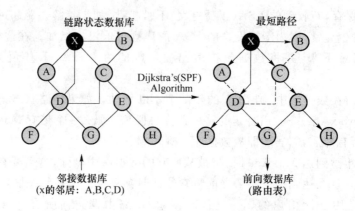

图 6-12　SPF 算法

5. 区域

一个区域是构成一个网络的路由器的一个子集。将网络划分为区域是针对链路状态协议的三个不利影响所采取的措施：

(1) 必要的数据库要求内存的数量比距离矢量协议更多；

(2) 复杂的算法要求 CPU 时间比距离矢量协议更多；

(3) 链路状态泛洪扩散数据包对可用带宽带来了不利的影响，特别是不稳定的网络。

当一个网络中路由器的数量很多，以至数千台的时候，SPF 算法给内存、CPU 和带宽带来的负担是难以想象的。通过划分区域可以减小这些影响。当一个网络被划分为多个区域时，在一个区域内的路由器仅需要在本区域扩散 LSA，因而只需要维护本区域的链路状态数据库。数据库越小，意味着需要内存越少，运行 SPF 算法需要的 CPU 周期也越短。如果拓扑改变频繁发生，引起的扩散将被限制在不稳定的区域内。

区域边界路由器是连接两个区域的路由器，它属于所连接的两个区域，而且必须为每个区域维护各自的拓扑数据库。

从前面的介绍中可以得出，距离矢量路由选择协议与链路状态路由选择协议的主要区别如下。

(1) 距离矢量路由器发送它的整个路由表，而链路状态路由器仅仅发送有关它直连链路(邻居)的信息。

(2) 距离矢量路由器仅向它的邻居发送路由信息，而链路状态路由器向整个网络中的所有路由器发送邻居信息。

(3) 距离矢量路由器通常使用不同的 Bellman-Ford 算法，而后者则通常使用不同的 Dijkstra 算法。

6.4.4　RIP

RIP(Routing Information Protocol，路由信息协议)是一种较为简单的内部网关协议，主要用于规模较小的网络中，比如校园网以及结构较简单的地区性网络。对于更为复杂的环境和大型网络，一般不使用 RIP。由于 RIP 的实现较为简单，在配置和维护管理方面也远比 OSPF 和 IS-IS 容易，所以在实际组网中仍有广泛地应用。

RIP 是一种基于距离矢量(Distance-Vector,D-V)算法的协议,它通过 UDP 报文进行路由信息的交换。RIP 使用跳数来衡量到达目的地址的距离,跳数称为度量值。在 RIP 中,路由器到与它直接相连网络的跳数为 0,通过与其相连的路由器到达另一个网络的跳数为 1,其余依此类推。为限制收敛时间,RIP 规定度量值取 0～15 之间的整数,大于或等于 16 的跳数被定义为无穷大,即目的网络或主机不可达。由于这个限制,使得 RIP 不适合应用于大型网络。

每个运行 RIP 的路由器管理一个路由数据库,该路由数据库包含了到所有可达目的地的路由项,这些路由项包含下列信息。

(1) 目的地址:主机或网络的地址。

(2) 下一跳地址:为到达目的地,需要经过的相邻路由器的接口 IP 地址。

(3) 出接口:转发报文通过的出接口。

(4) 度量值:本路由器到达目的地的开销。

(5) 路由时间:从路由项最后一次被更新到现在所经过的时间,路由项每次被更新时,路由时间重置为 0。

(6) 路由标记(Route Tag):用于标识外部路由,在路由策略中可根据路由标记对路由信息进行灵活控制。

RIP 启动和运行的整个过程可描述如下:首先路由器启动 RIP 后,便会向相邻的路由器发送请求报文(Request Message),相邻的 RIP 路由器收到请求报文后,响应该请求,回送包含本地路由表信息的响应报文(Response Message)。当路由器收到响应报文后,更新本地路由表,同时向相邻路由器发送触发更新报文,广播路由更新信息。相邻路由器收到触发更新报文后,又向其各自的相邻路由器发送触发更新报文。在一连串的触发更新广播后,各路由器都能得到并保持最新的路由信息。

RIP 采用老化机制对超时的路由进行老化处理,以保证路由的实时性和有效性。受四个定时器的控制,分别是更新计时器、失效计时器、抑制计时器和刷新计时器。

更新计时器使用来定义发送路由更新的时间间隔的。

失效计时器主要定义了路由老化时间。如果在老化时间内没有收到关于某条路由的更新报文,则该条路由在路由表中的度量值将会被设置为 16。

抑制计时器定义了 RIP 路由处于抑制状态的时长。当一条路由的度量值变为 16 时,该路由将进入抑制状态。在被抑制状态,只有来自同一邻居且度量值小于 16 的路由更新才会被路由器接收,取代不可达路由。

刷新计时器定义了一条路由从度量值变为 16 开始,直到它从路由表里被删除所经过的时间。在 Garbage-Collect 时间内,RIP 以 16 作为度量值向外发送这条路由的更新,如果 Garbage-Collect 超时,该路由仍没有得到更新,则该路由将从路由表中被彻底删除。

RIP 是一种基于 D-V 算法的路由协议,由于它向邻居通告的是自己的路由表,存在发生路由环路的可能性。RIP 通过以下机制来避免路由环路的产生。

(1) 计数到无穷(Counting to Infinity):将度量值等于 16 的路由定义为不可达(Infinity)。在路由环路发生时,某条路由的度量值将被设置为 16,该路由被认为不可达。

（2）水平分割（Split Horizon）：RIP 从某个接口学到的路由，不会从该接口再发回给邻居路由器。这样不但减少了带宽消耗，还可以防止路由环路。

（3）毒性逆转（Poison Reverse）：RIP 从某个接口学到路由后，将该路由的度量值设置为 16（不可达），并从原接口发回邻居路由器。利用这种方式，可以清除对方路由表中的无用信息。

（4）触发更新（Triggered Updates）：RIP 通过触发更新来避免在多个路由器之间形成路由环路的可能，而且可以加速网络的收敛速度。一旦某条路由的度量值发生了变化，就立刻向邻居路由器发布更新报文，而不是等到更新周期的到来。

RIP 有两个版本：RIP-1 和 RIP-2。RIP-1 是有类别路由协议（Classful Routing Protocol），它只支持以广播方式发布协议报文。RIP-1 的协议报文无法携带掩码信息，它只能识别 A、B、C 类这样的自然网段的路由，因此 RIP-1 不支持不连续子网（Discontiguous Subnet）。

RIP-2 是一种无类别路由协议（Classless Routing Protocol），与 RIP-1 相比，它有以下优势。

（1）支持路由标记，在路由策略中可根据路由标记对路由进行灵活控制。

（2）报文中携带掩码信息，支持路由聚合和 CIDR（Classless Inter-Domain Routing，无类域间路由）。

（3）支持指定下一跳，在广播网上可以选择到最优下一跳地址。

（4）支持组播路由发送更新报文，减少资源消耗。

（5）支持对协议报文进行验证，并提供明文验证和 MD5 验证两种方式，增强安全性。

6.5　OSPF

OSPF（Open Shortest Path First，开放最短路径优先）是 IETF 组织开发的一个基于链路状态的内部网关协议。目前针对 IPv4 协议使用的是 OSPF Version 2（RFC 2328）。

OSPF 具有如下特点。

适应范围广——支持各种规模的网络，最多可支持几百台路由器。

快速收敛——在网络的拓扑结构发生变化后立即发送更新报文，使这一变化在自治系统中同步。

无自环——由于 OSPF 根据收集到的链路状态用最短路径树算法计算路由，从算法本身保证了不会生成自环路由。

区域划分——允许自治系统的网络被划分成区域来管理，区域间传送的路由信息被进一步抽象，从而减少了占用的网络带宽。

等价路由——支持到同一目的地址的多条等价路由。

路由分级——使用 4 类不同的路由，按优先顺序来说分别是：区域内路由、区域间路由、第一类外部路由和第二类外部路由。

支持验证——支持基于接口的报文验证，以保证报文交互和路由计算的安全性。

组播发送——在某些类型的链路上以组播地址发送协议报文，减少对其他设备的干扰。

6.5.1　OSPF 的基本概念

1. 自治系统(Autonomous System)

一组使用相同路由协议交换路由信息的路由器,缩写为 AS。

2. OSPF 路由的计算过程

同一个区域内,OSPF 协议路由的计算过程可简单描述如下。

每台 OSPF 路由器根据自己周围的网络拓扑结构生成 LSA,并通过更新报文将 LSA 发送给网络中的其他 OSPF 路由器。

每台 OSPF 路由器都会收集其他路由器通告的 LSA,所有的 LSA 放在一起便组成了 LSDB。LSA 是对路由器周围网络拓扑结构的描述,LSDB 则是对整个自治系统的网络拓扑结构的描述。

OSPF 路由器将 LSDB 转换成一张带权的有向图,这张图便是对整个网络拓扑结构的真实反映。各个路由器得到的有向图是完全相同的。

每台路由器根据有向图,使用 SPF 算法计算出一棵以自己为根的最短路径树,这棵树给出了到自治系统中各结点的路由。

3. 路由器 ID 号

一台运行 OSPF 协议路由器,每一个 OSPF 进程必须存在自己的 Router ID(路由器 ID)。Router ID 是一个 32 比特无符号整数,可以在一个自治系统中唯一的标识一台路由器。

4. OSPF 的协议报文

OSPF 有五种类型的协议报文。

(1) Hello 报文:周期性发送,用来发现和维持 OSPF 邻居关系。内容包括一些定时器的数值、DR(Designated Router,指定路由器)、BDR(Backup Designated Router,备份指定路由器)以及自己已知的邻居。

(2) DD(Database Description,数据库描述)报文:描述了本地 LSDB 中每一条 LSA 的摘要信息,用于两台路由器进行数据库同步。

(3) LSR(Link State Request,链路状态请求)报文:向对方请求所需的 LSA。两台路由器互相交换 DD 报文之后,得知对端的路由器有哪些 LSA 是本地的 LSDB 所缺少的,这时需要发送 LSR 报文向对方请求所需的 LSA。内容包括所需要的 LSA 的摘要。

(4) LSU(Link State Update,链路状态更新)报文:向对方发送其所需要的 LSA。

(5) LSAck(Link State Acknowledgment,链路状态确认)报文:用来对收到的 LSA 进行确认。内容是需要确认的 LSA 的 Header(一个报文可对多个 LSA 进行确认)。

5. LSA 的类型

OSPF 中对链路状态信息的描述都是封装在 LSA 中发布出去,常用的 LSA 有以下几种类型。

(1) Router LSA(Type1):由每个路由器产生,描述路由器的链路状态和开销,在其始发的区域内传播。

（2）Network LSA(Type2)：由 DR 产生,描述本网段所有路由器的链路状态,在其始发的区域内传播。

（3）Network Summary LSA(Type3)：由 ABR(Area Border Router,区域边界路由器)产生,描述区域内某个网段的路由,并通告给其他区域。

（4）ASBR Summary LSA(Type4)：由 ABR 产生,描述到 ASBR(Autonomous System Boundary Router,自治系统边界路由器)的路由,通告给相关区域。

（5）AS External LSA(Type5)：由 ASBR 产生,描述到 AS 外部的路由,通告到所有的区域(除了 Stub 区域和 NSSA 区域)。

（6）NSSA External LSA(Type7)：由 NSSA(Not-So-Stubby Area)区域内的 ASBR 产生,描述到 AS 外部的路由,仅在 NSSA 区域内传播。

（7）Opaque LSA：是一个被提议的 LSA 类别,由标准的 LSA 头部后面跟随特殊应用的信息组成,可以直接由 OSPF 协议使用,或者由其他应用分发信息到整个 OSPF 域间接使用。Opaque LSA 分为 Type 9、Type10、Type11 三种类型,泛洪区域不同。其中,Type 9 的 Opaque LSA 仅在本地链路范围进行泛洪,Type 10 的 Opaque LSA 仅在本地区域范围进行泛洪,Type 11 的 LSA 可以在一个自治系统范围进行泛洪。

6. 邻居和邻接

在 OSPF 中,邻居(Neighbor)和邻接(Adjacency)是两个不同的概念。

OSPF 路由器启动后,便会通过 OSPF 接口向外发送 Hello 报文。收到 Hello 报文的 OSPF 路由器会检查报文中所定义的参数,如果双方一致就会形成邻居关系。

形成邻居关系的双方是否能形成邻接关系,要根据网络类型而定。只有当双方成功交换 DD 报文,交换 LSA 并达到 LSDB 的同步之后,才形成真正意义上的邻接关系。

6.5.2 OSPF 区域

1. 区域划分

随着网络规模日益扩大,当一个大型网络中的路由器都运行 OSPF 路由协议时,路由器数量的增多会导致 LSDB 非常庞大,占用大量的存储空间,并使得运行 SPF 算法的复杂度增加,导致 CPU 负担很重。

网络规模增大后,拓扑结构发生变化的概率也增大,网络会经常处于"振荡"中,造成网络中会有大量的 OSPF 协议报文在传递,降低了网络的带宽利用率。更为严重的是,每一次变化都会导致网络中所有的路由器重新进行路由计算。

OSPF 协议通过将自治系统划分成不同的区域(Area)来解决上述问题。区域是从逻辑上将路由器划分为不同的组,每个组用区域号(Area ID)来标识。如图 6-13 所示。

区域的边界是路由器,而不是链路。一个路由器可以属于不同的区域,但是一个网段(链路)只能属于一个区域,或者说每个运行 OSPF 的接口必须指明属于哪一个区域。划分区域后,可以在区域边界路由器上进行路由聚合,以减少通告到其他区域的 LSA 数量,还可以将网络拓扑变化带来的影响最小化。

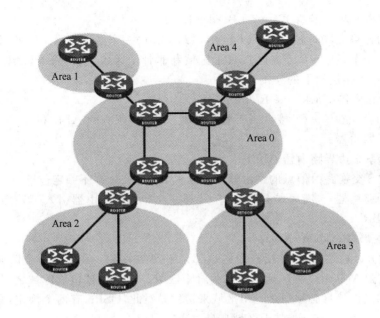

图 6-13　OSPF 区域划分

2. 路由器的类型

OSPF 路由器根据在 AS 中的不同位置,可以分为以下四类。如图 6-14 所示。

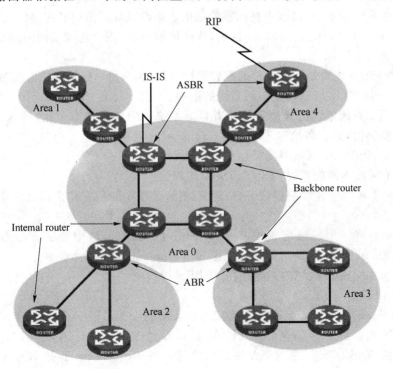

图 6-14　OSPF 路由器的类型

(1) 区域内路由器(Internal Router)

该类路由器的所有接口都属于同一个 OSPF 区域。

（2）区域边界路由器 ABR(Area Border Router)

该类路由器可以同时属于两个以上的区域,但其中一个必须是骨干区域(骨干区域的介绍请参见下一小节)。ABR 用来连接骨干区域和非骨干区域,它与骨干区域之间既可以是物理连接,也可以是逻辑上的连接。

（3）骨干路由器(Backbone Router)

该类路由器至少有一个接口属于骨干区域。因此,所有的 ABR 和位于 Area0 内部路由器都是骨干路由器。

（4）自治系统边界路由器 ASBR

与其他 AS 交换路由信息的路由器称为 ASBR。ASBR 并不一定位于 AS 的边界,它有可能是区域内路由器,也有可能是 ABR。只要一台 OSPF 路由器引入了外部路由的信息,它就成为 ASBR。

3. 骨干区域(Backbone Area)

OSPF 划分区域之后,并非所有的区域都是平等的关系。其中有一个区域是与众不同的,它的区域号（Area ID)是 0,通常被称为骨干区域。骨干区域负责区域之间的路由,非骨干区域之间的路由信息必须通过骨干区域来转发。对此,OSPF 有两个规定:所有非骨干区域必须与骨干区域保持连通;骨干区域自身也必须保持连通。

4. Stub 区域

Stub 区域是一些特定的区域,Stub 区域的 ABR 不允许注入 Type5 LSA,在这些区域中路由器的路由表规模以及路由信息传递的数量都会大大减少。

为了进一步减少 Stub 区域中路由器的路由表规模以及路由信息传递的数量,可以将该区域配置为 Totally Stub(完全 Stub)区域,该区域的 ABR 不会将区域间的路由信息和外部路由信息传递到本区域。

(Totally)Stub 区域是一种可选的配置属性,但并不是每个区域都符合配置的条件。通常来说,(Totally)Stub 区域位于自治系统的边界。

为保证到本自治系统的其他区域或者自治系统外的路由依旧可达,该区域的 ABR 将生成一条缺省路由,并发布给本区域中的其他非 ABR 路由器。

配置(Totally)Stub 区域时需要注意下列几点。

（1）骨干区域不能配置成(Totally)Stub 区域。

（2）如果要将一个区域配置成 Stub 区域,则该区域中的所有路由器必须都要配置 Stub 命令。

（3）如果要将一个区域配置成 Totally Stub 区域,该区域中的所有路由器必须配置 Stub 命令,该区域的 ABR 路由器需要配置 Stub[no-summary]命令。

（4）(Totally)Stub 区域内不能存在 ASBR。

5. NSSA 区域

NSSA(Not-So-Stubby Area)区域是 Stub 区域的变形,与 Stub 区域有许多相似的地方。NSSA 区域也不允许 Type5 LSA 注入,但可以允许 Type7 LSA 注入。Type7 LSA 由 NSSA 区域的 ASBR 产生,在 NSSA 区域内传播。当 Type7 LSA 到达 NSSA 的 ABR 时,由 ABR 将 Type7 LSA 转换成 Type5 LSA,传播到其他区域。

如图 6-15 所示,运行 OSPF 协议的自治系统包括 3 个区域:区域 1、区域 2 和区域 0,另外两个自治系统运行 RIP 协议。区域 1 被定义为 NSSA 区域,区域 1 接收的 RIP 路由传播到 NSSA ASBR 后,由 NSSA ASBR 产生 Type7 LSA 在区域 1 内传播,当 Type7 LSA 到达

NSSA ABR 后,转换成 Type5 LSA 传播到区域 0 和区域 2。

另一方面,运行 RIP 的自治系统的 RIP 路由通过区域 2 的 ASBR 产生 Type5 LSA 在 OSPF 自治系统中传播。但由于区域 1 是 NSSA 区域,所以 Type5 LSA 不会到达区域 1。

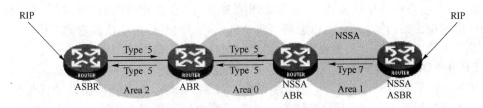

图 6-15　NSSA 区域

6. 路由类型

OSPF 将路由分为四类,按照优先级从高到低的顺序依次如下:

(1) 区域内路由(Intra Area);

(2) 区域间路由(Inter Area);

(3) 第一类外部路由(Type1 External);

(4) 第二类外部路由(Type2 External)。

区域内和区域间路由描述的是 AS 内部的网络结构,外部路由则描述了应该如何选择到 AS 以外目的地址的路由。OSPF 将引入的 AS 外部路由分为两类:Type1 和 Type2。

第一类外部路由是指接收的是 IGP 路由(如静态路由和 RIP 路由)。由于这类路由的可信程度较高,并且和 OSPF 自身路由的开销具有可比性,所以到第一类外部路由的开销等于本路由器到相应的 ASBR 的开销与 ASBR 到该路由目的地址的开销之和。

第二类外部路由是指接收的是 EGP 路由。由于这类路由的可信度比较低,所以 OSPF 协议认为从 ASBR 到自治系统之外的开销远远大于在自治系统之内到达 ASBR 的开销。计算路由开销时将主要考虑前者,即到第二类外部路由的开销等于 ASBR 到该路由目的地址的开销。如果计算出开销值相等的两条路由,再考虑本路由器到相应的 ASBR 的开销。

6.5.3　OSPF 的工作过程

下面以工作在单区域中的 OSPF 的工作过程来看 OSPF 的工作过程。OSPF 从发现邻居到路由的收敛,一般要经过五个步骤。

1. 建立路由邻接关系

位于同一条物理链路或物理网段上的路由器,运行 OSPF 的路由器在广播多路访问介质上定期(默认为 10 秒)通过组播 224.0.0.5 使用 Hello 包来发现邻居,所有运行 OSPF 的路由器都侦听和定期发送 Hello 分组来建立邻居关系。如图 6-16 所示。

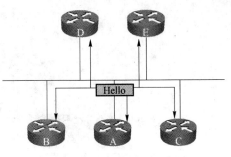

图 6-16　邻居建立

路由器建立邻居关系后,它们并不是随意的交换链路状态信息,而是在建立邻接关系的路由器之间相互交换来同步形成相同的拓扑表,即每个路由器只会跟 DR 和 BDR 形成邻接关系来交换链路状态信息。

2. 选举 DR 和 BDR

选举一台指定路由器(DR),使网络中的其他路由器都和它建立邻接关系,而其他路由器彼此之间不用保持邻接。路由器间链路状态数据库的同步,都通过与指定路由器交互信息完成。这样,在网络中仅需建立 n−1 条邻接关系。备份指定路由器(BDR)是指定路由器在网络中的备份路由器,它会在指定路由器关机或产生问题后自动接替它的工作。这时,网络中的其他路由器就会和备份指定路由器交互信息来实现数据库的同步。

DR 和 BDR 可以动态的选举,也可以手工配置。动态选举时,网段上路由器号或 IP 地址最大的路由器将被选举为 DR,其次为 BDR。如手工配置,则设置路由器的优先级,路由器接口的优先级范围是 0～255,默认为 1,0 表示路由器不能成为 DR 和 BDR,优先级越高成为 DR 和 BDR 的可能性越大。

要被选举为指定路由器,该路由器应符合以下要求。

(1) 该路由器是本网段内的 OSPF 路由器;

(2) 该 OSPF 路由器在本网段内的优先级(Priority)＞0;

(3) 该 OSPF 路由器的优先级最大,如果所有路由器的优先级相等,路由器号(Router ID)最大的路由器(每台路由器的 Router ID 是唯一的)被选举为指定路由器。

满足以上条件的路由器被选举为指定路由器,而第二个满足条件的路由器则当选为备份指定路由器。指定路由器和备份指定路由器的选举,是由路由器通过发送 Hello 数据报文来完成的。

3. 发现所有可能路由

从 LSA(链路状态通告)中发现所有可能的路由并放到拓扑数据库中。

4. 选择最佳的路由

每个路由器根据拓扑数据库构建一个以自己为根的到其他目标网络的 SPF 树,然后根据度量值计算最佳路由,放到自己的路由表中。OSPF 采用成本(Cost)度量值来决定到目的地的最佳路径,缺省成本度量值基于传输介质的带宽。

5. 维护路由信息

OSPF 通过(Flooding)通告变化,Hello 协议中的 down 机判定间隔(Dead Interval)宣布出故障,如果超过间隔时间(通常 40 s),则认为出故障。

那么包含该信息的 LSU 将发送到 224.0.0.5,通知 DR 和 BDR。DR 泛洪到所有与自己建立了邻接关系的路由器。(注:即使链路没发生变化,LSA 也由生存计时器,缺省 30 min,过期后,该条目的发源路由器将向网络发送 LSU 核实是否还活跃。如图 6-17 所示。

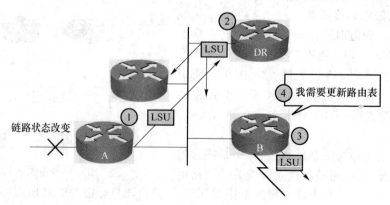

图 6-17　维护路由信息

6.5.4　OSPF 工作状态

将一个路由器分为七个工作状态。分别是失效（Down）、尝试（Attempt）、初始（Init）、2-way状态、Exstart 状态、交换（Exchange）、调入（Loading）和 Full 状态。其状态过程如图 6-18 所示。

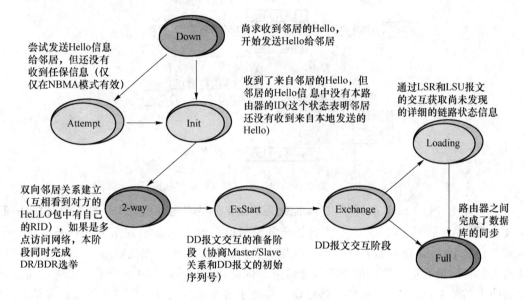

图 6-18　路由器的各个状态

第一种为失效（Down）状态，表示了自己既没有收到任何信息也没有对外发送任何信息。这是 OSPF 建立交互关系的初始化状态，在非广播性的网络环境内，OSPF 路由器还可能对处于 Down 状态的路由器发送 Hello 数据包。如图 6-19 所示。

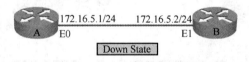

图 6-19　路由器失效状态

当自己不停地向对方发送 Hello 报文时，通常称这种状态为 Attempt 状态。该状态仅在 NBMA 环境，如帧中继、X.25 或 ATM 环境中有效，表示在一定时间内没有接收到某一相邻路由器的信息，但是 OSPF 路由器仍必须向该相邻路由器发送 Hello 数据包来保持联系。

当自己收到对方发来的 Hello 报文时，称为 Init 状态。这个时候路由器自己并不知道对方是否收到了自己所发送的 Hello 报文。在该状态时，OSPF 路由器已经接收到相邻路由器发送来的 Hello 数据包，但自身的 IP 地址并没有出现在该 Hello 数据包内，也就是说，双方的双向通信还没有建立起来。

当双方都收到了各自发送的 Hello 报文时，称之为 2-way 状态。这个状态可以说是建立交互方式真正的开始步骤。在这个状态，路由器看到自身已经处于相邻路由器的 Hello 数据包内，双向通信已经建立。指定路由器及备份指定路由器的选择正是在这个状态完成的。在这个状态,OSPF 路由器还可以根据其中的一个路由器是否指定路由器或者是根据链路是否点对点或虚拟链路,决定是否建立交互关系。当达到 2-way 这种状态后就表明了双方已经建立了通讯所具备的条件。如图 6-20 所示。

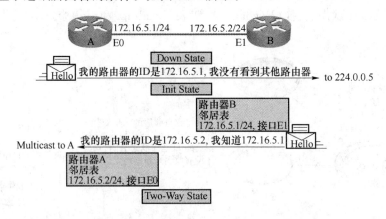

图 6-20　路由器的初始状态和双向通信状态

接下来便进行 LSDB 的同步工作,也就是前面讲到的发送前两个 DD 报文的时候,一般称其为 Exstart 状态,实际上这种状态是非常短暂的。这个状态是建立交互状态的第一个步骤。在这个状态,路由器要决定用于数据交换的初始的数据库描述数据包的序列号,以保证路由器得到的永远是最新的链路状态信息。同时,在这个状态路由器还必须决定路由器之间的主备关系,处于主控地位的路由器会向处于备份地位的路由器请求链路状态信息。

在两台路由器协商好 MS,开始大量交换 DD 报文时称之为 Exchange 状态。在这个状态,路由器向相邻的 OSPF 路由器发送数据库描述数据包来交换链路状态信息,每一个数据包都有一个数据包序列号。在这个状态,路由器还有可能向相邻路由器发送链路状态请求数据包来请求其相应数据。从这个状态开始,OSPF 处于 Flood 状态。如图 6-21 所示。

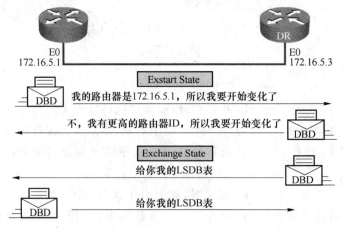

图 6-21　路由器的预启动和交换状态

当交换完 DD 报文后,两台路由器就知道了哪些报文是自己需要的,哪些报文是自己不需要的,从而开始进行 LSA 的发送,这种状态被称为 Loading 状态。在 Loading 状态,OSPF 路由器会就其发现的相邻路由器的新的链路状态数据及自身的已经过期的数据向相邻路由器提出请求,并等待相邻路由器的回答。

当交换完 DD 报文后,两台路由器如果发现各自的 LSA 都相同时则进行 Full 状态。Full 状态表明,对方的 LSDB 和自己的 LSDB 是一致的。这是两个 OSPF 路由器建立交互关系的最后一个状态,在这时,建立起交互关系的路由器之间已经完成了数据库同步的工作,它们的链路状态数据库已经一致。如图 6-22 所示。

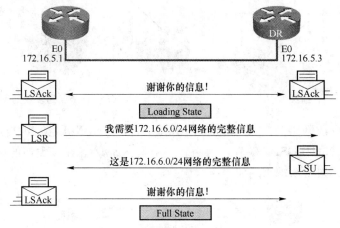

图 6-22　路由器的加载和完全状态

6.5.5　OSPF 的网络类型

OSPF 根据链路层协议类型将网络分为下列四种类型。

P2P(Point-to-Point,点到点)类型:当链路层协议是 PPP、HDLC 时,OSPF 缺省认为网络类型是 P2P。在该类型的网络中,以组播形式(224.0.0.5)发送协议报文。也可以用在运行帧中继或 ATM 的点到点子接口。参与 OSPF 进程的同步串行接口自动选择这种网络类型。如图 6-23 所示。

图 6-23　点到点网络

广播(Broadcast)类型:当链路层协议是 Ethernet、FDDI 时,OSPF 缺省认为网络类型是 Broadcast,如图 6-24 所示。在该类型的网络中,通常以组播形式(224.0.0.5 和 224.0.0.6)发送协议报文,一般用在像以太网、令牌环网的 LAN 中。其特点如下。

(1) 需要在 Segment(网段)选择 DR 和 BDR。

(2) 所有的路由器都只与 DR 和 BDR 建立完全邻接关系。

(3) 数据包要发送到 DR 和 BDR 使用组播地址 224.0.0.6。

(4) 数据包要从 DR 发给所有其他路由器都使用组播地址 224.0.0.5。

点到多点(Point-to-MultiPoint,P2MP)类型:没有一种链路层协议会被缺省的认为是 P2MP 类型。点到多点必须是由其他的网络类型强制更改的。常用做法是将 NBMA 改为点到多点的网络。在该类型的网络中,缺省情况下,以组播形式(224.0.0.5)发送协议报文。

可以根据用户需要,以单播形式发送协议报文。如图 6-25 所示。

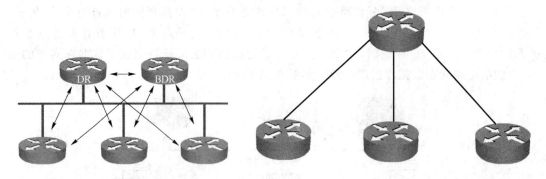

图 6-24　广播类型　　　　　　　　　　　图 6-25　点到多点的网络

非广播多点可达网络(Non-Broadcast Multi-Access,NBMA)类型:当链路层协议是帧中继、ATM 或 X.25 时,OSPF 缺省认为网络类型是 NBMA。在该类型的网络中,以单播形式发送协议报文。如图 6-26 所示。

图 6-26　NBMA 网络

对于接口的网络类型为 NBMA 的网络需要进行一些特殊的配置。由于无法通过广播 Hello 报文的形式发现相邻路由器,必须手工为该接口指定相邻路由器的 IP 地址,以及该相邻路由器是否有 DR 选举权等。其特点如下。

(1) 单个接口与多个站点互联。

(2) NBMA 支持多个路由器,但是没有广播能力。

(3) OSPF 的邻居不是自动发现的。

NBMA 网络必须是全连通的,即网络中任意两台路由器之间都必须有一条虚电路直接可达。如果部分路由器之间没有直接可达的链路时,应将接口配置成 P2MP 类型。如果路由器在 NBMA 网络中只有一个对端,也可将接口类型配置为 P2P 类型。

NBMA 与 P2MP 网络之间的区别如下。

(1) NBMA 网络是指那些全连通的、非广播、多点可达网络;而 P2MP 网络,则并不需要一定是全连通的。

(2) 在 NBMA 网络中需要选举 DR 与 BDR;而在 P2MP 网络中没有 DR 与 BDR。

(3) NBMA 是一种缺省的网络类型;而 P2MP 网络必须是由其他的网络强制更改的。最常见的做法是将 NBMA 网络改为 P2MP 网络。

(4) NBMA 网络采用单播发送报文,需要手工配置邻居;而 P2MP 网络采用组播方式发送报文。

6.5.6　OSPF 的优缺点

OSPF 协议主要优点如下。

(1) OSPF 是真正的 LOOP-FREE(无路由自环)路由协议。源自其算法(链路状态及最短路径树算法)本身的优点。

(2) OSPF 收敛速度快,能够在最短的时间内将路由变化传递到整个自治系统。

(3) 提出区域(Area)划分的概念,将自治系统划分为不同区域后,通过区域之间的对路由信息的摘要,大大减少了需传递的路由信息数量,也使得路由信息不会随网络规模的扩大而急剧膨胀。

(4) 将协议自身的开销控制到最小,具体如下。

① 用于发现和维护邻居关系的是定期发送的不含路由信息的 hello 报文,非常短小。包含路由信息的报文时是触发更新的机制。有路由变化时才会发送。但为了增强协议的健壮性,每 1800 s 全部重发一次。

② 在广播网络中,使用组播地址(而非广播)发送报文,减少对其他不运行 OSPF 的网络设备的干扰。

③ 在各类可以多址访问的网络中(广播,NBMA),通过选举 DR,使同网段的路由器之间的路由交换(同步)次数由 O(N * N)次减少为 O(N)次。

④ 提出 Stub 区域的概念,使得 Stub 区域内不再传播引入的 ASE 路由。

⑤ 在 ABR(区域边界路由器)上支持路由聚合,进一步减少区域间的路由信息传递。

⑥ 在点到点接口类型中,通过配置按需拨号属性(OSPF over on Demand Circuits),使得 OSPF 不再定时发送 hello 报文及定期更新路由信息。只在网络拓扑真正变化时才发送更新信息。

(5) 通过严格划分路由的级别(共分四级),提供更可信的路由选择。

(6) 良好的安全性,OSPF 支持基于接口的明文及 MD5 验证。

(7) OSPF 适应各种规模的网络,最多可达数千台。

OSPF 的缺点如下。

(1) 配置相对复杂。由于网络区域划分和网络属性的复杂性,需要网络分析员有较高的网络知识水平才能配置和管理 OSPF 网络。

(2) 路由负载均衡能力较弱。OSPF 虽然能根据接口的速率、连接可靠性等信息,自动生成接口路由优先级,但通往同一目的的不同优先级路由,OSPF 只选择优先级较高的转发,不同优先级的路由,不能实现负载分担。只有相同优先级的,才能达到负载均衡的目的,不像 EIGRP 那样可以根据优先级不同,自动匹配流量。

6.5.7　管理距离

如果路由器上同时启动了两种路由协议,两种协议都通过更新得到了有关某一网络的路由,但下一跳的地址是不一样的,路由器会如何转发数据包?

在同种路由协议下,用度量值的标准做比较。在不同协议下,以管理距离来衡量路由的可靠性。管理距离(Administrative Distance)是路由器用来评价路由信息可信度(最可信也意味着最优)的一个指标。一个管理距离是一个从 0 到 255 的整数值,0 是最可信赖的,而 255 则意味着不会有业务量通过这个路由。

如果一个路由器接收到两个对同一远程网络的更新内容,路由器首先要检查的是 AD。如果一个被通告的路由比另一个具有较低的 AD,则那个最低的 AD 值的路由将会被放置在路由表中。如果两个被通告的同一网络的路由具有相同的 AD 值,则路由协议的度量值将被用作寻找到达远程网络最佳路径的依据。

每种路由协议都有一个缺省的管理距离。管理距离值越小,协议的可信度越高。缺省管理距离(见表 6-2)的设置原则是:人工配置的路由优于路由协议动态学习到的路由;算法复杂的路由协议优于算法简单的路由协议。

表 6-2　常用路由的缺省管理距离

路由来源	管理距离
直连路由	0
以一个接口为出口的静态路由	0
以下一跳为出口的静态路由	1
内部 EIGRP	90
IGRP	100
OSPF	110
IS-IS	115
RIP	120
外部 EIGRP	170
未知(不可信路由)	255(不被用来传输数据流)

6.6　NAT 技术

6.6.1　NAT 技术简介

随着网络的发展,网络地址转换(Network Address Translation,NAT)在网络建设中正发挥着不可替代的作用。NAT 是将 IP 数据报文头中的 IP 地址转换为另一个 IP 地址的过程。在实际应用中,NAT 主要用于实现私有网络访问公共网络的功能。这种通过使用少量的公网 IP 地址代表较多的私网 IP 地址的方式,将有助于减缓可用 IP 地址空间的枯竭。所以从本质上来说,NAT 的出现是为了缓解 IP 地址不足的问题;而在实际应用中,NAT 还具备一些衍生功能,诸如隐藏并保护网络内部的计算机,以避免来自网络外部的攻击、方便内部网络地址规划等。

6.6.2　NAT 技术的基本原理

随着接入 Internet 的计算机数量的不断猛增，IP 地址资源也就显得更加紧张。在实际应用中，一般用户几乎申请不到整段的 C 类和 B 类 IP 地址。当企业向 ISP 申请 IP 地址时，所分配的地址也不过只有几个或十几个 IP 地址。显然，这样少的 IP 地址根本无法满足网络用户的需求。为了缓解供给和需求不可调和的矛盾，使用 NAT 技术便成为了企业和 ISP 的必然选择。

企业使用 NAT 时，一般认为应当使用 RFC1918 规定的三段私有地址部署企业内部网络。当企业内部设备试图以私有地址为源，向外部网络（Internet）发送数据包的时候，NAT 可以对 IP 包头进行修改，先前的源 IP 地址（私有地址）被转换成合法的公有 IP 地址。前提是该公有 IP 地址应当是企业已经从 ISP 申请到的合法公网 IP。这样，对于一个局域网来说，无需对内部网络的私有地址分配做大的修改，就可以满足内网设备和外网通信的需求。由于设备的源 IP 地址被 NAT 替换成了公网 IP 地址，设备对于外网用户来说就显得"不透明"，达到了保证设备安全性的目的。在这种情况下，内部私有地址和外部公有地址是一一对应的。甚至，我们只需使用少量公网 IP 地址（甚至是 1 个）即可实现私有地址网络内所有计算机与 Internet 的通信需求。如图 6-27 所示。

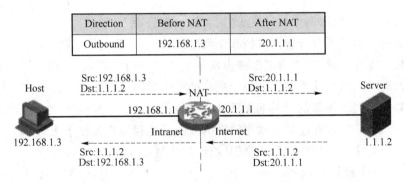

图 6-27　地址转换过程

图 6-27 描述了地址转换的基本过程，具体如下所述。

（1）内网用户主机（192.168.1.3）向外网服务器（1.1.1.2）发送的 IP 报文通过 NAT 设备。

（2）NAT 设备查看报头内容，发现该报文是发往外网的，将其源 IP 地址字段的私网地址 192.168.1.3 转换成一个可在 Internet 上选路的公网地址 20.1.1.1，并将该报文发送给外网服务器，同时在 NAT 设备的网络地址转换表中记录这一映射。

（3）外网服务器给内网用户发送的应答报文（其初始目的 IP 地址为 20.1.1.1）到达 NAT 设备后，NAT 设备再次查看报头内容，然后查找当前网络地址转换表的记录，用内网私有地址 192.168.1.3 替换初始的目的 IP 地址。

上述的 NAT 过程对终端（如图中的 Host 和 Server）来说是透明的。对外网服务器而言，它认为内网用户主机的 IP 地址就是 20.1.1.1，并不知道有 192.168.1.3 这个地址。因此，NAT"隐藏"了企业的私有网络。

地址转换的优点在于,在为内部网络主机提供了"隐私"保护的前提下,实现了内部网络的主机通过该功能访问外部网络的资源。但它也有一些缺点。

由于需要对数据报文进行 IP 地址的转换,涉及 IP 地址的数据报报文的报头不能被加密。在应用协议中,如果报文中有地址或端口需要转换,则报文不能被加密。例如,不能使用加密的 FTP 连接,否则 FTP 协议的 Port 命令不能被正确转换。

网络调试变得更加困难。例如,某一台内部网络的主机试图攻击其他网络,则很难指出究竟哪一台主机是恶意的,因为主机的 IP 地址被屏蔽了。

6.6.3　NAT 类型

在企业网络中,NAT 的实现方式有三种,即静态转换 Static NAT、动态转换 Pooled NAT 以及网络地址端口转换(Network Port address Translation,NAPT)。

静态转换是设置起来最简单和最容易实现的一种,它是指将内部网络的私有 IP 地址转换为公有 IP 地址,IP 地址对是一对一的,是一成不变的,某个私有 IP 地址只转换为某个公有 IP 地址。私有地址和公有地址的对应关系由管理员手工指定。借助于静态转换,可以实现外部网络对内部网络中某些特定设备(如服务器)的访问,并使该设备在外部用户看来变得"不透明"。

动态转换是指将内部网络的私有 IP 地址转换为公用 IP 地址时,IP 地址对并不是一一对应的,而是随机的。所有被管理员授权访问外网的私有 IP 地址可随机转换为任何指定的公有 IP 地址。也就是说,只要指定哪些内部地址可以进行转换,以及用哪些合法地址作为外部地址时,就可以进行动态转换。每个地址的租用时间都有限制。这样,当 ISP 提供的合法 IP 地址略少于网络内部的计算机数量时,可以采用动态转换的方式。所以,动态 NAT 主要用于拨号,频繁的远程连接也常用动态 NAT,当远程用户连接上之后,动态 NAT 就分配一个 IP 地址给它,当用户断开,这个 IP 地址就会被释放,留着以后使用。

NAPT 是基本地址转换的一种变形,它允许多个内部地址映射到同一个公有地址上,也可称之为"多对一地址转换"。通过使用网络地址端口转换,可以达到一个公网地址对应多个私有地址的一对多转换。在这种工作方式下,内部网络的所有主机均可共享一个合法外部 IP 地址实现对 Internet 的访问,来自不同内部主机的流量用不同的随机端口进行标示,从而可以最大限度地节约 IP 地址资源。同时,又可隐藏网络内部的所有主机,有效避免来自 Internet 的攻击。因此,目前网络中应用最多的就是网络地址端口转换方式。

在 Internet 上使用 NAPT 时,所有不同的 TCP 和 UDP 信息流看起来好像来源于同一个 IP 地址。这个优点在小型办公室内非常实用,通过从 ISP 处申请的一个 IP 地址,将多个连接通过 NAPT 接入 Internet。

NAPT 同时映射 IP 地址和端口号:来自不同内部地址的数据报文的源地址可以映射到同一外部地址,但它们的端口号被转换为该地址的不同端口号,因而仍然能够共享同一地址。也就是"私网 IP 地址＋端口号"与"公网 IP 地址＋端口号"之间的转换。如图 6-28 所示。

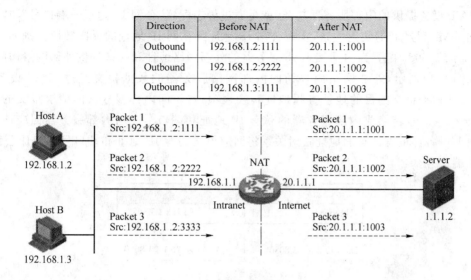

Direction	Before NAT	After NAT
Outbound	192.168.1.2:1111	20.1.1.1:1001
Outbound	192.168.1.2:2222	20.1.1.1:1002
Outbound	192.168.1.3:1111	20.1.1.1:1003

图 6-28　NAPT 基本原理示意图

图 6-28 中,三个带有内部地址的数据报文到达 NAT 设备,其中报文 1 和报文 2 来自同一个内部地址但有不同的源端口号,报文 1 和报文 3 来自不同的内部地址但具有相同的源端口号。通过 NAPT 映射,三个数据报的源 IP 地址都被转换到同一个外部地址,但每个数据报都被赋予了不同的源端口号,因而仍保留了报文之间的区别。当各报文的回应报文到达时,NAT 设备仍能够根据回应报文的目的 IP 地址和目的端口号来区别该报文应转发到的内部主机。

采用 NAPT 可以更加充分地利用 IP 地址资源,实现更多内部网络主机对外部网络的同时访问。

目前,NAPT 支持两种不同的地址转换模式。

(1) Endpoint-Independent Mapping(不关心对端地址和端口转换模式)。该模式下,NAT 设备通过建立三元组(源地址、源端口号、协议类型)表项来进行地址分配和报文过滤。即只要是来自相同源地址和源端口号的报文,不论其目的地址是否相同,通过 NAPT 映射后,其源地址和源端口号都被转换为同一个外部地址和端口号,并且 NAT 设备允许外部网络的主机通过该转换后地址和端口来访问这些内部网络的主机。这种模式可以很好地支持位于不同 NAT 设备之后的主机间进行互访。

(2) Address and Port-Dependent Mapping(关心对端地址和端口转换模式)。该模式下,NAT 设备通过建立五元组(源地址、源端口号、协议类型、目的地址、目的端口号)表项为依据进行地址分配和报文过滤。即对于来自相同源地址和源端口号的报文,若其目的地址和目的端口号不同,通过 NAPT 映射后,相同的源地址和源端口号将被转换为不同的外部地址和端口号,并且 NAT 设备只允许这些目的地址对应的外部网络的主机才可以通过该转换后的地址和端口来访问这些内部网络的主机。这种模式安全性好,但是不便于位于不同 NAT 设备之后的主机间进行互访。

NAT 隐藏了内部网络的结构,具有屏蔽内部主机的作用,但是在实际应用中,可能需要给外部网络提供一个访问内网主机的机会,如给外部网络提供一台 Web 服务器,或是一台 FTP 服务器。

　　NAT 设备提供的内部服务器功能,就是通过静态配置"公网 IP 地址＋端口号"与"私网 IP 地址＋端口号"间的映射关系,实现公网 IP 地址到私网 IP 地址的反向转换。例如,可以将 20.1.1.1:8080 配置为内网某 Web 服务器的外部网络地址和端口号供外部网络访问。

　　如图 6-29 所示,外部网络用户访问内部网络服务器的数据报文经过 NAT 设备时,NAT 设备根据报文的目的地址查找地址转换表项,将访问内部服务器的请求报文的目的 IP 地址和端口号转换成内部服务器的私有 IP 地址和端口号。当内部服务器回应该报文时,NAT 设备再根据已有的地址映射关系将回应报文的源 IP 地址和端口号转换成公网 IP 地址和端口号。

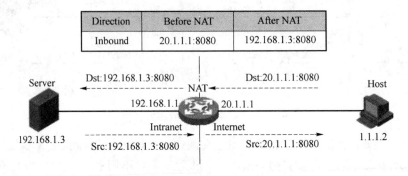

图 6-29　内部服务器基本原理示意图

6.6.4　应用 NAT 技术的安全问题

　　在使用 NAT 时,Internet 上的主机表面上看起来直接与 NAT 设备通信,而非与专用网络中实际的主机通信。输入的数据包被发送到 NAT 设备的 IP 地址上,并且 NAT 设备将目的包头地址由自己的 Internet 地址变为真正的目的主机的专用网络地址。结果是,理论上一个全球唯一 IP 地址后面可以连接几百台、几千台乃至几百万台拥有专用地址的主机。但是,这实际上存在着缺陷。例如,许多 Internet 协议和应用依赖于真正的端到端网络,在这种网络上,数据包完全不加修改地从源地址发送到目的地址。比如,IP 安全架构不能跨 NAT 设备使用,因为包含原始 IP 源地址的原始包头采用了数字签名。如果改变源地址的话,数字签名将不再有效。NAT 还向我们提出了管理上的挑战。尽管 NAT 对于一个缺少足够的全球唯一 Internet 地址的组织、分支机构或者部门来说是一种不错的解决方案,但是当重组、合并或收购需要对两个或更多的专用网络进行整合时,它就变成了一种严重的问题。甚至在组织结构稳定的情况下,NAT 系统不能多层嵌套,从而造成路由噩梦。

　　当改变网络的 IP 地址时,都要仔细考虑这样做会给网络中已有的安全机制带来什么样的影响。例如,防火墙根据 IP 报头中包含的 TCP 端口号、信宿地址、信源地址以及其他一些信息来决定是否让该数据包通过。可以根据 NAT 设备所处位置来改变防火墙过滤规则,这是因为 NAT 改变了信源或信宿地址。如果一个 NAT 设备,如一台内部路由器,被置于受防火墙保护的一侧,将不得不改变负责控制 NAT 设备身后网络流量的所有安全规则。在许多网络中,NAT 机制都是在防火墙上实现的。它的目的是使防火墙能够提供对网络访问与地址转换的双重控制功能。除非可以严格地限定哪一种网络连接可以被进行 NAT

转换,否则不要将 NAT 设备置于防火墙之外。任何一个黑客,只要他能够使 NAT 误以为他的连接请求是被允许的,都可以以一个授权用户的身份对你的网络进行访问。如果企业正在迈向网络技术的前沿,并正在使用 IP 安全协议(IPSec)来构造一个虚拟专用网(VPN)时,错误地放置 NAT 设备会毁了计划。原则上,NAT 设备应该被置于 VPN 受保护的一侧,因为 NAT 需要改动 IP 报头中的地址域,而在 IPSec 报头中该域是无法被改变的,这样可以准确地获知原始报文是发自哪一台工作站的。如果 IP 地址被改变了,那么 IPSec 的安全机制也就失效了,因为信源地址可以被改动,那么报文内容也将被改动。因此,NAT 技术在系统中应采用以下几个策略。

(1)网络地址转换模块。NAT 技术模块是本系统核心部分,而且只有本模块与网络层有关。因此,这一部分应和 Unix 系统本身的网络层处理部分紧密结合在一起,或对其直接进行修改。本模块可细分为包交换子模块、数据包头替换子模块、规则处理子模块、连接记录子模块与真实地址分配子模块及传输层过滤子模块。

(2)集中访问控制模块。集中访问控制模块可进一步细分为请求认证子模块和连接中继子模块。请求认证子模块主要负责通过一种可信的安全机制和认证与访问控制系统交换各种身份鉴别信息,识别出合法的用户,并根据用户预先被赋予的权限决定后续的连接形式。连接中继子模块的主要功能是为用户建立起一条最终的无中继的连接通道,并在需要的情况下向内部服务器传送鉴别过的用户身份信息,以完成相关服务协议中所需的鉴别流程。

(3)临时访问端口表。为了区分数据包的服务对象和防止攻击者对内部主机发起的连接进行非授权的利用,网关把内部主机使用的临时端口、协议类型和内部主机地址登记在临时端口使用表中。由于网关不知道内部主机可能要使用的临时端口,故临时端口使用表是由网关根据接收的数据包动态生成的。对于入向的数据包,防火墙只让访问控制表许可的或者临时端口使用表登记的数据包通过。

(4)认证与访问控制系统。认证与访问控制系统包括用户鉴别模块和访问控制模块,实现用户的身份鉴别和安全策略的控制。其中用户鉴别模块采用一次性口令(One-Time Password)认证技术中 Challenge/Response 机制实现远程和当地用户的身份鉴别,保护合法用户的有效访问并限制非法用户的访问。它采用 Telnet 和 Web 两种实现方式,满足不同系统环境下用户的应用需求。访问控制模块是基于自主型访问控制策略(DAC),采用 ACL 的方式,按照用户(组)、地址(组)、服务类型、服务时间等访问控制因素决定对用户是否授权访问。

(5)网络安全监控系统。监控与入侵检测系统作为系统端的监控进程,负责接受进入系统的所有信息,并对信息包进行分析和归类,对可能出现的入侵及时发出报警信息。同时如发现有合法用户的非法访问和非法用户的访问,监控系统将及时断开访问连接,并进行追踪检查。

(6)基于 Web 的防火墙管理系统。管理系统主要负责网络地址转换模块、集中访问控制模块、认证与访问控制系统、监控系统等模块的系统配置和监控。它采用基于 Web 的管理模式,由于管理系统所涉及的信息大部分是关于用户账号等敏感数据信息,故应充分保证信息的安全性,采用 JAVA APPLET 技术代替 CGI 技术,在信息传递过程中采用加密等安全技术保证用户信息的安全性。

习 题 六

一、填空题

1. 在 RIP 中 Metric 等于 _____,认为目标为不可达。

2. NAT 技术分为 _____、_____ 和 _____ 三种。

3. 直连路由的默认管理距离是 _____。

4. RIP 解决路由环路的方法有 _____。

5. 使用 OSPF 路由算法时,路由器向邻居通告的信息主要包括 _____ 和 _____ 两个方面的内容。

6. OSPF 路由算法的路由通告分为 _____。

7. 路由分为 _____、静态路由和 _____。

8. OSPF 链路状态数据库主要包括 _____ 三个表。

二、选择题

1. IGP 的作用范围是(   )。

A. 区域内   B. 局域网内

C. 自治系统内   D. 自然子网范围内

2. 下面(   )协议是距离矢量协议。

A. RIP   B. IGP   C. IS-IS   D. OSPF

3. 关于矢量距离算法以下说法错误的是(   )。

A. 矢量距离算法不会产生路由环路问题

B. 矢量距离算法是靠传递路由信息来实现的

C. 路由信息的矢量表示法是目标网络(Metric)

D. 使用矢量距离算法的协议只从自己的邻居获得信息

4. 如果一个内部网络对外的出口只有一个,那么最好配置(   )。

A. 缺省路由   B. 主机路由   C. 动态路由

5. 在 RIP 协议中,计算 Metric 值的参数是(   )。

A. MTU   B. 时延   C. 带宽   D. 路由跳数

6. 下列关于链路状态算法的说法正确的是(   )。

A. 链路状态是对路由的描述

B. 链路状态是对网络拓扑结构的描述

C. 链路状态算法本身会产生自环路由

D. OSPF 和 RIP 都使用链路状态算法

7. 在一个运行 OSPF 的自治系统之内(   )。

A. 骨干区域自身也必须是连通的

B. 非骨干区域自身也必须是连通的

C. 必须存在一个骨干区域（区域号为 0）

D. 非骨干区域与骨干区域必须直接相连

8. 下列静态路由配置正确的是(　　)。

A. ip route 129.1.0.0 16 serial 0

B. ip route 10.0.0.2 16 129.1.0.0

C. ip route 129.1.0.0 16 10.0.0.2

D. ip route 129.1.0.0 255.255.0.0 10.0.0.2

9. 以下不属于动态路由协议的是(　　)。

A. RIP　　　　　　　B. ICMP　　　　　　　C. IS-IS　　　　　　　D. OSPF

10. 以下路由表项要由网络管理员手动配置的是(　　)。

A. 静态路由　　　　　　　　　　　B. 直接路由

C. 动态路由　　　　　　　　　　　D. 以上说法都不正确

11. 以下配置默认路由的命令正确的是(　　)。

A. ip route 0.0.0.0 0.0.0.0 172.16.2.1

B. ip route 0.0.0.0 255.255.255.255 172.16.2.1

C. ip router 0.0.0.0 0.0.0.0 172.16.2.1

D. ip router 0.0.0.0 0.0.0.0 172.16.2.1

三、问答题

1. 使用 NAT 的安全策略有哪些?

2. 距离矢量路由和链路状态路由算法有什么区别?

3. 在某网络中的路由器 A 的路由表有如下项目:

目的网络	距离	下一跳路由器
W1	7	D
W6	5	C
W8	4	B
W9	2	E

现在 A 收到从邻近路由器 B 发来的如下路由信息(这两列分别表示"目的网络"和"距离"):

W2	直接交付
W3	8
W8	5
W9	5

试求出路由器 A 更新后的路由表。

第7章　网络服务器组网

7.1　网络操作系统

7.1.1　网络操作系统概念

操作系统是计算机系统中用来管理各种软硬件资源,提供人机交互使用的软件。网络操作系统可实现操作系统的所有功能,并且能够对网络中资源进行管理和共享。所以网络操作系统可以定义为:使网络上各计算机能方便而有效地共享网络资源以及为网络用户提供所需的各种服务的软件和有关规程的集合。它提供的服务包括文件服务、打印服务、数据库服务、通信服务、信息服务、分布式服务、名字服务、网络管理服务、Internet 与 Intranet 服务。目前应用较为广泛的网络操作系统有:Microsoft 公司的 Windows Server 系列,Novell公司的 Netware、Unix 和 Linux 等。

操作系统功能:提供人与计算机交互使用的平台,具有进程管理、存储管理、设备管理、文件管理和作业管理五大基本功能。

(1) 进程管理:主要对处理机进行管理,负责进程的启动和关闭,为提高利用率采用多道程序技术。

(2) 存储管理:负责内存分配、调度和释放。

(3) 设备管理:负责计算机中外围设备的管理和维护包括驱动程序的加载。

(4) 文件管理:负责文件存储、文件安全保护和文件访问控制。

(5) 作业管理:负责用户向系统提交作业,以及操作系统如何组织和调度作业。

网络操作系统(NOS)是网络的心脏和灵魂,是向网络计算机提供服务的特殊的操作系统。它在计算机操作系统下工作,使计算机操作系统增加了网络操作所需要的能力。网络操作系统首先是一个操作系统,应具备一般操作系统所具有的上述功能。同时,和一般操作系统不同,由于其运行在计算机网络上,除了具备一般操作系统的功能外,应包括网络环境下的通信、网络资源管理、网络安全、网络应用等特定的网络功能。

1. 网络通信

通信是计算机网络最基本的功能,是实现资源共享的基础。在 OSI 的七层模型中,每一层的功能都是通过协议实现的。计算机作为一种 1~7 层的设备,协议通常被设计到操作系统中。这就是协议组件,如 Windows、Unix 中的 TCP/IP 协议。

不是所有的操作系统都具有网络功能,例如早期的 DOS 操作系统就没有网络通信功能,要实现 DOS 机上网,需要 Netware 网络操作系统的支持。随着计算机网络技术的发展和应用的普及,现代操作系统都具有网络功能。在 Windows 操作系统中,其通信功能主要体现为"网上邻居"和"浏览器"。网上邻居实现局域网内计算机之间的通信,例如访问其他计算机上的共享文件,浏览器则将计算机连接到广域网中。

2. 资源管理

通过计算机网络,实现资源共享是计算机网络的重要功能之一。在实现资源共享的同时,系统还必须提供有效的安全控制和管理机制,设定资源的使用权限,保证数据访问的可控。因此,网络操作系统必须提供有效的安全管理机制,提供各种访问控制策略,以保证数据的使用的安全性。

3. 网络服务

无论是客户机/服务器(C/S)模式,浏览器/服务器(B/S)模式,还是其他模式,服务是网络建立的主要形式。因此,作为网络操作系统,特别是服务器操作系统,NOS 还必须提供各种网络服务功能,为保证 NOS 的灵活性和可扩展性,大部分的网络功能通常是通过 NOS 内置的各种组件或者第三方的服务组件实现的,例如远程访问、终端服务、Web 服务、FTP 服务、E-mail 服务、DNS 服务等。

在微软网络中,一般的桌面操作系统,如 Windows 98/XP 等,都提供最简单的文件和打印机共享服务,以实现简单的资源共享。

4. 网络管理

网络管理主要是网络的安全管理,一般的网络操作系统通过访问控制保证数据的安全性,通过容错技术保证系统出现故障时候的数据安全性。

5. 具有并发处理能力

网络操作系统应该支持多任务处理,要求操作系统在同一时间能够处理多个应用程序,每个应用程序在不同的内存空间运行。提供标准的文件管理操作及多用户并发访问的控制能力,支持对称多处理技术,对称多处理技术要求操作系统支持多个 CPU,减少事务处理时间,提高操作系统性能。

6. 支持远程管理

要求操作系统能够支持用户通过 Internet 远程管理和维护,比如 Windows Server 2008 R2 操作系统支持的终端服务。

7. 可移植性和可集成性

具有可移植性和可集成性是现代网络操作系统必须具备的特征。

另外,网络操作系统还应该对网络的性能进行监视,对网络的使用情况进行统计、记账等功能。

7.1.2　网络操作系统的结构

局域网的组建模式通常有对等网络和客户机/服务器网络两种。客户机/服务器网络是目前组网的标准模型。

在对等结构网络操作系统中,所有联网结点地位平等,安装在每个联网结点的操作系统软件相同,联网计算机的资源在原则上都是可以相互共享的。

每台联网计算机都以前后台方式工作,前台为本地用户提供服务,后台为其他结点的网络用户提供服务。

在对等局域网中,任何两个结点都可以直接实现通信,如图 7-1 所示。对等网络结构的操作系统可以提供硬盘共享、打印机共享、电子邮件、共享屏幕和共享 CPU 服务。

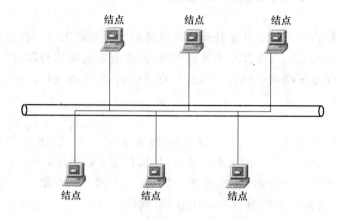

图 7-1　对等结构局域网的结构图

对等结构网络操作系统的优点是结构相对简单,网中任何结点均能直接通信。缺点是每台联网结点既要完成工作站的功能,又要完成服务器的功能。结点除了要完成本地用户的信息处理任务,还要承担较重的网络通信管理与共享资源管理任务,这就加重了联网计算机的负荷。对于联网计算机来说,由于同时要承担较重的网络管理与资源管理任务,所以信息处理能力明显降低。因此,对等结构网络操作系统支持的网络系统的规模一般较小。

客户机/服务器网络操作系统由客户机操作系统和服务器操作系统两部分组成。Novell 的 Netware 是典型的客户机/服务器网络操作系统。

客户机操作系统的功能:一方面让用户能够使用本地资源和处理本地的命令及应用程序,另一方面实现客户机与服务器的通信。服务器操作系统其主要功能是管理服务器和网络中的各种资源,实现服务器与客户机的通信,提供网络服务和提供网络安全管理。

客户机/服务器模式的思想是把操作系统分成若干进程,其中每个进程实现单个的一套服务。每个服务器运行在用户态,执行一个循环,检查是否有客户已请求该项服务。当客户发送一个消息给服务器来请求一项服务时,运行在核心态的操作系统内核把消息传给服务器;该服务器执行操作;内核用另一种消息把结果返回给客户。如图 7-2 所示。

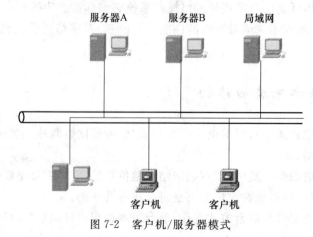

图 7-2　客户机/服务器模式

客户机/服务器模式的优点如下。

（1）减少了网络的流量，使用客户机/服务器模式，客户计算机和服务器计算机相互协调工作，它们只传输必要的信息。如果需要数据库更新，只需传送要更新的内容即可，整个数据库的内容不必反复传输。

（2）除了网络流量减少外，由于大量的数据运算与处理工作是在功能强大的服务器上完成的，而不是在客户机上，所以客户机/服务器应用的响应时间较短。

（3）客户机/服务器模式可以充分利用客户机和服务器双方的能力，组成一个分布式应用环境，而以前用户只能在两个系统之间选择一个。

（4）通过把客户机的应用程序与服务器上的数据隔离开可以保证数据的安全性和完整性。

（5）由于许多计算机和操作系统都能互连起来，用户可以选择最适宜的硬件和软件环境，比如具有很高性能价格比的 PC 机，然后把这些客户机都连到一个更强大的服务器系统上。无论数据在哪里，用户都可以去访问它。

7.1.3　常用的网络操作系统

目前网络操作系统主要有 Unix、Novell、Microsoft 和 Linux 操作系统。随着计算机网络的不断发展，出现了一种属于局域网的对等网络操作系统，它以均衡式数据存储和资源共享为基础，解决了集中式管理中存在的数据负载和安全性问题。20 世纪 90 年代以来，计算机网络互联，尤其是异质网络的互联问题成为另一个热点。所以，网络操作系统便朝着能支持多种通信协议、多种网络传输协议、多种网络适配器和工作站的方向发展。

1. Unix 操作系统

Unix 是 20 世纪 70 年代初出现的一个操作系统，除了作为网络操作系统之外，还可以作为单机操作系统使用。它是一种通用的、多用户的网络操作系统。主要应用于超级小型机、大型机和 RISC 精简指令系统计算机上。目前常用的 Unix 系统版本主要有 Unix SUR 4.0、HP-UX 11.0 和 SUN 的 Solaris 8.0 等。支持网络文件系统服务，提供数据等应用，功能强大，由 AT&T 和 SCO 公司推出。这种网络操作系统稳定和安全性能非常好，但它多数是以命令方式来进行操作的，不容易掌握，特别是初级用户。正因如此，小型局域网基本不使用 Unix 作为网络操作系统，Unix 一般用于大型的网站或大型的企事业局域网中。Unix 作为一种开发平台和台式操作系统获得了广泛使用，目前主要用于工程应用和科学计算等领域。其特点如下。

（1）安全可靠

Unix 在系统安全方面是任何一种操作系统都不能与之相比的，很少有计算机病毒能够侵入。这是因为 Unix 一开始既是为多任务、多用户环境设计的，在用户权限、文件和目录权限、内存等方面有严格的规定。近几年，Unix 操作系统以其良好的安全性和保密性证实了这一点。

（2）方便接入 Internet

Unix 是 Internet 的基础，TCP/IP 协议也是随之发展并完善的。目前的一些 Internet 服务器和一些大型的局域网都使用 Unix 操作系统。

Unix 虽然具有许多其他操作系统所不具备的优势,如工作环境稳定、系统的安全性好等,但是其安装和维护对普通用户来说比较困难。

UNIX 操作系统最主要的优点之一是可移植性强,它可以在各种不同类型的计算机上运行。分时操作是 UNIX 的十分重要的特点。UNIX 操作系统把计算机的时间分成若干个小的等分,并且在各个用户之间分配这些时间。

2. Novell 公司的 Netware

从 20 世纪 80 年代起,Novell 公司充分吸收 Unix 操作系统的多用户、多任务的思想,推出了网络操作系统 Netware。由于它的设计思想成熟、实用,并实施了开放系统的概念,例如,文件服务器概念、系统容错技术、开放系统体系结构(OSA)。所以,Netware 已逐渐成为世界各国局域网操作系统的标准。

Netware 最重要的特征是基于基本模块设计思想的开放式系统结构。Netware 是一个开放的网络服务器平台,可以方便地对其进行扩充。Netware 系统对不同的工作平台(如 DOS、OS/2、Macintosh 等),不同的网络协议环境如 TCP/IP 以及各种工作站操作系统提供了一致的服务。该系统内可以增加自选的扩充服务(如替补备份、数据库、电子邮件以及记账等),这些服务可以取自 Netware 本身,也可取自第三方开发者。

Netware 操作系统分为四个基本部分,包括 Netware 加载程序、内核、Netware 可安装模块环境和应用程序。

(1) Netware 加载程序初始化硬件以作为 Netware 内核的执行做好准备。内核执行过后,加载程序允许可加载网络模块存取 Netware 内核。

(2) 内核是操作系统的基本代码。计算机上所有执行的代码最终归结为执行一些内核代码。因此,内核是最关键的,要是不出差错的话,它还是操作系统效率最高的部分。Netware 内核包含提供文件系统、调度程序、存储器管理和网络服务的功能。

(3) 网络可安装模块环境包括加载程序和部分内核,还提供调度存储器管理和 NLM 所有必要的资源。软件开发者通过提供另外的资源来扩展 Netware 内核,Netware 加载程序使这些资源对 Netware 内核是可见的。

(4) Netware 的应用服务提供基本的网络服务功能,以同一方式运行的 NLM 可取得这些服务,在同一网络上运行的远程客户也可取得该服务。

Netware 的每一部分,加载程序、内核、NLM 模块环境和应用程序服务,级别越来越高(脱离硬件更远,并借用它之前一级别的服务来完成其他工作)。

Netware 的发展主要经历了 Netware 68、86、286 和 386 等阶段。每个阶段的 Netware 都推出了不同的版本,如 Netware 386V3.1x 和 Netware 4.x 等。其中,Netware 4.1 和 5.0 的推出,使 Novell 公司在网络操作系统市场上仍保持先进水平。Netware 以其先进的目录服务环境、集成和方便的管理手段、简单的安装过程等特点,受到用户的好评。但是,应当指出,随着 Windows NT 的广泛使用,Netware 的市场份额正在逐步减少。

3. Microsoft 公司的操作系统

这类操作系统对于用过电脑的人来说都不会陌生,这是全球最大的软件开发商 Microsoft(微软)公司开发的。微软公司的 Windows 系统不仅在个人操作系统中占有绝对优势,它在网络操作系统中也是具有非常强劲的力量。其配置在整个局域网配置中是最常见的,但由于它对服务器的硬件要求较高,且稳定性能不是很高,所以微软的网络操作系统一般只是用在中低档服务器中,高端服务器通常采用 Unix、Linux 或 Solairs 等非 Windows 操作系统。在局域网中,微软的网络操作系统主要有 Windows 2003 Server/Advance Server、Windows 2008 Server 和最新的 Windows 2008 Server R2 等,工作站系统可以采用任一 Windows 或非 Windows 操作系统,包括个人操作系统,如 Windows XP/Windows 7 等。

微软公司的网络操作系统主要面向应用处理领域,特别适合于客户机/服务器模式。目前在数据库服务器、部门级服务器、企业级服务器和信息服务器等应用场合上广泛使用。由于它们和微软的 Windows 98/2000/XP 一脉相承且操作方便,安全性可靠性也不断增强,所以这三种操作系统的市场份额逐年扩大。

4. Linux 操作系统

这是一种新型的网络操作系统,它的最大特点就是源代码开放,可以免费得到许多应用程序。目前有中文版本的 Linux,如 REDHAT(红帽子)、红旗 Linux 等,在国内得到了用户充分的肯定,主要体现在安全性和稳定性方面,与 Unix 有许多类似之处。但目前这类操作系统仍主要应用于中、高档服务器中。

Linux 最初是由芬兰赫尔辛基大学的一位大学生(Linus Benedict Torvalds)于 1991 年 8 月开发的一个免费的操作系统,是一个类似于 Unix 的操作系统。Linux 涵盖了 Unix 的所有特点,而且还融合了其他操作系统的优点,如真正的支持 32 位和 64 位多任务、多用户虚拟存储、快速 TCP/IP、数据库共享等特性。

Linux 的主要特点如下。

(1) 开放的源代码。Linux 许多组成部分的源代码是完全开放的,任何人都可以通过 Internet 得到,开发并发布。

(2) 支持多种硬件平台。Linux 可以运行在多种硬件平台上,还支持多处理器的计算机。

(3) 对外部设备的支持。目前在计算机上使用的大量外部设备,Linux 均支持。

(4) 支持 TCP/IP 等协议。在 Linux 中可以使用所有的网络服务,如网络文件系统、远程登录等。SLIP 和 PPP 支持串行线上的 TCP/IP 协议的使用,用户可用一个高速调制解调器通过电话线接入 Internet。

(5) 支持多种文件系统。Linux 目前支持的文件系统有 FAT16、FAT32、NTFS、EXT2.EXT、XIAFS、ISOFS、HPFS 等 32 种之多,其中最常见的是 EXT2,其文件名最长可达 255 个字符。

7.1.4　网络操作系统选择原则

面对各式各样的网络操作系统,如何进行选择? 依据的标准主要有以下几点。

(1) 安全性和可靠性。在选择网络操作系统时,一定要考虑其安全性。有些操作系统自身具有抵抗病毒的能力,如需较高的安全性和可靠性时应首选 Unix,这也是一些大中型网络为什么选用它的一个主要原因。

(2) 可操作性。简单易用是最基本的,安装简单,对硬件平台没有过高的要求,升级容易等都应该考虑。系统是否容易维护以及可管理性也同样重要。

(3) 可集成性。可集成性是系统对硬件和软件的兼容能力。现在任何同一个网络中用户可能有许多不同的应用需求,因而具有不同的硬件和软件环境。而网络操作系统作为对这些不同环境集成的管理者,应该具有广泛的兼容性,同时应尽可能多的管理各种软硬件资源。

网络操作系统离不开通信协议。对 TCP/IP 协议的支持应当是一个基本的要求。对 TCP/IP 的支持程度自然是衡量网络操作系统的一个主要指标,系统应该是开放的系统,这样才能真正实现网络的强大功能。

(4) 可扩展性。可扩展性即对现有系统要有足够的扩充能力,保证在早期不作无谓投资,又能适应今后的发展。

应用和开发支持在系统中能够运行的软件越多,则该系统的可用性就越好。应用支持在许多方面还要取决于硬件开发商的支持。有大量第三方支持的系统无疑会受到用户的认可,良好的开发支持使第三方厂商愿意并可为其开发系统。

7.2　Windows 操作系统及其应用

7.2.1　Windows Server 2008 R2 介绍

Windows Server 2008 R2 是微软公司最新推出的新一代网络操作系统,是一款多功能的服务器产品,它能够提升现有服务器或私有云基础架构的可靠性和灵活性,从而可以节省时间和降低各项相关成本。它将提供一系列功能强大的工具,让用户拥有更强的掌控能力,以更高的工作效率来应对各种业务需求。

Windows Server 2008 R2 的主要功能有以下几个方面。

1. 基于 Hyper-V 实现虚拟化

Hyper-V 提供一种动态、可靠和可扩展的虚拟化平台,它的作用是对某台物理计算机的系统资源实现虚拟化,从而为各种操作系统和应用程序提供一个虚拟化的环境。通过将多种服务器角色分别整合到各自相应的虚拟机之中,并由某一单台物理主机来运行这些虚拟机,就可以实现服务器硬件投资的最优化配置。这使得在单台服务器上可以同时并发运行多种不同的操作系统。或者可以使用 Hyper-V 构建一个虚拟桌面基础架构(VDI),从而在为虚拟桌面提供丰富多彩的 Windows 用户体验的同时,增强桌面环境的安全性、法律合规性以及可管理性。Microsoft 公司将这种平台与一整套自成体系的管理工具进行集成,以便同时管理物理资源和虚拟资源,打造出敏捷而动态化的数据中心。

2. 远程桌面服务

远程桌面服务(RDS)是一种可被集中管理的一体化桌面环境和应用程序平台。它采用会话虚拟化技术和 VDI 技术实现和管理公司的用户桌面,同时提供丰富多彩的最终用户体验。RDS 可以提升桌面和应用程序的运行效率,并将其部属范围延伸到任何设备,从而改善远程工作者的工作效率,有助于确保重要知识资产的安全性,并从根本上简化法律合规性的实现过程。RDS 让你能够在数据中心运行桌面或应用程序,同时不论用户地点在哪,都能带给他们全保真式桌面功能。RDS 允许安装和管理基于会话(Session-based)的桌面和应用程序,或者是位于数据中心集中式服务器上的 VDI 桌面。有了 RDS,屏幕图像将被发送给用户。然后,他们的客户机器发送按键和鼠标移动信息给服务器,服务器可以把整个桌面环境呈现给用户,或者只呈现他们完成工作所需的个别应用程序和数据。从用户角度来说,这些应用程序被无缝集成。无论是看起来,感觉上,还是用起来,都像是本地应用程序。

3. 电源管理

Windows Server 2008 R2 内置(OOB)的省电技术与 Windows Server 2003 内置的省电技术相比,最多要超出 18% 的节电量。Windows Server 2008 R2 从设计理念上就已经充分考虑到要发挥能源的最大效能,其中包括许多新增的节电功能,让您触手可及、轻松使用。

4. 服务器管理

到目前为止,对数据中心的所有服务器实现不间断管理是 IT 专业人士所必须应对的最消耗时间的工作任务之一。运行效率低下的服务器会增加能源耗用量及其成本开支。Windows Server 2008 R2 将利用 Server Manager 中的功能降低日常工作任务的管理负担。

5. 数据管理

Windows Server 2008 R2 中的文件分类基础架构(FCI)功能可以通过对各种分类流程实现自动化,对现有数据具有洞察力。因此,可以更有效且更经济地管理现有数据。FCI 会根据由管理员定义的各种属性(如文件是否包含个人标识信息)对文件实现自动化分类,并针对该分类执行由管理员指定的一系列操作(如将包含个人信息的文件备份到某个加密的存储空间之中)。这些操作机制已被内置其中。另外,还将提供各种扩展接口,以供 IT 组织及其合作伙伴用于构建丰富多彩的端到端解决方案,从而根据具体分类条件执行分类操作和应用相关策略。FCI 将根据文件的商业价值和重要性对其进行管理,从而帮助客户节省成本开支,并降低风险。

6. Web 应用程序平台

它提供一种更新版的 Web 服务器角色和 Internet Information Services(IIS)7.5,并对 Server Core 上的 .NET 提供更强有力的支持。另外,IIS 7.5 将针对开发各种 Web 应用程序和服务以及对其可靠托管,提供一个具有更强安全性和易于管理特性的平台。通过实现更强的控制力、更大的选择余地、更高的可靠性和更稳妥的安全性,组织可以确保自己的 Web 平台保持随时随地可用的状态。

7. 可扩展性与可靠性

Windows Server 2008 R2 能够实现动态扩展、全方位可用性和可靠性。现已发布大量新增功能和更新功能,其中包括对尖端 CPU 架构运算潜能的充分利用、更高的操作系统模块化程度以及为应用程序和服务所提供的更强大的性能和可扩展性。

7.2.2　Windows 网络配置

首先在主机上安装 Windows Server 2008 R2 的操作系统,然后进行配置。主要配置如下。

1. 配置主机名和域

首先打开计算机的属性菜单,右键单击桌面上的"计算机"图标,在下拉菜单中选择"属性",在弹出的"系统"窗口中单击"计算机名"的选项卡后面的"更改设置"进行修改。如图

7-3 所示。

图 7-3 "系统"窗口

如图 7-4 所示,弹出"系统属性"窗口,在弹出的窗口中单击"更改"按钮。弹出"计算机名/域更改"窗口,在计算机名后面输入计算机名称"×××××"后单击"确定"按钮;在隶属于后面设置所属的域或工作组。如图 7-5 所示。

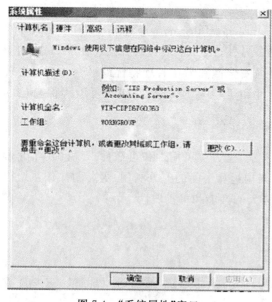

图 7-4 "系统属性"窗口　　　　　　图 7-5 "计算机名/域更改"窗口

2. 配置计算机 IP 地址

(1) 右键单击任务栏右侧通知栏中的网络图标,选择"打开网络和共享中心"。如图 7-6 所示。

（2）单击"本地连接"状态窗口里的"属性"按钮。如图 7-7 所示。

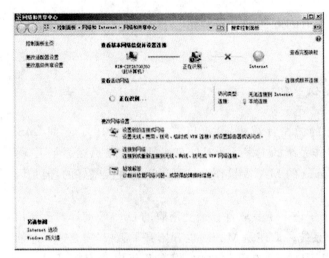

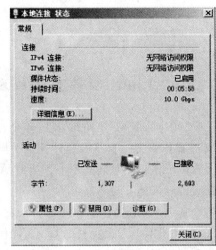

图 7-6　"网络和共享中心"窗口　　　　　图 7-7　"本地连接"状态窗口

（3）如图 7-8 所示，单击"Internet 协议版本 4（TCP/IPv4）"选项，在弹出的"Internet 协议版本 4（TCP/IPV4）属性"窗口中，在相应的位置输入 IP 地址、子网掩码和 DNS 地址，然后单击"确定"按钮，关闭所有窗口。如图 7-9 所示，基本的网络设置就完成了。

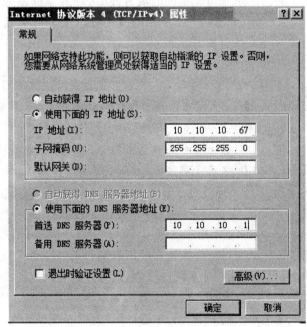

图 7-8　"本地连接"属性窗口　　　　　图 7-9　"Internet 协议版本 4（TCP/IPv4）属性"窗口

7.3 Linux 操作系统

7.3.1 Linux 操作系统的发展

1981 年 IBM 公司推出享誉全球的微型计算机 IBM PC。在 1981—1991 年间,MS-DOS 操作系统一直是微型计算机上操作系统的主宰。此时计算机硬件价格虽然逐年下降,但软件价格仍然是居高不下。当时 Apple 的 MACs 操作系统可以说是性能最好的,但是因其天价没人能够轻易靠近。

到 1991 年,GNU 计划已经开发出了许多工具软件。最受期盼的 Gnu C 编译器已经出现,但还没有开发出免费的 GNU 操作系统。即使是 Minix,也开始有了版权,需要购买才能得到源代码。而 GNU 的操作系统 HURD 一直在开发之中,但在几年内并不能完成。从 1991 年 4 月份起,李纳斯·托瓦兹(Linus Towalds)开始酝酿并着手编制自己的操作系统。刚开始,他的目的很简单,只是为了学习 Intel 386 体系结构保护模式运行方式下的编程技术。但后来 Linux 的发展却完全改变了初衷。

1991 年初,Linus 开始在一台 386sx 兼容微机上学习 Minix 操作系统。通过学习,他逐渐不能满足于 Minix 系统的现有性能,并开始酝酿开发一个新的免费操作系统。根据 Linus 在 comp. os. minix 新闻组上发布的消息可以知道,他逐步从学习 Minix 系统到开发自己的 Linux 的过程。

从 1991 年的 4 月份开始,Linus 几乎花了全部时间研究 387-Minix 系统(hack the kernel),并且尝试着移植 GNU 的软件到该系统上(GNU gcc、bash、gdb 等),并于 4 月 13 日在 comp. os. minix 上发布说自己已经成功地将 bash 移植到了 Minix 上,而且已经爱不释手、不能离开这个 shell 软件了。

第一个与 Linux 有关的消息是 1991 年 7 月 3 日在 comp. os. minix 上发布的(当然此时还不存在 Linux 这个名称,最初的名称是 Freax ,Freax 的英文含义是怪诞的、怪物、异想天开等)。其中透露了他正在进行 Linux 系统的开发,并且在 Linux 最初的时候已经想到要实现与 POSIX(Unix 的国际标准)的兼容问题了。

Linux 的基本思想有两点:第一,一切都是文件;第二,每个软件都有确定的用途。其中第一条详细来讲就是系统中的所有都归结为一个文件,包括命令、硬件和软件设备、操作系统、进程等对于操作系统内核而言,都被视为拥有各自特性或类型的文件。至于说 Linux 是基于 Unix 的,很大程度上也是因为这两者的基本思想十分相近。

从 Linux 的发展过程来看,可以对 Linux 的几个支柱归纳如下。

(1) Unix 操作系统:1969 年诞生在 Bell 实验室,Linux 是其一种克隆系统。

(2) Minix 操作系统:也是 Unix 的一种克隆系统,1987 年由著名计算机教授 Andrew S. Tanenbaum 开发完成。由于 Minix 系统的出现且其提供源代码(只能免费用于大学内),所以在全世界的大学中刮起了学习 Unix 系统的旋风,Linus 于 1991 年开始参照 Minix 系统进行开发。

（3）GNU 计划：开发 Linux 操作系统及 Linux 上所用大多数软件基本上都出自 GNU 计划，Linux 只是操作系统的一个内核。没有 GNU 软件环境（如 bash shell），Linux 将寸步难行。

（4）POSIX 标准：在推动 Linux 操作系统的发展上起着重要的作用，是 Linux 前进的灯塔。

Linux 具有丰富的系统软件和应用软件，除了具有一般 UNIX 的工具外，Linux 操作系统还包括如下特性。

（1）支持多种不同格式的文件系统。

（2）支持多种系统语言，如 C、C++、Objective C、Java、Lisp 及 Prolog 等。

（3）支持多种脚本语言，如 Perl、Tcl/Tk 及 shell 和 AWK 等。

（4）支持 X Window 系统及其应用程序，可运行各种图形应用程序，如 Khoros、GRASS 等。

（5）支持多种自然语言，如中文和英文。

（6）支持多种大型数据库，如 Oracle、Sybase 及 Infomax 等。

（7）支持与其他操作系统（如 Windows NT 或 Windows 95 等）的共享。

（8）强大的网络功能，支持多种网络协议，如 TCP/IP、IPX、Appletalk。

一个典型的 Linux 发行版包括 Linux 核心、GNU 库和工具、命令行 shell、图形界面的 X 窗口系统和相应的桌面环境，如 KDE 或 GNOME，并且包含数千种从办公包、编译器、文本编辑器到科学工具的应用软件。

Linux 的版本号分为两部分，即内核版本与发行版本。内核版本号由 3 个数字组成：r.x.y。r 表示目前发布的内核主版本；x 为偶数表示稳定版本，为奇数表示开发中版本；y 表示错误修补的次数。一般来说，x 位为偶数的版本是一个可以使用的稳定版本，如 2.4.4；x 位为奇数的版本一般加入了一些新的内容，不一定很稳定，是测试版本，如 2.1.111。现在最新的版本号为 2.7.36。

7.3.2　Linux 操作系统的特点

Linux 发行版指的就是通常所说的"Linux 操作系统"，它可能是由一个组织、公司或者个人发行的。Linux 主要作为 Linux 发行版（通常被称为"distro"）的一部分使用。通常来讲，一个 Linux 发行版包括 Linux 内核，将整个软件安装到电脑上的一套安装工具，各种 GNU 软件以及其他的一些自由软件。在一些特定的 Linux 发行版中也有一些专有软件。发行版为许多不同的目的而制作，包括对不同计算机结构的支持，对一个具体区域或语言的本地化，实时应用和嵌入式系统。目前，超过三百个发行版被积极地开发，最普遍被使用的发行版有大约十二个。

Red Hat 是全球最大的开源技术厂家，其产品 Red Hat Linux 也是全世界应用最广泛的 Linux。Red Hat 公司总部位于美国北卡罗来纳州，在全球拥有 22 个分部。

2004 年 4 月 30 日，Red Hat 公司正式停止对 Red Hat 9.0 版本的支持，标志着 Red Hat Linux 的正式完结。原本的桌面版 Red Hat Linux 发行包则与来自民间的 Fedora 计划合并，成为 Fedora Core 发行版本。Red Hat 公司不再开发桌面版的 Linux 发行包，而将全部力量集中在服务器版的开发上，也就是 Red Hat Enterprise Linux 版。2005 年 10 月 RHEL4（红帽官方已经不用 RHEL 这个简称了）发布。最新版本是 2010 年 11 月红帽企业级 Linux 6 上市。

　　Linux 是一种自由和开放源码的类 Unix 操作系统。目前存在着许多不同的 Linux，但它们都使用了 Linux 内核。Linux 可安装在各种计算机硬件设备中，从手机、平板电脑、路由器和视频游戏控制台，到台式计算机、大型机和超级计算机。Linux 是一个领先的操作系统，世界上运算最快的 10 台超级计算机运行的都是 Linux 操作系统。严格来讲，Linux 这个词本身只表示 Linux 内核，但实际上人们已经习惯了用 Linux 来形容整个基于 Linux 内核且使用 GNU 工程各种工具和数据库的操作系统。其主要特点如下。

　　（1）完全免费。Linux 是一款免费的操作系统，用户可以通过网络或其他途径免费获得，并可以任意修改其源代码。这是其他操作系统所做不到的。正是由于这一点，来自全世界的无数程序员参与了 Linux 的修改和编写工作，程序员可以根据自己的兴趣和灵感对其进行改编。这让 Linux 吸收了无数程序员的精华，不断壮大。

　　（2）完全兼容 POSIX 1.0 标准。这使得可以在 Linux 下通过相应的模拟器运行常见的 DOS、Windows 程序。这为用户从 Windows 转到 Linux 奠定了基础。许多用户在考虑使用 Linux 时，就想到以前在 Windows 下常见的程序是否能正常运行，这一点就消除了他们的顾虑。

　　（3）多用户、多任务。Linux 支持多用户，各个用户对自己的文件设备有自己特殊的权利，保证了各用户之间互不影响。多任务则是现在电脑最主要的一个特点，Linux 可以使多个程序同时并独立地运行。

　　（4）良好的界面。Linux 同时具有字符界面和图形界面。在字符界面，用户可以通过键盘输入相应的指令来进行操作。它同时也提供了类似 Windows 图形界面的 X-Windows 系统，用户可以使用鼠标对其进行操作。在 X-Windows 环境中和在 Windows 中相似，可以说是一个 Linux 版的 Windows。

　　（5）丰富的网络功能。互联网是在 Unix 的基础上繁荣起来的，Linux 的网络功能也不逊色。它的网络功能和其内核紧密相连，在这方面 Linux 要优于其他操作系统。在 Linux 中，用户可以轻松实现网页浏览、文件传输、远程登录等网络工作，并且可以作为服务器提供 WWW、FTP、E-mail 等服务。

　　（6）可靠的安全、稳定性能。Linux 采取了许多安全技术措施，其中有对读、写进行权限控制、审计跟踪、核心授权等技术，这些都为安全提供了保障。由于 Linux 需要应用到网络服务器，这对稳定性有比较高的要求，实际上 Linux 在这方面也十分出色。

　　（7）支持多种平台。Linux 可以运行在多种硬件平台上，如具有 x86、680x0、SPARC、Alpha 等处理器的平台。此外 Linux 还是一种嵌入式操作系统，可以运行在掌上电脑、机顶盒或游戏机上。2001 年 1 月份发布的 Linux 2.4 版内核就已经能够完全支持 Intel 64 位芯片架构，同时 Linux 也支持多处理器技术。多个处理器同时工作，使系统性能大大提高。

7.3.3　Linux 目录

1. 设备管理

　　在 Linux 中，每一个硬件设备都映射到一个系统的文件，对于硬盘、光驱等 IDE 或 SCSI 设备也不例外。Linux 对各种 IDE 设备都分配了一个由 hd 前缀组成的文件；而对于各种 SCSI 设备,则分配了一个由 sd 前缀组成的文件。

例如,第一个 IDE 设备,Linux 定义为 hda;第二个 IDE 设备定义为 hdb;下面以此类推。而 SCSI 设备就是 sda、sdb、sdc 等。

分区数量:要进行分区就必须针对每一个硬件设备进行操作,这就有可能是一块 IDE 硬盘或是一块 SCSI 硬盘。对每一个硬盘(IDE 或 SCSI)设备,Linux 分配了一个 1~16 的序列号码,这就代表了这块硬盘上面的分区号码。

例如,第一个 IDE 硬盘的第一个分区,在 Linux 下面映射的就是 hda1,第二个分区就称做 hda2。对于 SCSI 硬盘来说,则是 sda1、sdb1 等。

各分区的作用:Linux 规定,每一个硬盘设备最多能由 4 个主分区(其中包含扩展分区)构成。任何一个扩展分区都要占用一个主分区号码,也就是在一个硬盘中,主分区和扩展分区一共最多是 4 个。

主分区的作用就是计算机用来启动操作系统的。因此每一个操作系统的启动,或者称作是引导程序,都应该存放在主分区上。这是主分区和扩展分区及逻辑分区的最大区别。

2. 文件系统

Linux 支持多种的文件系统格式,其中包含了人们熟悉的 FAT32、FAT16、NTFS 以及各种 Linux 特有的 Linux Native 和 Linux Swap 分区类型。在 Linux 系统中,可以通过分区类型号码来区别这些不同类型的分区。

/ :根目录,所有的目录、文件、设备都在“/”之下,“/”就是 Linux 文件系统的组织者,也是最上级的领导者。

/bin :bin 是二进制(binary)英文缩写。在一般的系统中,可以在这个目录下找到 Linux 常用的命令。系统所需要的命令位于此目录,比如 ls、cp、mkdir 等命令。功能和/usr/bin 类似,这个目录中的文件都是可执行的,普通用户都可以使用的命令。作为基础系统所需要的最基础的命令都放在这里。

/boot :Linux 的内核及引导系统程序所需要的文件目录。在一般情况下,GRUB 或 LILO 系统引导管理器也位于这个目录。

/dev :dev 是设备(device)的英文缩写。这个目录对所有的用户都十分重要。因为在这个目录中包含了所有 Linux 系统中使用的外部设备。它实际上是一个访问这些外部设备的端口。通过它可以非常方便地访问这些外部设备,和访问一个文件或一个目录没有任何区别。

/etc :etc 这个目录是 Linux 系统中最重要的目录之一。在这个目录下存放了系统管理时要用到的各种配置文件和子目录。要用到的网络配置文件、文件系统、x 系统配置文件、设备配置信息以及设置用户信息等都在这个目录下。

/home :如果我们建立一个用户,用户名是“xx”,那么在/home 目录下就有一个对应的/home/xx 路径,用来存放用户的主目录。

/lib :lib 是库(library)的英文缩写。这个目录是用来存放系统动态连接共享库的。几乎所有的应用程序都会用到这个目录下的共享库。因此,千万不要轻易对这个目录进行操作,一旦发生问题,系统将不能工作。

/mnt :这个目录一般是用于存放挂载储存设备的挂载目录的,如 cdrom 等目录。有时可以让系统开机自动挂载文件系统,把挂载点放在这个目录。

　　/media：有些 Linux 的发行版使用这个目录挂载那些 USB 接口的移动硬盘（包括 U 盘）、CD/DVD 驱动器等。

　　/opt：这里主要存放可选的程序。例如尝试最新的 Firefox 的测试版，可以装到/opt 目录下，这样当尝试结束，想删掉时，可以直接删除它，而不影响系统其他任何设置。安装到/opt 目录下的程序，它所有的数据、库文件等都是放在同一个目录下。

　　/proc：可以在这个目录下获取系统信息。这些信息是在内存中，由系统自己产生的。操作系统运行时，进程信息及内核信息（如 CPU、硬盘分区、内存信息等）存放在这里。

　　/root：Linux 超级权限用户 root 的目录。

　　/sbin：这个目录是用来存放系统管理员的系统管理程序。大多是涉及系统管理的命令，是超级权限用户 root 的可执行命令存放地，普通用户无权限执行这个目录下的命令。这个目录和/usr/sbin、/usr/X11R6/sbin 或/usr/local/sbin 目录是相似的。只要记住凡是目录 sbin 中包含的都是 root 权限才能执行的。

　　/selinux：是 SElinux 的一些配置文件目录，SElinux 可以让 Linux 更加安全。

　　/tmp：临时文件目录，用来存放不同程序执行时产生的临时文件。有时用户运行程序的时候会产生临时文件。/tmp 就是用来存放临时文件的。

　　/usr：这是 Linux 系统中占用硬盘空间最大的目录。用户的很多应用程序和文件都存放在这个目录下。/usr 目录包含了许多子目录：/usr/bin 目录用于存放程序；/usr/share 用于存放一些共享的数据，比如音乐文件或者图标等；/usr/lib 目录用于存放那些不能直接运行的，但却是许多程序运行所必需的一些函数库文件。

　　/cgroup：rhel6 为内核准备了一个新特性——资源控制。此服务的软件包是 libc-group。有了这个软件包就可以分配资源，如 CPU time、系统内存、网络带宽等。

7.3.4　Linux 的网络配置

　　Linux 操作系统已习惯将联网作为现代计算的重要组成部分。Linux 对联网的支持包括鲁棒（Robust）的联网应用程序（包括服务器和客户程序）、灵活稳定的联网构架和充满活力的开发社区。

　　Linux 操作系统，使之成为现有网络构架的一部分。简单地说包括如下任务。

　　为每个网络接口分配一个适当的 IP 地址和子网掩码（netmask）；配置默认网关（gateway）和一个或一个以上的 DNS 服务器。

1. 配置接口

　　通常，联网操作是通过机器上的 PCI 设备——网络接口卡（通常指 NIC）进行的。Linux 内核应该可以检测出所有连接的 PCI 设备，同时使用 lspci 命令验证给出的 PCI 设备是否能被内核检测到。

　　和其他设备不同，Linux 内核不允许用户将 NIC 作为文件进行访问。换句话说，在/dev 目录下没有直接关联 NIC 的设备结点，但有相应的硬盘和声卡设备结点。相反，Linux（和 UNIX）通过网络接口访问 NIC。对每一个识别出的 NIC，内核都生成一个网络接口，并以 eth0 或 tr1 命名，其中字母指的是基本的数据连接技术，数字是用来区分检测出的多个网络接口卡。例如，两块以太网 NIC 将分别用 eth0 和 eth1 网络接口名来代表。

表 7-1 列出了一些 Linux 与不同数据连接技术关联的通常用接口名称。

表 7-1　通常用 Linux 接口名称

名称	类型
eth0	以太网
lo	(虚拟)回环设备
ppp0	使用 PPP 协议的串口设备(通常指调制解调器)
tr0	令牌环(Token Ring)
fddi0	光纤

用 ifconfig-a 命令可检验所有目前已识别的网络接口的信息,如下所示。

```
[root@station root]# ifconfig -a
eth0        Link encap:Ethernet HWaddr 00:A0:CC:39:A9:8C
            inet addr:192.168.0.3 Bcast:192.168.0.255 Mask:255.255.255.0
            UP BROADCAST RUNNING MULTICAST MTU:1500 Metric:1
            RX packets:205 errors:1 dropped:0 overruns:0 frame:0
            TX packets:104 errors:0 dropped:0 overruns:0 carrier:0
            collisions:0 txqueuelen:1000
            RX bytes:21945 (21.4 Kb) TX bytes:15247 (14.8 Kb)
            Interrupt:3 Base address:0x5f00
eth1        Link encap:Ethernet HWaddr 00:0D:56:02:50:47
            BROADCAST MULTICAST MTU:1500 Metric:1
            RX packets:0 errors:0 dropped:0 overruns:0 frame:0
            TX packets:0 errors:0 dropped:0 overruns:0 carrier:0
            collisions:0 txqueuelen:1000
            RX bytes:0 (0.0 b) TX bytes:0 (0.0 b)
            Interrupt:9 Base address:0xddc0 Memory:fcee0000-fcf00000
lo          Link encap:Local Loopback
            inet addr:127.0.0.1 Mask:255.0.0.0
            UP LOOPBACK RUNNING MTU:16436 Metric:1
            RX packets:10 errors:0 dropped:0 overruns:0 frame:0
            TX packets:10 errors:0 dropped:0 overruns:0 carrier:0
            collisions:0 txqueuelen:0
            RX bytes:700 (700.0 b) TX bytes:700 (700.0 b)
```

系统管理员负责为接口配置恰当的联网信息,如 IP 地址和子网掩码。在传统的 UNIX (和 Linux)中可用 ifconfig 命令来完成这些操作。ifconfig 命令采用以下语法。

ifconfig interface[options][address]

和大多数 Linux 命令不同,在这里许多选项要用关键词来指定,而不是用标准命令行选项语法。表 7-2 列出了一些在 ifconfig 命令中比较常用的关键词。

表 7-2　ifconfig 命令中比较常用的关键词

选项	用途
up	激活接口
down	使接口无效
netmask addr	用 addr 指定的子网掩码
hw addr	将设备的硬件(也就是说 MAC)地址设为 addr
mtu limit	将接口的 MTU(maximum transfer unit,最大传送单元)设为 limit

继续上面的例子,下面的命令可激活目前不活跃的接口 eth1,并分配给它一个 IP 地址 10.1.1.8 和子网掩码 255.0.0.0。接下来用 ifconfig eth1 命令来检验接口 eth1 的配置。

```
[root@station root]# ifconfig eth1 10.1.1.8 netmask 255.0.0.0 up
[root@station root]# ifconfig eth1
eth1          Link encap:Ethernet HWaddr 00:0D:56:02:50:47
              inet addr:10.1.1.8 Bcast:10.255.255.255 Mask:255.0.0.0
              UP BROADCAST MULTICAST MTU:1500 Metric:1
              RX packets:0 errors:0 dropped:0 overruns:0 frame:0
              TX packets:0 errors:0 dropped:0 overruns:0 carrier:0
              collisions:0 txqueuelen:1000
              RX bytes:0 (0.0 b) TX bytes:0 (0.0 b)
              Interrupt:9 Base address:0xddc0 Memory:fcee0000-fcf00000
```

2. 配置路由表

每个 Linux 内核都会有一个内部表格,就是路由表。对于一个发送出的数据包来说,路由表是用来确定内核应该使用前面提到的哪种方法传递数据包。路由表定义了哪个网络接口与本地网络关联,以及本地网路上充当网关连接外部网络的机器的身份标识。

路由表可用 route 命令进行检验,如下所示。

```
[root@station root]# route -n
Kernel IP routing table
Destination Gateway      Genmask           Flags Metric Ref  Use Iface
192.168.0.0 0.0.0.0      255.255.255.0     U     0      0      0 eth0
169.254.0.0 0.0.0.0      255.255.0.0       U     0      0      0 eth0
127.0.0.0   0.0.0.0      255.0.0.0         U     0      0      0 lo
0.0.0.0     192.168.0.254 0.0.0.0          UG    0      0      0 eth0
```

使用 route 编辑路由表和用 route 命令来检验路由表一样,它还可以用来对路由表进行动态操作。route 命令支持添加、删除和编辑条目。在实际操作中,管理员很少会直接编辑路由表。当用 ifconfig 命令(或其他任何前端命令,如 ifup 和 ifdown 命令)添加或者删除一个接口时,Linux 内核会自动添加或者删除适当的条目来指定本地网络,因此管理员对这些行可以不予考虑。

默认网关是用来进行与外部网络的通信,但是不能由接口的配置直接确定,它必须由管理员提供。使用命令 route del default 就可以从路由表中删除默认网关,使用 route add default gw IPADDR 命令可指定新的网关,其中 IPADDR 应该用网关的 IP 地址来代替。

```
[root@station root]# route add default gw 192.168.0.254
[root@station root]# route -n
Kernel IP routing table
Destination Gateway      Genmask        Flags Metric Ref Use    Iface
192.168.0.0 0.0.0.0      255.255.254.0  U     0      0     0    eth0
169.254.0.0 0.0.0.0      255.255.0.0    U     0      0     0    eth0
127.0.0.0   0.0.0.0      255.0.0.0      U     0      0     0    lo
0.0.0.0     192.168.0.254 0.0.0.0       UG    0      0     0    eth0
```

3. 配置 DNS 服务

大多数 Linux 应用程序使用通用构架来解析主机名,又称为 resolv 库。当解析一个主机名时,resolv 库首先试图执行"静态"查询(使用/etc/hosts 文件定义的简单数据库)。接下来,resolv 库将试着通过咨询/etc/resolv.conf 配置文件中列出的域名服务器来进行"动态"查询。

因此只要使用普通文本编辑器即可对文件/etc/resolv.conf 进行编辑和修改,/etc/hosts 或者/etc/resolv.conf 进行相应项目的添加、修改就可以进行相关的 DNS 配置。

4. 常用网络配置文件介绍

在 Linux 系统中 TCP/IP 网络是通过若干个文本文件进行配置的,需要编辑这些文件来完成联网工作。系统中重要的有关网络配置文件如下。

/etc/sysconfig/network:该文件用来指定服务器上的网络配置信息,包含了控制网络有关文件和守护程序的行为的参数。

/etc/hosts:本地解析文件,其中包含了 IP 地址和主机名之间的映射,还包括主机名的别名。

/etc/services:包含了服务名和端口号之间的映射,不少系统程序使用这个文件。

/etc/resolv.conf:配置 DNS 客户端,最多可以配置 3 个,它包含了主机的域名搜索顺序和 DNS 服务器的地址。

这些文件都可以在系统运行时进行修改,不用启动或者停止任何守护程序,更改会立刻生效(除/etc/sysconfig/network 以外)。另外,这些文件都支持由"#"开头的注释。

7.4 存储技术与设备

随着网络技术的发展,人们对数据的依赖性和要求越来越大,数据的存储和安全也处在非常重要的地位。服务器系统中存储系统的好坏也关系到系统性能的好坏。

目前服务器与存储设备的连接防护主要有以下方式:直接存储(DAS)、串行 SCSI 技术(SAS)和网络介入存储。

7.4.1 DAS

直连式存储,是指将外置存储设备通过连接电缆直接连接到主机上。如图 7-10 所示。

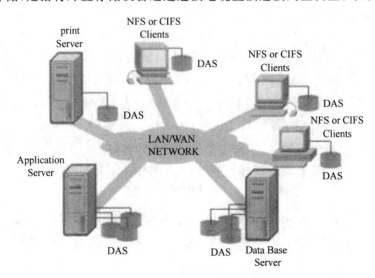

图 7-10 DAS 存储结构图

DAS 方式主要依赖服务器主机操作系统进行数据的 IO 读写和存储维护管理,数据备份和恢复要求占用服务器主机资源(包括 CPU、系统 IO 等),数据流需要回流主机再到服务器连接着的磁带机(库),数据备份通常占用服务器主机资源 20%~30%。直连式存储的数据量越大,备份和恢复的时间就越长,对服务器硬件的依赖性和影响就越大。

直连式存储与服务器主机之间的连接通道通常采用 SCSI 连接,带宽为 10MB/s、20MB/s、40MB/s、80MB/s 等,随着服务器 CPU 的处理能力越来越强,存储硬盘空间越来越大,阵列的硬盘数量也越来越多,SCSI 通道将会成为 IO 瓶颈。服务器主机 SCSI ID 资源有限,能够建立的 SCSI 通道连接有限。

直接附加存储是指将存储设备通过 SCSI 接口直接连接到一台服务器上使用,配置简单,使用过程和使用本机硬盘并无太大差别,对于服务器的要求仅仅是一个外接的 SCSI 口。但是 DAS 存在以下不足。

(1) 服务器本身容易成为系统瓶颈。

(2) 服务器发生故障,数据不可访问。

(3) 对于存在多个服务器的系统来说,设备分散,不便管理。同时多台服务器使用 DAS时,存储空间不能在服务器之间动态分配,可能造成大量的资源浪费。

(4) 数据备份操作复杂。

7.4.2　SAS

串行 SCSI 技术(Serial Attached SCSI,SAS)是一种磁盘连接技术,它综合了并行 SCSI和串行连接技术的优势,以串行通信为协议基础架构,采用的 SCSI-3 扩展指令,是多层次的存储设备连接协议集。

SAS 的连接模式与光纤通道的 Fabric 交换在很多方面类似,结构如图 7-11 所示。每一个 SAS 扩展器就类似光纤交换机。整个交换结构成为一个"域",每个域有一个主要成员负责维护整个域的路由信息。

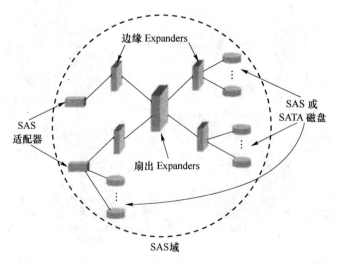

图 7-11　SAS 连接方式

　　SAS 在技术上,利用了光纤通道技术的优点:一方面简化了交换机制,提升了交换效率和可靠性;另一方面又增加了物理虚拟电路单元,增加了性能扩展空间。

7.4.3　NAS

　　NAS 是 Network Attached Storage 的缩写,一般称为网络附加存储。从结构上讲,NAS 技术是一台功能单一的精简型计算机,采用网络(TCP/IP、ATM、FDDI)技术,通过网络交换机连接存储系统和服务器主机,建立专用于数据存储的存储私网。

　　在 LAN 环境下,由于采用 TCP/IP 协议进行通信,NAS 可以实现不同平台之间的数据级共享。结构如图 7-12 所示。

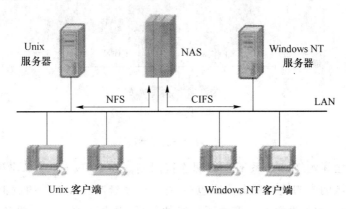

图 7-12　NAS 存储结构图

　　一个 NAS 系统包括处理器、文件服务管理模块和多个磁盘驱动器。

　　NAS 实际是一种带有瘦服务器的存储设备。这个瘦服务器实际上是一台网络文件服务器。NAS 设备直接连接到 TCP/IP 网络上,网络服务器通过 TCP/IP 网络存取管理数据。NAS 作为一种瘦服务器系统,易于安装和部署,管理使用也很方便。同时由于可以允许客户机不通过服务器直接在 NAS 中存取数据,所以对服务器来说可以减少系统开销。NAS 为异构平台使用统一存储系统提供了解决方案。由于 NAS 只需要在一个基本的磁盘阵列外增加一套瘦服务器系统,对硬件要求很低,软件成本也不高,甚至可以使用免费的 Linux 解决方案,成本只比直接附加存储略高。NAS 存在的主要问题如下。

　　(1) 由于存储数据通过普通数据网络传输,故易受网络上其他流量的影响。当网络上有其他大数据流量时会严重影响系统性能。

　　(2) 由于存储数据通过普通数据网络传输,故容易产生数据泄露等安全问题。

　　(3) 存储只能以文件方式访问,而不能像普通文件系统一样直接访问物理数据块,因此会在某些情况下严重影响系统效率,比如大型数据库就不能使用 NAS。

7.4.4　SAN

　　存储区域网络(SAN)是一种高速网络或子网网络,提供计算机与存储系统之间的数据传输。这里的存储设备是指一个或多个用来存储数据的磁盘设备,它由负责网络连接的通信结构、负责组织连接的管理层、存储部件以及计算机系统组成。

SAN 以光纤通道（FC）为基础，实现存储设备的共享，能突破距离限制和容量限制，服务器通过存储网络直接同存储设备交换数据，不再占用局域网的带宽资源。从网络结构看，SAN 结构包括四大组件：终端用户平台、服务器、存储设备和存储子系统、网络连接设备。SAN 结构如图 7-13 所示。

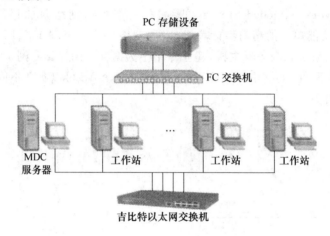

图 7-13　SAN 结构

存储区域网之间的组件关系不受物理连接限制。在 SAN 中，逻辑连接关系才是最重要的。在存储区域网中的重要逻辑关系包括：存储子系统与连接部件的逻辑关系；存储子系统之间的逻辑关系；服务器系统与存储子系统的关系；服务器系统与终端用户的组件关系；存储子系统与终端用户的组件关系以及服务器之间的关系。

SAN 具有如下功能特点。

（1）可实现大容量存储设备数据共享。

（2）可实现高速计算机与高速存储设备的互联。

（3）可实现灵活的存储设备配置要求。

（4）可实现数据快速配置。

（5）能向上兼容以前的存储设备。

（6）提高数据的可靠性。

SAN 目前存在的不足就是价格昂贵。无论是 SAN 阵列柜，还是 SAN 必需的光纤通道交换机，价格都是十分昂贵的，就连服务器上使用的光通道卡的价格也是很难被小型商业企业所接受的。

7.4.5　RAID

RAID 是 Redundant Arrays of Independent Disks 的缩写，一般称为磁盘阵列。

RAID 是一种由多块磁盘构成的冗余阵列，在操作系统下，把这种阵列作为独立的存储设备处理。RAID 技术分为几种不同的等级，提供不同的访问速度。

在 RAID 技术中，通常用 RAID 级别来表示磁盘阵列中磁盘的组合方式。目前常见的

RAID 级别有 RAID 0,1,3,5 等级别。

　　RAID 0 是最简单的形式。RAID 0 是把多块磁盘连接在一起形成一个容量更大的存储设备。RAID 0 只是提供更大的磁盘空间,没有冗余功能或错误修复功能。但实现成本低。

　　RAID 1 技术又称为磁盘镜像,每一个磁盘都有对应的镜像盘。任何一个磁盘的数据写入都会被复制到镜像盘中,系统可以从一组镜像盘中的任何磁盘读取数据。这样磁盘镜像技术就增加了系统成本,因为所能利用的空间只是磁盘容量的一半。RAID 0 与 RAID 1 数据写入方式比较如图 7-14 所示。

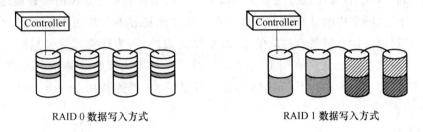

图 7-14　RAID 0 与 RAID 1 数据写入方式比较

　　在 RAID 1 下,任何一块磁盘的故障都不会影响系统的正常工作,只要其镜像盘中的磁盘能使用,系统就能正常工作。

　　RAID 3 技术是通过采用一种简单的校验技术实现方式,使用一个专门的磁盘存放所有的校验数据,而在剩余的磁盘中创建数据分区。例如,在一个由 4 块磁盘组成的阵列中,用一块磁盘做数据校验盘,另外 3 块用作数据区,如图 7-15 所示。

　　RAID 3 最大的不足在于校验盘是整个系统的瓶颈。RAID 3 会把数据的写入操作分散到多个磁盘上,对每一个磁盘的操作都需要同时重写校验盘中的相关信息,这样对经常需要写入大量数据的操作来说,校验盘的负载很大,降低了写入速度,导致磁盘性能下降。这也是 RAID 3 很少被采用的原因。

　　RAID 5 和 RAID 3 在运行机制上是一样的,也是由同一区内的几个数据块共享一个校验块。但是它们最大的区别在于 RAID 5 不是把所有的校验块集中保存在一个专门的校验盘中,而是分散到各数据盘中。RAID 5 使用一种特殊的算法,可以计算出任何一个带区校验块的存放位置。这样就可以确保任何对校验块的操作都会在磁盘中均衡进行,消除瓶颈的产生。如图 7-16 所示。

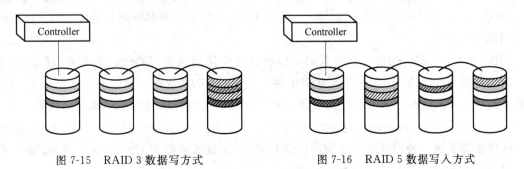

图 7-15　RAID 3 数据写方式　　　　　　　　图 7-16　RAID 5 数据写入方式

7.5　网络常用服务

7.5.1　DNS服务

在 Internet 网络中,每台计算机都有一个自己的计算机名称。通过这个易识别的名称,网络用户之间可以很容易地进行互相访问以及客户机与存储信息资源的服务器建立连接等网络操作。不过,网络中的计算机硬件之间真正建立连接并不是通过大家所熟悉的计算机名称,而是通过每台计算机各自独立的 IP 地址来完成的,因为计算机硬件只能识别二进制的 IP 地址。因此,Internet 中有很多域名服务器(DNS)来完成将计算机名转换为对应 IP 地址的工作,以便实现网络中计算机的连接。可见 DNS 服务器在 Internet 中起着重要的作用。

1. DNS 介绍

在计算机网络中,主机标识符分为三类:名字、地址和路径。而计算机在网络中的地址又分为物理地址和 IP 地址,但地址始终不易记忆和理解。为了向用户提供一种直观的主机标识符,TCP/IP 协议提供了域名解析服务(Domain Name Service,DNS)。DNS 主要目的是解决机器的网域名称(Domain Name)与 IP address 的对应问题。在 Internet 上,其为了要与其他计算机联机,必须经由 IP 地址判断计算机所在位置,如 140.115.83.240 就是一个 IP 地址。但是这一长串的 IP 并不好记,所以出现了 Domain Name,为 IP 取一个比较好记的名字,如 bbs.mgt.ncu.edu.tw。Domain Name 的架构是一个树状结构,例如上述的 bbs.mgt.ncu.edu.tw 所代表的就是台湾(tw)的中央大学(ncu)管理学院(mgt)所属的电子布告栏服务器(bbs)。而 DNS 服务器的功用就是将你输入的 Domain Name 转成 IP,或者是查询 IP 并转回所对应的 Domain Name。

DNS 域名是以层次树状结构进行管理的,又称为 DNS 命名空间。DNS 命名空间具有唯一的根域,并且每一个根域可以具有多个子域,而每一个子域也可以拥有多个子域。例如,Internet 命名空间具有多个顶级域名(Top-Level Domain Names,TLD),如 org、com。而 org 顶级域名可以具有多个子域,如 winsvr、isacn 等。winsvr 子域又可以具有多个子域,例如 tech、info 等,而 tech 又可以拥有多个子域。对于某一个组织而言,可以创建自己私有的 DNS 命名空间,不过对于 Internet 而言,这些私有的 DNS 命名空间是不可见的。域名结构如图 7-17 所示。

DNS 命名空间中的每一个结点都可以通过完全限定域名(FQDN)来识别。FQDN 是一种清楚描述此结点和 DNS 命名空间中根域关系的 DNS 名称。例如,cqcet.com 的 Web 服务器为 www.cqcet.com,它是通过使用英文句点"."连接主机名 www 和域名后缀 cqcet.com,其中英文句点"."是用于连接 FQDN 中每一节的标准连接符,而 cqcet 代表组织名称,com 代表顶级域。公司或组织名称可以具有多节,如域名可以为 comp.tech.cqcet.com,但是完全限定域名总长度不能超过 255 字节。

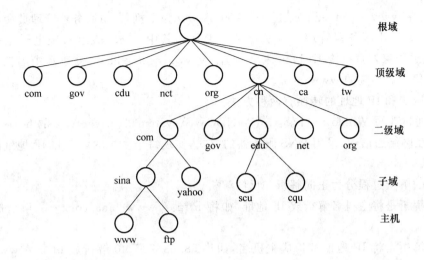

图 7-17　域名结构

在根网域下的第一层可以分为两大类:第一种是以国码为网域名称,如 . tw、jp;而另一种是 . org、. com、. net 等不分国码的网域。由于 Internet 起源于美国,一开始的名称设计并没有国码,只有使用 . org 表示组织、. com 表示公司、. edu 表示教育单位、. gov 表示政府组织等,所以没有国码的网域名称一开始是美国所使用。目前顶层的网域名称皆由 ICANN (The Internet Corporation For Assigned Names and Numbers) 公布,而每一个第一层的网域都交由各自国家管理。以台湾的网域为例,它是由台湾网络信息中心(TWNIC)所管理。TWNIC 将申请授权业务再委托 Hinet 等其他单位受理。如果要申请 . tw 的网域,可以到 TWNIC 查询代理申请业务的公司。常用域名见表 7-3。

表 7-3　常用域名

顶级域名区域代码		国家/地区 区域代码	
com	商业组织	us	美国
gov	政府机构	cn	中国
net	网络服务机构	tw	中国台湾
org	非营利机构	au	澳大利亚
edu	教育机构	hk	中国香港
mil	军事机构	jp	日本
int	国际组织	ca	加拿大

2. 域名的表示方法

Internet 的域名结构是由 TCP/IP 协议簇的 DNS 定义的,域名结构也和 IP 地址一样采用典型的层次结构,如图 7-18 所示。

图 7-18　域名结构

　　例如,在 www. cqcet. edu. cn 这个名字中,www 为主机名,由服务器管理员命名;cqcet. edu. cn 为域名,由服务器管理员合法申请后使用。其中,cqcet 表示重庆电子工程职业学院,edu 表示国家教育机构部门,cn 表示中国。www. cqcet. edu. cn 就表示中国教育机构重庆电子工程职业学院的 www 主机。

　　实现域名和 IP 地址的转换有两种方法。

　　(1) 通过改写 Windows 目录:C:\WINDOWS\system32\drivers\etc 的 hosts 文件。

　　(2) 在网络通信中,采用 DNS 服务器的方式,实现每个主机的域名和 IP 地址的一一对应关系。

　　域名的解析过程分为正向解析和反向解析。

　　正向解析是将主机名解析成 IP 地址,如将 http://www. sina. com. cn/ 解析成 58. 63. 237. 40。

　　反向解析是将 IP 地址解析成主机名,如将 58. 63. 237. 40 解析成 http://www. sina. com. cn/。

　　主机向本地域名服务器的查询一般都是采用递归查询。如果主机所询问的本地域名服务器不知道被查询域名的 IP 地址,那么本地域名服务器就以 DNS 客户的身份,向其他根域名服务器继续发出查询请求报文。

　　本地域名服务器向根域名服务器的查询通常是采用迭代查询。当根域名服务器收到本地域名服务器的迭代查询请求报文时,要么给出所要查询的 IP 地址,要么告诉本地域名服务器:“你下一步应当向哪一个域名服务器进行查询”。然后让本地域名服务器进行后续的查询。

3. DNS 系统构成

　　完整的 DNS 系统由 DNS 服务器、区域、解析器(DNS 客户端)和资源记录组成,并且需要正确地进行配置。DNS 协议采用 UDP/TCP 53 端口进行通信。DNS 服务器侦听 UDP/TCP 53 端口,DNS 客户端通过向服务器的这两个端口发起连接进行 DNS 协议通信。其中 UDP 53 端口主要用于答复 DNS 客户端的解析请求,而 TCP 53 端口用于区域复制。

　　运行 DNS 服务器软件的计算机被称为 DNS 服务器。一个 DNS 服务器包含了部分 DNS 命名空间的数据信息,当 DNS 客户发起解析请求时,DNS 服务器答复客户的请求,或者提供另外一个可以帮助客户进行请求解析的服务器地址,或者回复客户无对应记录。

　　当 DNS 服务器管理某个区域时,它是此区域的权威 DNS 服务器,而无论它是主要区域还是辅助区域。DNS 服务器可以是一级或者多级 DNS 命名空间的权威 DNS 服务器,例如,Internet 根域的 DNS 服务器只对顶级域名如“. com”具有权威,而顶级域名. com 的权威 DNS 服务器只对 cqcet. com 二级域名具有权威,而对于三级域名 www. cqcet. com,则只有 cqcet. com 域的 DNS 服务器才具有权威。

　　DNS 区域是 DNS 服务器具有权威的连续的命名空间,一个 DNS 服务器可以对一个或多个区域具有权威,而一个区域可以包含一个或多个连续的域。例如,一个 DNS 服务器可以对区域 cqcet. com 和 sina. com 具有权威,而每个区域下又可以包含多个域。不过可以通过区域委派将连续的域(如 cqcet. com、tech. cqcet. com)存放在不同的区域中。

　　区域文件包含了 DNS 服务器具有权威的区域的所有资源记录。通常情况下,区域数据存在在文本文件中,但是运行在 Windows Server 2008 域控制器上的 DNS 服务器,可以把区域信息存放在活动目录中。

　　DNS 解析器是使用客户端计算机，通过 DNS 协议查询 DNS 服务器的一个服务。在 Windows 2000 及其后的系统中，DNS 解析器是通过 DNS 客户端这个服务来实现，除此之外，DNS 客户端服务还可以对 DNS 解析结果进行缓存。必须在客户端计算机的 TCP/IP 属性中配置使用 DNS 服务器，这时客户端计算机的 DNS 解析器才会将 DNS 解析请求发送到相应的 DNS 服务器。

　　资源记录是用于答复 DNS 客户端请求的 DNS 数据库记录，每一个 DNS 服务器包含了它所管理的 DNS 命名空间的所有资源记录。资源记录包含和特定主机有关的信息，如 IP 地址、提供服务的类型等。常见的资源记录类型见表 7-4。

表 7-4　资源记录类型

资源记录类型	说　　明	解　　释
起始授权结构（SOA）	起始授权机构	此记录指定区域的起点。它所包含的信息有区域名、区域管理员电子邮件地址以及指示 DNS 服务器如何更新区域数据文件的设置等
主机（A）	地　　址	主机（A）记录是名称解析的重要记录，它用于将特定的主机名映射到对应主机的 IP 地址上。可以在 DNS 服务器中手动创建或者通过 DNS 客户端动态更新创建
别名（CNAME）	标准名称	此记录用于将某个别名指向到某个主机（A）记录上，从而无需为某个需要新名字解析的主机额外创建 A 记录
邮件交换器（MX）	邮件交换器	此记录列出了负责接收发到域中的电子邮件的主机，通常用于邮件的收发
名称服务器（NS）	名称服务器	此记录指定负责此 DNS 区域的权威名称服务器

4. DNS 服务器的工作方式

　　当 DNS 客户端需要为某个应用程序查询名字时，它将联系自己的 DNS 服务器解析此名字。DNS 客户发送的解析请求包含以下三种信息。

　　（1）需要查询的域名。如果原应用程序提交的不是一个完整的 FQDN，则 DNS 客户端加上域名后缀以构成一个完整的 FQDN。

　　（2）指定的查询类型。指定查询的资源记录的类型，如 A 记录或者 MX 记录等。

　　（3）指定的 DNS 域名类型。对于 DNS 客户端服务，这个类型总是指定为 Internet ［IN］类别。

　　DNS 客户端完整的 DNS 解析过程如下。

　　（1）检查自己的本地 DNS 名字缓存。当 DNS 客户端需要解析某个 FQDN 时，先检查自己的本地 DNS 名字缓存。本地的 DNS 名字缓存由两部分构成：Hosts 文件中的主机名到 IP 地址的映射定义；前一次 DNS 查询得到的结果，并且此结果还处于有效期。

　　如果 DNS 客户端从本地缓存中获得相应结果，则 DNS 解析完成。

　　（2）联系自己的 DNS 服务器。如果 DNS 客户端没有在自己的本地缓存中找到对应的记录，则联系自己的 DNS 服务器，必须预先配置 DNS 客户端所使用的 DNS 服务器。

　　当 DNS 服务器接收到 DNS 客户端的解析请求后，它先检查自己是否具有权威答复此解析请求,即它是否管理此请求记录所对应的 DNS 区域。如果 DNS 服务器管理对应的 DNS 区域,则 DNS 服务器对此 DNS 区域具有权威。此时,如果本地区域中的相应资源记录匹配客户的解析请求,则 DNS 服务器权威的使用此资源记录答复客户的解析请求(权威答复);如果没有相应的资源记录,则 DNS 服务器权威的答复客户无对应的资源记录(否定答复)。

如果没有区域匹配 DNS 客户端发起的解析请求,则 DNS 服务器检查自己的本地缓存。如果具有对应的匹配结果,无论是正向答复还是否定答复,DNS 服务器非权威的答复客户的解析请求。此时,DNS 解析完成。

如果 DNS 服务器在自己的本地缓存中还是没有找到匹配的结果,此时根据配置的不同,DNS 服务器执行请求查询的方式也不同。

(1) 递归方式。默认情况下,DNS 服务器使用递归方式来解析名字。递归方式的含义就是 DNS 服务器作为 DNS 客户端向其他 DNS 服务器查询此解析请求,直到获得解析结果,在此过程中,原 DNS 客户端则等待 DNS 服务器的回复。

(2) 迭代方式。如果禁止 DNS 服务器使用递归方式,则 DNS 服务器采用迭代方式,即向原 DNS 客户端返回一个参考答复,其中包含有利于客户端解析请求的信息(如根提示信息等),而不再进行其他操作;原 DNS 客户端根据 DNS 服务器返回的参考信息再决定处理方式。但是在实际网络环境中,禁用 DNS 服务器的递归查询往往会让 DNS 服务器对无法进行本地解析的客户端请求返回一个服务器失败的参考答复,客户端则会认为解析失败。

递归方式和迭代方式的不同之处在于当 DNS 服务器没有在本地完成客户端的请求解析时,由谁扮演 DNS 客户端的角色向其他 DNS 服务器发起解析请求。通常情况下应使用递归方式,这样有利于网络管理和安全性控制,只是递归方式比迭代方式更消耗 DNS 服务器的性能,不过在通常的情况下,这点性能的消耗无关紧要。

根提示信息是 Internet 命名空间中的根 DNS 服务器的 IP 地址。为了正常的执行递归解析,DNS 服务器必须知道从哪儿开始搜索 DNS 域名,而根提示信息则用于实现这一需求。

例如,当某个 DNS 客户端请求解析域名 www.cqcet.com 并且 DNS 服务器工作在递归模式下时,完整的解析过程如下。

DNS 客户端检查自己的本地名字缓存,没有找到对应的记录;

DNS 客户端联系自己的 DNS 服务器 NameServer1,查询域名 www.cqcet.com;

NameServer1 检查自己的权威区域和本地缓存,没有找到对应值。于是,联系根提示中的某个根域服务器,查询域名 www.cqcet.com;

根域服务器也不知道 www.cqcet.com 的对应值,于是向 NameServer1 返回一个参考答复,告诉 NameServer1 .com 顶级域的权威 DNS 服务器;

NameServer1 联系.com 顶级域的权威 DNS 服务器,查询域名 www.cqcet.com;

.com 顶级域服务器也不知道 www.cqcet.com 的对应值,于是向 NameServer1 返回一个参考答复,告诉 NameServer1,cqcet.com 域的权威 DNS 服务器;

NameServer1 联系 cqcet.com 域的权威 DNS 服务器,查询域名 www.cqcet.com;

cqcet. com 域的权威 DNS 服务器知道对应值,并且返回给 NameServer1;

NameServer 向原 DNS 客户端返回 www. cqcet. com 的结果,此时,解析完成。

5. DNS 区域类型和服务器类型

在部署一台 DNS 服务器时,必须预先考虑 DNS 区域类型,从而决定 DNS 服务器类型。DNS 区域分为两大类:正向查找区域和反向查找区域,其中正向查找区域用于 FQDN 到 IP 地址的映射,当 DNS 客户端请求解析某个 FQDN 时,DNS 服务器在正向查找区域中进行查找,并返回给 DNS 客户端对应的 IP 地址;反向查找区域用于 IP 地址到 FQDN 的映射,当 DNS 客户端请求解析某个 IP 地址时,DNS 服务器在反向查找区域中进行查找,并返回给 DNS 客户端对应的 FQDN。

而每一类区域又分为三种区域类型:主要区域、辅助区域和存根区域。

主要区域(Primary):包含相应 DNS 命名空间所有的资源记录,是区域中所包含的所有 DNS 域的权威 DNS 服务器。辅助区域(Secondary):主要区域的备份,从主要区域直接复制而来;同样包含相应 DNS 命名空间所有的资源记录,是区域中所包含的所有 DNS 域的权威 DNS 服务器;和主要区域不同之处是 DNS 服务器不能对辅助区域进行任何修改,即辅助区域是只读的。辅助区域数据只能以文本文件格式存放。存根区域(Stub):此区域只是包含了用于分辨主要区域权威 DNS 服务器的记录。

根据管理的 DNS 区域的不同,DNS 服务器也具有不同的类型。一台 DNS 服务器可以同时管理多个区域,所以也可以同时属于多种 DNS 服务器类型。其主要类型有主要 DNS 服务器 、辅助 DNS 服务器、存根 DNS 服务器、缓存 DNS 服务器。

当 DNS 服务器管理主要区域时,它被称为主要 DNS 服务器。主要 DNS 服务器是主要区域的集中更新源,可以部署两种模式的主要区域。

标准主要区域:标准主要区域的区域数据存放在本地文件中,只有主要 DNS 服务器可以管理此 DNS 区域(单点更新)。这意味着当主要 DNS 服务器出现故障时,此主要区域不能再进行修改;但是位于辅助服务器上的辅助 DNS 服务器还可以答复 DNS 客户端的解析请求。标准主要区域只支持非安全的动态更新。

活动目录集成主要区域:活动目录集成主要区域仅在域控制器上部署 DNS 服务器时有效,区域数据存放在活动目录中并且随着活动目录数据的复制而复制。在默认情况下,每一个运行在域控制器上的 DNS 服务器都将成为主要 DNS 服务器,并且可以修改 DNS 区域中的数据(多点更新),这样避免了标准主要区域时出现的单点故障。活动目录集成主要区域支持安全的动态更新。

在 DNS 服务设计中,针对每一个区域,总是建议至少使用两台 DNS 服务器来进行管理。其中一台作为主要 DNS 服务器,而另外一台作为辅助 DNS 服务器。

当 DNS 服务器管理辅助区域时,它将成为辅助 DNS 服务器。使用辅助 DNS 服务器的好处在于实现负载均衡和避免单点故障。辅助 DNS 服务器用于获取区域数据的源 DNS 服务器(称为主服务器),主服务器可以由主要 DNS 服务器或者其他辅助 DNS 服务器来担任。当创建辅助区域时,将要求指定主服务器。在辅助 DNS 服务器和主服务器之间存在着区域复制,用于从主服务器更新区域数据。

　　管理存根区域的 DNS 服务器称为存根 DNS 服务器。一般情况下,不需要单独部署存根 DNS 服务器,而是和其他 DNS 服务器类型合用。在存根 DNS 服务器和主服务器之间同样存在着区域复制。

　　缓存 DNS 服务器即没有管理任何区域的 DNS 服务器,也不会产生区域复制,它只能缓存 DNS 名字并且使用缓存的信息来答复 DNS 客户端的解析请求。刚安装好 DNS 服务器时,它就是一个缓存 DNS 服务器。缓存 DNS 服务器可以通过缓存减少 DNS 客户端访问外部 DNS 服务器的网络流量,并且可以降低 DNS 客户端解析域名的时间,因此在网络中广泛使用。例如,一个常见的中小型企业网络接入到 Internet 的环境,并没有在内部网络中使用域名,所以没有架设 DNS 服务器,客户通过配置使用 ISP 的 DNS 服务器来解析 Internet 域名。此时就可以部署一台缓存 DNS 服务器,配置将所有其他 DNS 域转发到 ISP 的 DNS 服务器,然后配置客户使用此缓存 DNS 服务器,从而减少解析客户端请求所需要的时间和客户访问外部 DNS 服务的网络流量。

7.5.2　DHCP 服务

　　DHCP(动态主机配置协议)是从 BOOTP 协议发展而来的用于自动分配客户端计算机 IP 地址的一种标准协议,在 RFC 2131 中进行定义。Windows 服务器操作系统中,均包含 DHCP 服务器组件。

　　默认情况下,基于 Windows 系统的客户端计算机均配置为 DHCP 客户端(自动获取 IP 地址),可以手动为其配置静态 IP 地址。如果客户端配置为 DHCP 客户端并且网络中存在 DHCP 服务器时,客户端计算机在启动或者连接到网络时向 DHCP 服务器获取 IP 地址及其他相关信息,如 DNS 服务器、网关、WINS 服务器等,DHCP 服务器使用租约的形式将 IP 地址分配给客户端计算机使用。使用 DHCP 服务器,可以极大降低在大中型网络中配置客户端计算机网络设置的管理成本,并且可以避免手动分配静态 IP 地址时产生的 IP 地址冲突问题。由于 DHCP 服务器需要固定的 IP 地址与 DHCP 客户端计算机进行通信,所以 DHCP 服务器必须配置静态 IP 地址。

1. DHCP 工作方式

　　DHCP 客户端通过和 DHCP 服务器的交互通信获得 IP 地址租约。为了从 DHCP 服务器获得一个 IP 地址,在标准情况下 DHCP 客户端和 DHCP 服务器之间会进行四次通信。DHCP 协议通信使用端口 UDP 67(服务器端)和 UDP 68(客户端)进行通信,并且大部分 DHCP 协议通信使用广播进行。如果 DHCP 客户端和 DHCP 服务器不属于相同的网络,那么必须具备以下两个条件之一,才能让 DHCP 客户端和路由器正常进行通信。DHCP 客户端网络上部署有 DHCP 中继代理,并且配置为转发 DHCP 消息到 DHCP 服务器;两个网络间的路由器兼容 RFC 1542(支持 BOOTP/DHCP 转发)。

　　无论上述哪种方式,DHCP 中继代理或兼容 RFC 1542 的路由器在转发 DHCP 客户端的租约请求时,都会修改转发的 DHCP 请求数据包中的 Gateway 字段,将其设置为自己接收到 DHCP 客户端租约请求的网络接口的 IP 地址,而 DHCP 服务器则使用此 Gateway 字段决定分配 IP 地址租约的 DHCP 作用域。DHCP 工作方式如图 7-19 所示。

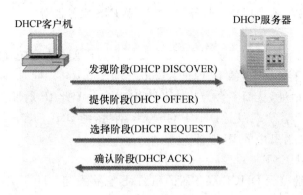

图 7-19　DHCP 工作方式

DHCP 客户端和 DHCP 服务器的这四次通信分别代表不同的阶段。

1）DHCP DISCOVER

当 DHCP 客户端计算机处于以下三种情况之一时，触发 DHCP DISCOVER 广播消息。

（1）当 TCP/IP 协议作为 DHCP 客户端（自动获取 IP 地址）进行初始化（DHCP 客户端启动计算机、启用网络适配器或者连接到网络）时。

（2）DHCP 客户端请求某个 IP 地址被 DHCP 服务器拒绝，通常发生在已获得租约的 DHCP 客户端连接到不同的网络中；DHCP 客户端释放已有租约并请求新的租约。此时，DHCP 客户端发起 DHCP DISCOVER 广播消息，向所有 DHCP 服务器获取 IP 地址租约。由于 DHCP 客户端没有 IP 地址，所以在数据包中使用 0.0.0.0 作为源 IP 地址，然后广播地址 255.255.255.255 作为目的地址。在此请求数据包中同样包含客户端的 MAC 地址和计算机名，以便 DHCP 服务器进行区分。

（3）如果没有 DHCP 服务器答复 DHCP 客户端的请求，DHCP 客户端在等待 1 秒后会再次发送 DHCP DISCOVER 广播消息。除了第一个 DHCP DISCOVER 广播消息外，DHCP 客户端还会发出三个 DHCP DISCOVER 广播消息，等待时延分别为 9 s、13 s 和 16 s 加上一个长度为 0～1 000 ms 之间的随机时延。如果仍然无法联系 DHCP 服务器，则认为自动获取 IP 地址失败，默认情况下将随机使用 APIPA（自动专有 IP 地址，169.254.0.0/16）中定义的未被其他客户使用的 IP 地址，子网掩码为 255.255.0.0，但是不会配置默认网关和其他 TCP/IP 选项，所以只能和同子网的使用 APIPA 地址的客户端计算机进行通信。可以通过注册表中的 DWORD 键值 IP Autoconfiguration Enabled 来禁止客户端计算机使用 APIPA 地址进行自动配置，当其值设置为 0 时，则不使用 APIPA 地址进行自动配置。

2）DHCP OFFER

所有接收到 DHCP 客户端发送的 DHCP DISCOVER 广播消息的 DHCP 服务器会检查自己的配置，如果具有有效的 DHCP 作用域和剩余的 IP 地址，则 DHCP 服务器发起 DHCP OFFER 广播消息来应答发起 DHCP DISCOVER 广播的 DHCP 客户端，此消息包含以下内容：

（1）客户端的 MAC 地址；

（2）DHCP 服务器提供的客户端 IP 地址；

（3）DHCP 服务器的 IP 地址；

（4）DHCP 服务器提供的客户端子网掩码；

（5）其他作用域选项，如 DNS 服务器、网关、WINS 服务器等；

（6）租约期限等。

DHCP 客户端没有 IP 地址，所以 DHCP 服务器同样使用广播进行通信：源 IP 地址为 DHCP 服务器的 IP 地址，而目的 IP 地址为 255.255.255.255。同时，DHCP 服务器为此客户保留它提供的 IP 地址，从而不会为其他 DHCP 客户分配此 IP 地址。如果有多个 DHCP 服务器给予此 DHCP 客户端回复 DHCP OFFER 消息，则 DHCP 客户端接受它接收到的第一个 DHCP OFFER 消息中的 IP 地址。

3）DHCP REQUEST

当 DHCP 客户端接受 DHCP 服务器的租约时，它将发起 DHCP REQUEST 广播消息，告诉所有 DHCP 服务器自己已经作出选择，接受了某个 DHCP 服务器的租约。

DHCP REQUEST 广播消息中包含了 DHCP 客户端的 MAC 地址、接受的租约中的 IP 地址、提供此租约的 DHCP 服务器地址等，所有其他的 DHCP 服务器将收回它们为此 DHCP 客户端所保留的 IP 地址租约，以给其他 DHCP 客户端使用。

此时由于没有得到 DHCP 服务器的最后确认，DHCP 客户端仍然不能使用租约中提供的 IP 地址，所以在数据包中仍然使用 0.0.0.0 作为源 IP 地址，广播地址 255.255.255.255 作为目的地址。

4）DHCP ACK

提供的租约被接受的 DHCP 服务器在接收到 DHCP 客户端发起的 DHCP REQUEST 广播消息后，会发送 DHCP ACK 广播消息进行最后的确认，在这个消息中同样包含了租约期限及其他 TCP/IP 选项信息。

当 DHCP 客户端接收到 DHCP ACK 广播消息后，会向网络发出三个针对此 IP 地址的 ARP 解析请求以执行冲突检测，确认网络上没有其他主机使用 DHCP 服务器提供的 IP 地址，从而避免 IP 地址冲突。如果发现该 IP 已经被其他主机所使用（有其他主机应答此 ARP 解析请求），则 DHCP 客户端则会广播发送（因为它仍然没有有效的 IP 地址）DHCP DECLINE 消息给 DHCP 服务器拒绝此 IP 地址租约，然后重新发起 DHCP DISCOVER 进程。此时，在 DHCP 服务器管理控制台中，会显示此 IP 地址为 BAD_ADDRESS。

如果没有其他主机使用此 IP 地址，则 DHCP 客户端的 TCP/IP 使用租约中提供的 IP 地址完成初始化，从而可以和其他网络中的主机进行通信。至于其他 TCP/IP 选项，如 DNS 服务器和 WINS 服务器等，本地手动配置将覆盖从 DHCP 服务器获得的值。

2. 租约续约

DHCP 服务器将 IP 地址提供给 DHCP 客户端时，会包含租约的有效期，默认租约期限为 8 天（691 200 秒）。除了租约期限外，还有两个时间值 T1 和 T2，其中 T1 定义为租约期限的一半，默认情况下是四天（345 600 秒），而 T2 定义为租约期限的 7/8，默认情况下为 7 天（604 800 秒）。当到达 T1 定义的时间期限时，DHCP 客户端会向提供租约的原始 DHCP 服务器发起 DHCP REQUEST 请求对租约进行更新，如果 DHCP 服务器接受此请求则回复 DHCP ACK 消息，包含更新后的租约期限；如果 DHCP 服务器不接受 DCHP 客户端的租约更新请求（如此 IP 已经从作用域中去除），则向 DHCP 客户端回复 DHCP ACK 消息，此时 DHCP 客户端立即发起 DHCP DISCOVER 进程以寻求 IP 地址。如果 DHCP 客户端没有从 DHCP 服务器得到任何回复，则继续使用此 IP 地址直到到达 T2 定义的时间限制。

此时,DHCP 客户端再次向提供租约的原始 DHCP 服务器发起 DHCP REQUEST 请求对租约进行更新,如果仍然没有得到 DHCP 服务器的回复则发起 DHCP DISCOVER 进程以寻求 IP 地址。在 Windows 2000 中,微软官方说明到达 T2 时间限制时,如果 DHCP 客户端仍然无法从 DHCP 服务器获得有效回复,则立即发起 DHCP DISCOVER 进程以寻求 IP 地址,但是根据在 Windows Server 2003 SP1 中的测试,如果到达 T2 时间限制时,DHCP 客户端仍然无法从 DHCP 服务器获得有效回复,Windows Server 2003 SP1 仍然会使用此 IP 地址直到租约结束,可能微软对 Windows Server 2003 中的 DHCP 客户端行为进行了调整。

3. 授权

在 Windows 2000 的活动目录中,引入了对 DHCP 服务器授权的概念:为了防止非法的 DHCP 服务器为客户端计算机提供不正确的 IP 地址配置,只有在活动目录中进行过授权的 DHCP 服务器才能提供服务。当属于活动目录的服务器上的 DHCP 服务器启动时,会在活动目录中查询已授权的 DHCP 服务器的 IP 地址,如果获得的列表中没有包含自己的 IP 地址,则此 DHCP 服务器停止工作,直到对其进行授权为止。

需要注意的是,如果子网中同时具有属于域和不属于域的 DHCP 服务器,只有在属于域的 DHCP 服务器被授权启动后再启动不属于域的 DHCP 服务器时,不属于域的 DHCP 服务器才会停止服务;否则不属于域的 DHCP 服务器同样会正常工作。另外,授权机制只对 Windows 2000 和 Windows Server 2003 中提供的 DHCP 服务器有效,其他 DHCP 服务器不会受到授权的限制。

4. DHCP 作用域

DHCP 作用域是本地逻辑子网中可以使用的 IP 地址的集合,如 192.168.0.1~192.168.0.254。DHCP 服务器只能使用作用域中定义的 IP 地址分配给 DHCP 客户端,因此必须创建作用域才能让 DHCP 服务器分配 IP 地址给 DHCP 客户端。另外,DHCP 服务器会根据接收到 DHCP 客户端租约请求的网络接口决定哪个 DHCP 作用域为 DHCP 客户端分配 IP 地址租约,决定的方式如下:DHCP 服务器将接收到租约请求的网络接口的主 IP 地址和 DHCP 作用域的子网掩码相与,如果得到的网络 ID 和 DHCP 作用域的网络 ID 一致则使用此 DHCP 作用域来为 DHCP 客户端分配 IP 地址租约,如果没有匹配的 DHCP 作用域则不对 DHCP 客户端的租约请求进行应答。这确保了 DHCP 服务器只是分配作用域中匹配自己接收到 DHCP 客户端租约请求的网络接口的网络 ID 的 IP 地址租约给 DHCP 客户,从而 DHCP 客户可以直接和 DHCP 服务器进行通信。例如 DHCP 服务器从自己的网络接口 192.168.1.1/24 接收到 DHCP 客户端的租约请求,如果 DHCP 服务器具有一个子网掩码为 255.255.255.0、网络 ID 为 192.168.1.0 的 DHCP 作用域,则使用此作用域中的 IP 地址为 DHCP 客户端提供租约;如果没有匹配上述条件的 DHCP 作用域,则此 DHCP 服务器不应答 DHCP 客户端的租约请求。

唯一的例外是针对 DHCP 中继代理或兼容 RFC 1542 的路由器所转发的租约请求,当它们转发 DHCP 请求到 DHCP 服务器时,会修改转发的 DHCP 请求数据包中的 Gateway 字段为自己接收到 DHCP 客户端租约请求的网络接口的 IP 地址,而 DHCP 服务器则使用 Gateway 字段中的 IP 地址代替自己网络接口的 IP 地址和 DHCP 作用域的子网掩码相与,从而决定分配 IP 地址租约的 DHCP 作用域。

DHCP 作用域定义的 IP 地址范围是连续的,并且每个子网只能有一个作用域。如果想要使用单个子网内的不连续的 IP 地址范围,则必须先定义作用域,然后设置所需的排除范围。DHCP 作用域中为 DHCP 客户端分配的 IP 地址必须没有被其他主机所占用,否则必须对 DHCP 作用域设置排除选项,将已被其他主机使用的 IP 地址排除在此 DHCP 作用域之外。

在同个子网中使用多个 DHCP 服务器为 DHCP 客户端服务将具有更好的容错能力。在具有多个 DHCP 服务器的情况下,如果一个 DHCP 服务器不可用,那么其他 DHCP 服务器可以取代它为 DHCP 客户端提供 IP 地址租约。为了更好地实现容错和负载平衡,在规划 DHCP 作用域包含的 IP 地址时,通常采用"80/20"规则。"80/20"规则的含义是将作用域地址划分给两台 DHCP 服务器,其中服务器 1 包含所能提供的 IP 地址范围的 80%,服务器 2 包含剩下的 20%。当两台 DHCP 服务器互为彼此的逻辑子网且采用 80/20 规则进行部署时,无论哪台 DHCP 服务器停止服务,由于另外一台 DHCP 服务器上还具有 20% 的逻辑子网 IP 地址,所以不会对相应逻辑子网中的 DHCP 客户端获取 IP 地址造成太大影响。

每一个作用域具有以下属性。

(1) 可以租用给 DHCP 客户端的 IP 地址范围;可在其中设置排除选项,设置为排除的 IP 地址将不分配给 DHCP 客户端使用。

(2) 子网掩码用于确定给定 IP 地址的子网,此选项创建作用域后无法修改。

(3) 创建作用域时指定的名称。

(4) 租约期限值,分配给 DHCP 客户端。

(5) DHCP 作用域选项,如 DNS 服务器、路由器 IP 地址和 WINS 服务器地址等。

(6) 保留(可选),用于确保某个确定 MAC 地址的 DHCP 客户端总是能从此 DHCP 服务器获得相同的 IP 地址。

7.5.3　WWW 服务

WWW(World Wide Web)服务,又称为万维网,简称 Web,是 Internet 技术发展中一个重要的里程碑。现在已经成为了 Internet 上最热门的服务之一,它是人们在网上查找和浏览信息的主要手段。WWW 是一种交互式图形界面的 Internet 服务,具有强大的信息连接功能。信息资源以 Web 页的形式存储在 WWW 服务器中,用户通过 WWW 客户端浏览器程序获得图、文、声并茂的 Web 页内容。通过 Web 页中的链接,用户可以方便地访问位于其他 WWW 服务器中的 Web 页,或是其他类型的网络信息资源。如图 7-20 所示。

WWW 服务具有以下几个主要特点。

(1) 以超文本方式组织网络多媒体信息,用户可以访问文本、语音、图形和视频信息。

(2) 用户可以在 Internet 范围内的任意网站之间查询、检索、浏览及发布信息,并实现对各种信息资源透明地访问。

(3) 提供生动、直观、统一的图形用户界面。

1. 基本概念

1) 网页(Web Pages 或 Web Documents)

网页又称"Web 页",它是浏览 WWW 资源的基本单位。每个网页对应磁盘上一个单一的文件,其中可以包括文字、表格、图像、声音、视频等。

一个 WWW 服务器通常被称为"Web 站点"或者"网站"。每个这样的站点中都有众多的 Web 页作为它的资源。

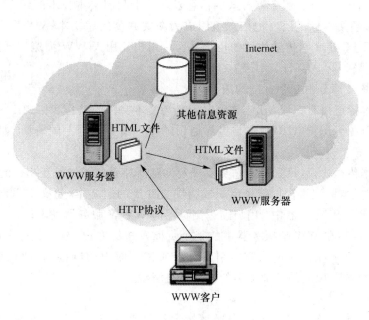

图 7-20 WWW 服务

2）主页（Home Page）

WWW 是通过相关信息的指针链接起来的信息网络，由提供信息服务的 Web 服务器组成。在 Web 系统中，这些服务信息以超文本文档的形式存储在 Web 服务器上。在每个 Web 服务器上都有一个 Home page（主页），它把服务器上的信息分为几大类，通过主页上的链接来指向它们，其他超文本文档称作网页，通常也把它们称作页面或 Web 页。主页反映了服务器所提供的信息内容的层次结构，通过主页上的提示性标题（链接指针），可以转到主页之下的各个层次的其他各个页面，如果用户从主页开始浏览，可以完整地获取这一服务器所提供的全部信息。

3）超文本（Hypertext）

超文本文档不同于普通文档，超文本文档中也可以有大段的文字用来说明问题，除此之外他们最重要的特色是文档之间的链接。互相链接的文档可以在同一个主机上，也可以分布在网络上的不同主机上，超文本就因为有这些链接才具有更好的表达能力。用户在阅读超文本信息时，可以随意跳跃一些章节，阅读下面的内容，也可以从计算机里取出存放在另一个文本文件中的相关内容，甚至可以从网络上的另一台计算机中获取相关的信息。

4）超媒体（Hypermedia）

就信息的呈现形式而言，除文本信息以外，还有语音、图像和视频（或称动态图像）等，这些统称为多媒体。在多媒体的信息浏览中引入超文本的概念，就是超媒体。

5）超级链接（Hyperlink）

在超文本/超媒体页面中，通过指针可以转向其他的 Web 页，而新的 Web 页又指向另一些 Web 页的指针。这样一种没有顺序、没有层次结构，如同蜘蛛网般的链接关系就是超级链接。

2. WWW 的核心

WWW 是基于客户机/服务器方式的信息发现技术和超文本技术的综合。WWW 服务器通过 HTML 超文本标记语言把信息组织成为图文并茂的超文本;WWW 浏览器则为用户提供基于 HTTP 超文本传输协议的用户界面。用户使用 WWW 浏览器通过 Internet 访问远端 WWW 服务器上的 HTML 超文本。

万维网的核心部分由三个标准构成。

(1) 超文本标记语言(HTML),作用是定义超文本文档的结构和格式。

(2) 统一资源标识符(URI),这是世界通用的负责给万维网上的资源(如网页)定位的系统。

(3) 超文本传送协议(HTTP),它负责规定浏览器和服务器如何互相交流。

HTML 超文本标记语言把信息组织成为图文并茂的超文本,超文本以网页 Web page 的形式存储在 WWW 服务器中;用户通过浏览器向 WWW 服务器发出请求,服务器根据客户请求内容,将保存在 WWW 服务器中的某个页面发送给客户;客户通过客户机上的客户程序浏览器 Browser 查看网页内容。用户可以通过页面中的链接,方便地访问位于其他 WWW 服务器中的页面或是其他类型的网络信息资源。

1) HTML

HTML 是一种规范、一种标准,它通过标记符号来标记要显示的网页中的各个部分。网页文件本身是一种文本文件,通过在文本文件中添加标记符,可以告诉浏览器如何显示其中的内容(如文字如何处理、画面如何安排、图片如何显示等)。浏览器按顺序阅读网页文件,然后根据标记符解释和显示其标记的内容,对书写出错的标记将不指出其错误,且不停止其解释执行过程,编制者只能通过显示效果来分析出错原因和出错部位。但需要注意的是,对于不同的浏览器,对同一标记符可能会有完全不同的解释,因而可能会有不同的显示效果。

HTML 之所以称为超文本标记语言,是因为文本中包含了"超级链接"点。所谓超级链接,就是一种 URL 指针,通过激活(点击)它,可使浏览器方便地获取新的网页。这也是 HTML 获得广泛应用的最重要的原因之一。

由此可见,网页的本质就是 HTML,通过结合使用其他的 Web 技术(如脚本语言、CGI、组件等),可以创造出功能强大的网页。因而,HTML 是 Web 编程的基础,也就是说,万维网是建立在超文本基础之上的。

2) URL

统一资源定位符 URL 是对可以从 Internet 上得到的资源的位置和访问方法的一种简洁的表示。URL 给资源的位置提供一种抽象的识别方法,并用这种方法给资源定位。只要能够对资源定位,系统就可以对资源进行各种操作,如存取、更新、替换和查找其属性。URL 相当于一个文件名在网络范围的扩展。因此,URL 是一个与 Internet 相连的机器上的任何可访问对象的指针。URL 由三部分组成:协议类型、主机名、路径及文件名。其结构如下。

协议://主机名:端口/路径及文件名

(1) 协议:是指访问文件所使用的协议类型。URL 可以使用的主要协议类型如表

7-5 所示。

表 7-5 URL 使用的主要协议类型

协议类型	描述
http	通过 http 协议访问 WWW 服务器
ftp	通过 ftp 协议访问 ftp 文件服务器
gopher	通过 gopher 协议访问 gopher 服务器
telnet	通过 telnet 协议进行远程登录
file	在所连的计算机上获取文件

（2）主机名（Host）：指出 WWW 页所在的服务器域名或 IP。

（3）端口（Port）：对某些资源的访问来说，有时（并非总是这样）需为相应的服务器提供端口号。

（4）路径（Path）：指明服务器上某资源的位置（其格式与 DOS 系统中的格式一样，通常由"目录/子目录/文件名"结构组成）。与端口一样，路径并非总是需要的。

例如，http://www.juese.com/PUREdesert/magazine/puredesert_magazine.htm 就是一个典型的 URL 地址。

3）HTTP

HTTP 协议（Hypertext Transfer Protocol，超文本传输协议）是用于从 WWW 服务器传输超文本到本地浏览器的传送协议。它可以使浏览器更加高效，使网络传输减少。它不仅保证计算机正确快速地传输超文本文档，还确定传输文档中的哪一部分，以及哪部分内容首先显示（如文本先于图形）等。HTTP 协议由两部分组成：从浏览器到服务器的请求集和从服务器到浏览器的应答集。HTTP 协议是一种面向对象的协议，为了保证 WWW 客户机与 WWW 服务器之间通信不会产生二义性，HTTP 精确定义了请求报文和响应报文的格式。

（1）请求报文：从 WWW 客户向 WWW 服务器发送请求报文。

（2）响应报文：从 WWW 服务器到 WWW 客户的回答。

HTTP 会话过程包括四个步骤：连接、请求、应答、关闭。如图 7-21 所示。每个万维网站点都有一个服务器进程，它不断地监听 TCP 的 80 端口，以便发现是否有浏览器（即客户进程）向它发出连接建立请求，一旦监听到连接建立请求并建立了 TCP 连接之后，浏览器就向服务器发出浏览某个页面的请求，服务器接着就返回所请求的页面作为响应。最后，TCP 连接被释放。在浏览器和服务器之间的请求和响应的交互，必须按照规定的格式并且遵循一定的规则。这些格式和规则就是超文本传送协议 HTTP。

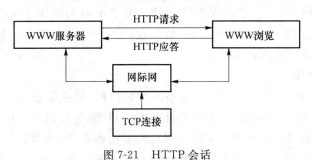

图 7-21 HTTP 会话

3. WWW 的工作模式

WWW 以客户端/服务器(Client/Server)模式进行工作。运行 WWW 服务器程序并提供 WWW 服务的机器被称为 WWW 服务器;在客户端,用户通过浏览器(Browser)的交互式程序来获得 WWW 信息服务。常用到的浏览器有 Mosaic、Netscape 和微软的 IE(Internet Explorer)等。

用户浏览页面的方法有两种:一种方法是在浏览器的地址窗口中键入所要找的页面的 URL;另一种方法是在某一个页面中用鼠标点击一个可选部分,这时浏览器自动在 Internet 上找到所要链接的页面。

对于每个 WWW 服务器站点都有一个服务器监听 TCP 的 80 端口,判断是否有从客户端(通常是浏览器)发送的连接。当客户端的浏览器在其地址栏里输入一个 URL 或者单击 Web 页上的一个超链接时,Web 浏览器就要检查相应的协议以决定是否需要重新打开一个应用程序,同时对域名进行解析以获得相应的 IP 地址。然后,以该 IP 地址并根据相应的应用层协议即 HTTP 所对应的 TCP 端口与服务器建立一个 TCP 连接。连接建立之后,客户端的浏览器使用 HTTP 协议中的"GET"功能向 WWW 服务器发出指定的 WWW 页面请求,服务器收到该请求后将根据客户端所要求的路径和文件名使用 HTTP 协议中的"PUT"功能将相应 HTML 文档回送到客户端,如果客户端没有指明相应的文件名,则由服务器返回一个缺省的 HTML 页面。页面传送完毕则中止相应的会话连接。

7.5.4　FTP 服务

1. FTP 协议

FTP 是 File Transfer Protocol(文件传输协议)的缩写,用来在两台计算机之间互相传送文件。相比于 HTTP,FTP 协议要复杂得多。这是因为 FTP 协议要用到两个 TCP 连接,一个是命令链路,用来在 FTP 客户端与服务器之间传递命令;另一个是数据链路,用来上传或下载数据。

简单地说,支持 FTP 协议的服务器就是 FTP 服务器。

一般来说,用户联网的首要目的就是实现信息共享,文件传输是信息共享非常重要的一个内容。早期 Internet 实现传输文件,并不是一件容易的事。Internet 是一个非常复杂的计算机环境,有 PC、工作站、MAC、大型机,据统计,连接在 Internet 上的计算机已有上千万台,而这些计算机可能运行不同的操作系统,有运行 Unix 的服务器,也有运行 Dos、Windows 的 PC 机和运行 Mac OS 的苹果机等,而各种操作系统之间的文件交流问题,需要建立一个统一的文件传输协议,这就是所谓的 FTP。基于不同的操作系统有不同的 FTP 应用程序,而所有这些应用程序都遵守同一种协议,这样用户就可以把自己的文件传送给别人,或者从其他的用户环境中获得文件。

2. FTP 工作过程

与大多数 Internet 服务一样,FTP 也是一个客户机/服务器系统。用户利用一个支持 FTP 协议的客户机程序,连接到在远程主机上的 FTP 服务器程序。用户通过客户机程序向服务器程序发出命令,服务器程序执行用户所发出的命令,并将执行的结果返回到客户机。例如,用户发出一条命令,要求服务器向用户传送某一个文件的一份拷贝,服务器会响应这条命令,将指定文件送至用户的机器上。客户机程序代表用户接收到这个文件,将其存放在用户目录中。

在 FTP 的使用当中,用户经常遇到两个概念:"下载(Download)"和"上载(Upload)"。"下载"文件就是从远程主机拷贝文件至自己的计算机上;"上载"文件就是将文件从自己的计算机中拷贝至远程主机上。用 Internet 语言来说,用户可通过客户机程序向(从)远程主机上载(下载)文件。

使用 FTP 时首先必须登录,在远程主机上获得相应的权限以后,方可上载或下载文件。也就是说,要想同哪一台计算机传送文件,就必须具有哪一台计算机的适当授权。换言之,除非有用户 ID 和口令,否则便无法传送文件。这种情况违背了 Internet 的开放性,Internet上的 FTP 主机何止千万,不可能要求每个用户在每一台主机上都拥有账号。匿名 FTP 就是为解决这个问题而产生的。

3. 匿名 FTP

匿名 FTP 是这样一种机制,用户可通过它连接到远程主机上,并从其下载文件,而无需成为其注册用户。系统管理员建立了一个特殊的用户 ID,名为 anonymous, Internet 上的任何人在任何地方都可使用该用户 ID。通过 FTP 程序连接匿名 FTP 主机的方式同连接普通 FTP 主机的方式差不多,只是在要求提供用户标识 ID 时必须输入 anonymous,该用户 ID 的口令可以是任意的字符串。习惯上,用自己的 E-mail 地址作为口令,使系统维护程序能够记录下来谁在存取这些文件。值得注意的是,匿名 FTP 不适用于所有 Internet 主机,它只适用于那些提供了这项服务的主机。

当远程主机提供匿名 FTP 服务时,会指定某些目录向公众开放,允许匿名存取。系统中的其余目录则处于隐匿状态。作为一种安全措施,大多数匿名 FTP 主机都允许用户从其下载文件,而不允许用户向其上载文件,也就是说,用户可将匿名 FTP 主机上的所有文件全部拷贝到自己的机器上,但不能将自己机器上的任何一个文件拷贝至匿名 FTP 主机上。即使有些匿名 FTP 主机确实允许用户上载文件,用户也只能将文件上载至某一指定上载目录中。随后,系统管理员会去检查这些文件,会将这些文件移至另一个公共下载目录中,供其他用户下载。利用这种方式,远程主机的用户得到了保护,避免了有人上载有问题的文件,如带病毒的文件。

作为一个 Internet 用户,可通过 FTP 在任何两台 Internet 主机之间拷贝文件。但是,实际上大多数人只有一个 Internet 账户,FTP 主要用于下载公共文件,如共享软件、各公司技术支持文件等。Internet 上有上千万台匿名 FTP 主机,这些主机上存放着数不清的文件,供用户免费拷贝。实际上,几乎所有类型的信息,所有类型的计算机程序都可以在 Internet上找到。这是 Internet 吸引我们的重要原因之一。

匿名 FTP 使用户有机会存取到世界上最大的信息库,这个信息库是日积月累起来的,并且还在不断增长,永不关闭,几乎涉及所有主题,而且这一切是免费的。匿名 FTP 是 Internet 网上发布软件的常用方法。Internet 之所以能延续到今天,是因为人们通过标准协议提供标准服务的程序。有许多这样的程序就是通过匿名 FTP 发布的,任何人都可以存取它们。

4. FTP 传输方式

FTP 的传输有两种方式:ASCII 传输方式和二进制数据传输方式。

ASCII 传输方式:假定用户正在拷贝的文件包含简单 ASCII 码文本,如果在远程机器上运行的不是 UNIX,当文件传输时 FTP 通常会自动地调整文件的内容以便于把文件解释成该计算机存储文本文件的格式。

但是常常有这样的情况,用户正在传输的文件包含的不是文本文件,可能是程序、数据库、字处理文件或压缩文件(尽管字处理文件包含的大部分是文本,其中也包含有指示页尺寸、字库等信息的非打印字符)。在拷贝任何非文本文件之前,用 binary 命令告诉 FTP 逐字拷贝,不要对这些文件进行处理,这也就是下面要讲的二进制传输。

二进制传输模式:在二进制传输中,保存文件的位序,以便原始和拷贝的是逐位一一对应的。即使目的地机器上包含位序列的文件是没意义的。例如,macintosh 以二进制方式传送可执行文件到 Windows 系统,在对方系统上,此文件不能执行。

如果在 ASCII 传输方式下传输二进制文件,即使不需要也仍会转译。这会使传输速度变慢,也会损坏数据,使文件不能使用。在大多数计算机上,ASCII 方式一般假设每一字符的第一有效位无意义,因为 ASCII 字符组合不使用它。如果你传输二进制文件,所有的位都是重要的。如果两台机器是相同的,则二进制方式对文本文件和数据文件都是有效的。

5. FTP 的工作方式

FTP 支持两种模式,一种模式是 Standard (也就是 Port 方式,主动方式),另一种是 Passive (也就是 Pasv,被动方式)。Standard 模式下 FTP 的客户端发送 Port 命令到 FTP 服务器。Passive 模式下 FTP 的客户端发送 Pasv 命令到 FTP 服务器。

下面是两种方式的工作原理。

Port 模式:FTP 客户端首先和 FTP 服务器的 TCP 21 端口建立连接,通过这个通道发送命令,客户端需要接收数据的时候在这个通道上发送 Port 命令。Port 命令包含了客户端用什么端口接收数据。在传送数据的时候,服务器端通过自己的 TCP 20 端口连接至客户端的指定端口发送数据。FTP Server 必须和客户端建立一个新的连接用来传送数据。

Passive 模式:Passive 模式在建立控制通道的时候和 Standard 模式类似,但建立连接后发送的不是 Port 命令,而是 Pasv 命令。FTP 服务器收到 Pasv 命令后,随机打开一个高端端口(端口号大于 1024)并且通知客户端在这个端口上传送数据的请求,客户端连接 FTP 服务器此端口,然后 FTP 服务器将通过这个端口进行数据传送,这时 FTP Server 不再需要建立一个新的和客户端之间的连接。

很多防火墙在设置时是不允许接受外部发起的连接的,所以许多位于防火墙后或内网的 FTP 服务器不支持 Pasv 模式,因为客户端无法穿过防火墙打开 FTP 服务器的高端端口;而许多内网的客户端不能用 Port 模式登录 FTP 服务器,因为从服务器的 TCP 20 无法和内部网络的客户端建立一个新的连接,造成无法工作。

6. FTP 口令设置

由于 FTP 服务器常被用来做文件上传与下载的工具,所以其安全的重要性就不同一般。若其被不法攻击者攻破的话,FTP 服务器上的文件可能被破坏或者窃取,更重要的是,若这些文件携带病毒、木马,则会给全部的 FTP 用户带来潜在的威胁。因此,保护 FTP 服务器的安全是至关重要的。

而要保护 FTP 服务器,就要从保护其口令的安全做起。下面是常见的 FTP 服务器口令安全策略,提高了 FTP 服务器的安全性。

　　1）策略一：口令的期限

　　FTP 服务器不仅会给员工用，有时还会临时提供一个账号给外部的合作伙伴使用。例如，销售部门经常会因为一些文件比较大，无法通过电子邮件发送，需要通过 FTP 服务器把文件传递给客户。所以在客户或者供应商需要一些大文件的时候，需要给他们一个 FTP 服务器的临时账号与密码。

　　现在的做法是，在 FTP 服务器设置一个账号，但是其口令只是当天有效，第二天就自动失效。这样的话，当客户或者供应商需要使用 FTP 服务器时，只需要更改一些密码即可。而不需要每次使用的时候，去创建一个用户，用完后再把它删除。同时，也可以避免因为没有及时注销临时账户而给服务器带来安全上的隐患，而口令会自动失效。

　　大多数 FTP 服务器，如微软操作系统自带的 FTP 服务器软件，都具有口令期限管理的功能。一般来说，对于临时的账户，可以同账户与口令的期限一起管理，提高临时账户的安全性。而对于内部用户来说，也可以通过期限管理来督促员工提高密码更改的频率。

　　2）策略二：口令必须符合复杂性规则

　　现在有不少银行，为了用户账户的安全，进行了一些密码的复杂性认证。诸如 888 888 等形式的密码，已经不再被接受。从密码学上来说，这种形式的密码是非常危险的。因为它们可以通过一些密码破解工具，如密码电子字典等，很容易被破解。

　　为了提高口令本身的安全性，最简单的就是提高密码的复杂程度。在 FTP 服务器中，可以通过口令复杂性规则，强制用户采用一些安全级别比较高的口令。具体来说，可以进行如下的复杂性规则设定。

　　（1）不能以纯数字或者纯字符作为密码。若黑客想破解一个 FTP 服务器的账号，其所用的时间直接跟密码的组成相关。例如，现在有一个八位数字的密码，一个是纯数字组成的，另外一个是数字与字符的结合，分别为 82372182 与 32dwl98s。这两个密码看起来差不多，可是对于密码破解工具来说就相差很大。前面纯数字的密码，通过一些先进的密码破解工具，可能只需要 24 个小时就可以破解。而后面字母与数字结合的密码，其破解就需要 2400 个小时，甚至更多。其破解难度比第一种增加了 100 倍。

　　可见，字符与数字结合的口令，其安全程度是相当高的。为此，可以在 FTP 服务器上进行设置，让其不接受纯数字或者纯字符的口令设置。

　　（2）口令不能与用户名相同。其实，很多时候服务器被攻破都是因为管理不当所造成的。而用户名与口令相同则是 FTP 服务器最不安全的因素之一。

　　很多用户，包括网络管理员，为了容易记忆与管理，喜欢把密码跟用户名设置为一样。这虽然方便了使用，但是，很明显这是一个非常不安全的操作。根据密码攻击字典的设计思路，其首先会检查 FTP 服务器其账户的密码是否为空；若不为空，则其会尝试利用用户名相同的口令来进行破解。若以上两个再不行的话，则其再尝试其他可能的密码构成。

　　所以，在黑客眼中，若口令跟用户名相同，则相当于没有设置口令。为此，在 FTP 服务器的口令安全策略中，也要禁止口令与密码一致，强制实现。

　　（3）密码长度的要求。虽然说口令的安全跟密码的长度不成正比，但是，一般来说，口令长总比短好。如随机密码来说，破解 7 位的口令要比破解 5 位的口令难度增加几十倍，虽然说其口令长度只是增加了两位。所以在 FTP 服务器的口令策略中，强制用户的口令必须达到六位。若用户设置的口令低于六位的话，则服务器会拒绝用户密码更改的申请。

习 题 七

一、填空题

1. DHCP 网络主要由 ＿＿＿＿＿＿＿＿ 、＿＿＿＿＿＿＿＿ 和 ＿＿＿＿＿＿＿＿ 三种角色组成。

2. FTP 的传输有两种方式：＿＿＿＿＿＿＿ 和 ＿＿＿＿＿＿＿＿。

3. 在 Linux 系统中所有内容都被表示为文件,组织文件的各种方法称为 ＿＿＿＿＿＿＿。

4. HTTP 协议的默认端口号是 ＿＿＿＿＿＿＿＿＿＿＿。

5. WWW 采用的是 ＿＿＿＿＿＿＿＿＿＿＿ 结构。

6. Linux 超级权限用户 root 的目录文件是 ＿＿＿＿＿＿＿＿＿＿＿。

7. 操作系统是提供人与计算机交互使用的平台,具有进程管理、＿＿＿＿＿＿＿、设备管理、＿＿＿＿＿＿＿ 和 ＿＿＿＿＿＿＿ 五大基本功能。

8. 文件传输协议简写为 ＿＿＿＿＿＿＿＿＿＿＿。

9. 主要的存储技术有 ＿＿＿＿＿＿＿＿＿＿＿＿＿＿＿＿＿＿。

二、选择题

1. 以下( )项不能在 TCP/IP 属性中设置。

A. 默认网关的地址 　　　　　　　　 B. DNS 服务器的地址

C. DHCP 服务器的地址 　　　　　　 D. WINS 服务器的地址

2. FTP 服务默认设置两个端口,其中( )端口用于监听 FTP 客户机的连接请求,在整个会话期间,该端口一直被打开。

A. 20 　　　　　　 B. 21 　　　　　　 C. 25 　　　　　　 D. 80

3. DHCP 配置首先必须配置( )。

A. DNS 　　　　　 B. 作用域 　　　　 C. Web 　　　　　 D. 属性

3. 以下属于网络操作系统的工作模式是( )。

A. TCP/IP 　　　 B. ISO/OSI 模型 　 C. Client/Server 　 D. 对等实体模式

4. 要实现动态 IP 地址分配,网络中至少要求有一台计算机的网络操作系统中安装( )。

A. DNS 服务器 　 B. DHCP 服务器 　 C. IIS 服务器 　　 D. PDC 主域控制器

5. 下列有关域名的说法不正确的是( )。

A. 域名不能用 IP 地址来代替

B. 域名的结构为:主机名…第二级域名.第一级域名

C. 域名和 IP 地址都是用来表示主机地址的

D. 从域名到 IP 地址的转换由域名服务器来完成

6. 以下说法正确的是( )。

A. DNS 域名解析的方法主要有:递归查询法、迭代查询法和正向查询法

B. 正向域名解析包括递归查询和迭代查询

C. 反向查询法是指从域名来查找 IP 地址

D. 使用递归查询法的 DNS 服务器的工作量小

7. 关于 Internet 中的 WWW 服务，以下说法错误的是（　　　）。

A. WWW 服务器中存储的通常是符合 HTML 规范的结构化文档

B. WWW 服务器必须具有创建和编辑 Web 页面的功能

C. WWW 客户端程序也被称为 WWW 浏览器

D. WWW 服务器也被称为 Web 站点

8. Linux 网络操作系统中，包含了主机名到 IP 地址的映射关系的文件是（　　　）。

A. /etc/hostname   B. /etc/hosts

C. /etc/resolv. conf   D. /etc/networks

7. 如果没有特殊声明，匿名 FTP 服务登录账号为（　　　）。

A. user   B. anonymous

C. guest   D. 用户自己的电子邮件地址

8. 下面的操作系统中，不属于网络操作系统的是（　　　）。

A. Windows Server 2003   B. UNIX

C. Windows NT   D. DOS

9. 网络操作系统是一种（　　　）。

A. 系统软件   B. 系统硬件   C. 应用软件   D. 支援软件

10. 万维网的通信协议是（　　　）。

A. HTTP   B. FTP   C. WWW   D. TCP/IP

11. 清华大学计算机科学系的一台主机域名为 www. c. tingu. edu. cn，其中 www 是（　　　）。

A. 主机名   B. 机构名   C. 网络名   D. 地区域或行业名

三、简答题

1. 网络操作系统除具有通用操作系统功能外，还应具有哪些主要功能？

2. 简述客户机/服务器（Client/Server）计算模式的工作过程。

3. 设置 FTP 的密码有什么策略？

4. 网络操作系统选择原则。

5. 简单介绍 RAID 技术的各种级别。

第8章 局域网安全与管理

8.1 网络安全概述

随着计算机网络的不断发展,网络应用已渗透到现代社会生活的各个方面,一个网络化社会已经展现在人们面前。在网络给人们带来巨大的便利的同时,也带来了一些不容忽视的问题,网络安全就是其中之一,提高对网络安全重要性的认识,增强防范意识,强化防范措施,不仅是个人和组织要面临的问题,也是保证信息产业持续稳定发展的重要保证和前提条件。

8.1.1 网络安全概念

计算机网络安全(Computer Network Security),简称网络安全,泛指网络系统的硬件、软件及其应用中的数据受到保护,不受偶然的或者恶意的原因而遭到破坏、更改、泄露,系统连续、可靠、正常地运行,网络服务不中断。广义上讲,凡是涉及网络信息的保密性、完整性、可用性、真实性和可控性的相关技术和知识都是网络安全的研究范围。

ITU-TX.800 标准将"网络安全"在逻辑上分别定义,把网络安全分为安全攻击、安全机制和安全服务几个逻辑部分。安全攻击是指损害网络信息的任何安全行为;安全机制是指用于检测、预防安全攻击或者回复系统的机制;安全服务是指采用安全机制抵御安全攻击,提高网络数据处理系统安全和信息传输安全。

网络安全通常包含网络上的系统安全和信息安全两方面内容,系统安全主要指网络中的服务器,路由器、交换机、防火墙等硬件系统和其操作系统及应用系统的安全;而信息安全主要指网络中各种信息在存储和传输上的安全。

网络安全涉及的内容既有网络技术方面的原因,又有人为管理的问题,是一门涉及计算机科学、网络技术、通信技术、密码技术、信息安全技术、应用数学、数论、信息论等多种学科的综合性学科。

总体来说,网络安全大致体现在以下 4 个方面。

(1) 网络实体安全:主要指网络物理方面的安全,如网络机房的物理环境及设施安全,网络传输线路的安全和配置等方面的安全。

(2) 软件安全:主要指网络系统中通信软件和系统软件的安全。

(3) 数据安全:指网络上用户的数据不被非法篡改、截取,数据保持完整。

(4) 网络安全管理:指网络在运行过程中保持稳定,保证网络运行过程中及时发现和处理突发事件的安全措施等。

8.1.2　网络安全技术特征

网络安全一般包括五个基本技术特征。

（1）机密性（Confidentiality）指确保网络中的信息不暴露给未授权的实体或进程以及非授权的用户。

（2）完整性（Integrity）指信息在保存时或在传输过程中要确保不被修改、破坏或丢失，保持数据的原样，确保只有得到授权的用户才能修改信息。

（3）可用性（Availability）确保授权实体或用户按需访问数据，按需得到网络服务。

（4）真实性（Authenticity）也称可认证性，确保可以根据自己内部的安全策略对信息流向及行为方式进行授权，内部资源是可控制访问的。

（5）不可否认性（Non-repudiation）也称为可审计性（Auditability），指在网络信息交互时，任何实体或用户都不能否认自己参与过的操作和承诺，为防止其抵赖，可以通过证据来证明其行为。

最近，美国计算机安全专家又提出了一种新的安全框架，包括机密性（Confidentiality）、完整性（Integrity）、可用性（Availability）、真实性（Authenticity）、实用性（Utility）和占有性（Possession），即在原来的基础上增加了实用性、占有性，认为这样才能涵盖安全问题。网络信息的实用性是指信息加密密钥不可丢失（不是泄密），丢失了密钥的信息也就丢失了信息的实用性。网络信息的占有性是指存储信息的结点、磁盘等信息载体被盗用，导致对信息的占用权的丧失。保护信息占有性的方法有使用版权、专利和商业秘密性，提供物理和逻辑的存取限制方法；维护和检查有关盗窃文件的审计记录、使用标签等。

8.1.3　网络安全防范体系

解决网络安全问题需要从技术、管理、法制等不同方面着手。通过建立一些系统的方法进行网络安全防范，从技术方面说，建立有层次的网络安全防范体系是防护网络安全的有力措施。根据网络的状况和结构，一般将网络的防范框架分为立体的 3 个层面，如图 8-1 所示。

第一维是安全服务，给出了 8 种安全属性（ITU-TREC-X. 800-199103-I）。第二维是系统单元，给出了信息网络系统的组成。第三维是协议层次，给出并扩展了国际标准化组织 ISO 的开放系统互联（OSI）模型。

框架结构中的每一个系统单元都对应于某一个协议层次，需要采取若干种安全服务才能保证该系统单元的安全。网络平台需要有网络结点之间的认证、访问控制，应用平台需要有针对用户的认证、访问控制，需要保证数据传输的完整性、保密性，需要有抗抵赖和审计的功能，需要保证应用系统的可用性和可靠性。针对一个信息网络系统，如果在各个系统单元都有相应的安全措施满足其安全需求，则认为该信息网络是安全的。

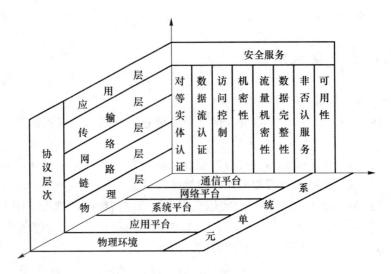

图 8-1　安全防范技术体系框架结构

8.1.4　网络安全防范体系层次

一个全面整体的网络安全防范体系是分层次的,不同的层次反映网络安全的不同方面的问题,根据当今网络的应用状态和网络结构,将网络安全防范体系分为物理安全、系统层安全、网络层安全、应用层安全和安全管理几个层次。

1. 物理层安全

该层次的安全包括通信线路的安全、物理设备的安全、机房的安全等。物理层的安全主要体现在通信线路的可靠性(线路备份、网管软件、传输介质),软硬件设备(替换设备、拆卸设备、增加设备)的安全性,设备的备份,防灾害能力、防干扰能力,设备的运行环境(温度、湿度、烟尘)以及不间断电源保障等。

2. 系统层安全

该层次的安全问题来自网络内使用的操作系统的安全,如 Windows NT,Windows 2000 等。主要表现在三个方面,一是操作系统本身的缺陷带来的不安全因素,主要包括身份认证、访问控制、系统漏洞等。二是操作系统的安全配置问题。三是病毒对操作系统的威胁。

3. 网络层安全

该层次的安全问题主要体现在网络方面的安全性,包括网络层身份认证,网络资源的访问控制,数据传输的保密与完整性,远程接入的安全,域名系统的安全,路由系统的安全,入侵检测的手段以及网络设施防病毒等。

4. 应用层安全

该层次的安全问题主要是提供服务所采用的应用软件和数据的安全性产生,包括 Web 服务、电子邮件系统、DNS 等。此外,还包括病毒对系统的威胁。

5. 管理层安全

安全管理包括安全技术和设备的管理、安全管理制度、部门与人员的组织规则等。管理的制度化在很大程度上影响着整个网络的安全,严格的安全管理制度、明确的部门安全职责划分、合理的人员角色配置都可以在很大程度上降低其他层次的安全漏洞。

8.2　网络安全技术与产品

为保证网络的安全,首先要有灵活多变的安全策略与多样化技术,如果只采用一种统一的技术和策略,本身就不安全;其次,网络的安全机制与技术要不断地变化,随着网络在社会各方面的延伸,进入网络的手段也越来越多,网络安全机制和技术也应不断变化升级;再次,要重视网络安全产品的自身安全防护技术,一个自身不安全的设备不仅不能保护被保护的网络,而且一旦被入侵,反而变为入侵者进一步入侵的平台。

网络安全技术主要是解决如何对网络的使用进行安全控制的问题,保证数据安全的技术手段。主要有身份认证技术、加密技术、访问控制技术、防病毒技术、防火墙技术、漏洞扫描技术、入侵检测技术以及审计技术。

8.2.1　认证技术

用来验证实体或用户的身份或者用户进入网络时是否是系统允许的,实体或用户身份是否合法真实和唯一。认证技术一般可以分为三个层次:安全管理协议、认证体制和密码体制。安全管理协议的主要任务是在安全体制的支持下,建立、强化和实施整个网络系统的安全策略;认证体制是在安全管理协议的控制和密码体制的支持下,完成各种认证功能;密码体制是认证技术的基础,它为认证体制提供数学方法支持。

典型的认证体制有 Kerberos 体制、X.509 体制和 Light Kryptonight 体制。

一个安全的认证体制至少应该满足以下要求。

(1) 接收者能够检验和证实消息的合法性、真实性和完整性。

(2) 消息的发送者对所发的消息不能抵赖,有时也要求消息的接收者不能否认收到的消息。

(3) 除了合法的消息发送者外,其他人不能伪造发送消息。

发送者通过一个公开的无扰信道将消息送给接收者。接收者不仅得到消息本身,而且还要验证消息是否来自合法的发送者及消息是否经过篡改。攻击者不仅要截收和分析信道中传送的密报,而且可能伪造密文发送给接收者进行欺诈等主动攻击。

认证的目的一般有三种:一是消息完整性认证,即验证信息在传送或存储过程中是否被篡改;二是身份认证,即验证消息的收发者是否持有正确的身份认证码,如口令或密钥等;三是消息的序号和操作时间(时间性)等认证,其目的是防止消息重放或延迟等攻击。认证技术是防止不法分子对信息系统进行主动攻击的一种重要技术。

1. 身份认证

身份认证,又称身份鉴别,是指被认证方在没有泄露自己身份信息的前提下,能够以电子的方式证明自己的身份,其本质就是被认证方拥有一些秘密信息,除被认证方自己外,任何第三方(某些需认证权威的方案中认证权威除外)无法伪造,被认证方能够使认证方相信他确实拥有那些秘密,则他的身份就得到了认证。这里要做到:在被认证方向认证方证明自己的身份的过程中,网络监听者(sniffer)当时或以后无法冒充被认证方;认证方以后也不能冒充。

身份认证的目的是验证信息收发方是否持有合法的身份认证符(口令、密钥和实物证件等)。从认证机制上讲,身份认证技术可分为两类:一类是专门进行身份认证的直接身份认证技术;另一类是在消息签名和加密认证过程中,通过检验收发方是否持有合法的密钥进行的认证,称为间接身份认证技术。

在用户接入(或登录)系统时,直接身份认证技术要首先验证其是否持有合法的身份证(口令或实物证件等)。如果他有合法的身份证,就允许他接入系统中,进行允许的收发等操作;否则拒绝他接入系统中。通信和数据系统的安全性常常取决于能否正确识别通信用户或终端的个人身份。例如,银行的自动取款机(ATM)可将现款发放给经它正确识别的账号持卡人。对计算机的访问和使用及安全地区的出入放行等都是以准确的身份认证为基础的。

基于口令的身份认证方式是最广泛的一种身份认证方式,即大家熟悉的"用户名+口令"方式,口令(也称密码)一般为数字、字母、特殊字符等组成的字符串。口令识别的方法是被认证者先输入他的口令,然后被访问系统确定它的正确性。被认证者和系统都知道这个秘密的口令,每次登录时,系统都要求输入口令,这样就要求系统存储口令,一旦口令文件暴露,攻击者就有机可乘。为此,人们采用单向函数来克服这个缺陷,此时系统存储口令的单向函数值而不是存储口令,其认证过程如下。

(1) 被认证者将他的口令输入系统。

(2) 系统完成口令的单向函数值计算。

(3) 系统把单向函数值与机器存储的值比较。

由于系统不再存储每个人的有效口令表,即使攻击者侵入系统也无法从口令的单向函数值表中获得口令。当然,这种保护也不能抵抗字典式的攻击。

持证方式是一种实物认证方式。持证是一种个人持有物,它的作用类似于钥匙,用于启动电子设备。使用较多的是一种嵌有磁条的塑料卡,磁条上记录用于机器识别的个人识别号(PIN)。这类卡易于伪造,所以产生了一种被称作"智能卡"(Smartcard)的集成电路卡来代替普通的磁卡。智能卡已经成为目前身份认证的一种更有效、更安全的方法。

智能卡仅为身份认证提供一个硬件基础,要想得到安全的识别,还需要与安全协议配套使用。

2. 身份认证协议

目前的认证协议大多数为询问—应答式协议,它们的基本工作过程是认证者提出问题(通常是随机选择一些数,称作口令),由被认证者回答,然后认证者验证其身份的真实性。询问—应答式协议可分为两类:一类是基于私钥密码体制的,在这类协议中,认证者知道被认证者的秘密;另一类是基于公钥密码体制的,在这类协议中,认证者不知道被认证者的秘密,因此又称为零知识身份认证协议。

3. 数字证书

认证体制中通常存在一个可信中心或可信第三方(如认证机构 CA,即证书授权中心),用于仲裁、颁发证书或管理某些机密信息。通过数字证书实现公钥的分配和身份的认证。

数字证书是标志通信各方身份的数据，是一种安全分发公钥的方式。CA 负责密钥的发放、注销及验证，所以 CA 也称密钥管理中心。CA 为每个申请公开密钥的用户发放一个证书，证明该用户拥有证书中列出的公钥。CA 的数字签名保证不能伪造和篡改该证书，因此，数字证书既能分配公钥，又实现了身份认证。

8.2.2 访问控制

访问控制是为了网络资源不被非法使用和访问，对访问用户或实体的访问进行控制，是网络安全防范和保护的主要策略。访问控制主要包括用户对信息资源的读、写、删、改、拷贝、执行等操作。

访问控制的目的是为了限制访问主体对访问客体的访问权限，从而使系统在合法范围内使用。它决定用户能做什么。其中主体可以是某个用户，也可以是用户启动的进程和服务。为达到此目的，访问控制需要完成以下两个任务。

(1) 识别和确认访问系统的用户。

(2) 决定该用户可以对某一系统资源进行何种类型的访问。

访问控制需要有合理的访问控制策略配合使用，访问控制策略是访问主体对访问客体操作行为的约束规则的集合，是主体对客体的一种授权和制约。

1. 访问控制分类

访问控制一般可以划分为自主访问控制、强制访问控制和基于角色的访问控制。

自主访问控制(DAC)，又称为随意访问控制，根据用户的身份及允许访问权限决定其访问操作，只要用户身份被确认后，即可根据访问控制表上赋予该用户的权限进行限制性用户访问。使用这种控制方法，用户或应用可任意在系统中规定谁可以访问它们的资源，这样，用户或用户进程就可以有选择地与其他用户共享资源。它是一种对单独用户执行访问控制的过程和措施。

由于 DAC 对用户提供灵活和易行的数据访问方式，能够适用于许多的系统环境，所以 DAC 被大量采用，尤其在商业和工业环境的应用上。然而，DAC 提供的安全保护容易被非法用户绕过而获得访问。例如，某用户 A 有权访问文件 F，而用户 B 无权访问 F，则一旦 A 获取 F 后再传送给 B，则 B 也可访问 F，其原因是在自由访问策略中，用户在获得文件的访问后，并没有限制对该文件信息的操作，即并没有控制数据信息的分发。因此 DAC 提供的安全性还相对较低，不能够对系统资源提供充分的保护，不能抵御特洛伊木马的攻击。

与 DAC 相比，强制访问控制(MAC)提供的访问控制机制无法绕过。在强制访问控制中，每个用户及文件都被赋予一定的安全级别，用户不能改变自身或任何客体的安全级别，即不允许单个用户确定访问权限，只有系统管理员可以确定用户和组的访问权限。系统通过比较用户和访问的文件的安全级别决定用户是否可以访问该文件。此外，强制访问控制不允许一个进程生成共享文件，从而防止进程通过共享文件将信息从一个进程传到另一进程。MAC 可通过使用敏感标签对所有用户和资源强制执行安全策略，即实行强制访问控制。安全级别一般有四个级别：绝密级(Top Secret)，秘密级(Secret)，机密级(Confidential)和反无级别级(Unclas sified)，其中 T＞S＞C＞U。

角色访问控制(RBAC)策略是根据用户在系统里表现的活动性质而定的，活动性质表明用户充当一定的角色,用户访问系统时,系统必须先检查用户的角色。一个用户可以充当多个角色,一个角色也可以由多个用户担任。角色访问策略具有以下优点。

(1) 便于授权管理,如系统管理员需要修改系统设置等内容时,必须有几个不同角色的用户到场方能操作,从而保证了安全性;

(2) 便于根据工作需要分级,如企业财务部门与非财务部门的员工对企业财务的访问权就可由财务人员这个角色来区分;

(3) 便于赋予最小特权,即使用户被赋予高级身份时也未必一定要使用,以便减少损失。只有必要时方能拥有特权;

(4) 便于任务分担,不同的角色完成不同的任务;

(5) 便于文件分级管理,文件本身也可分为不同的角色,如信件、账单等,由不同角色的用户拥有。

角色访问策略是一种有效而灵活的安全措施。通过定义模型各个部分,可以实现 DAC 和 MAC 所要求的控制策略,目前这个方面的研究及应用还处在实验探索阶段。

2. 访问控制机制

访问控制机制是指为检测和防止系统中的未经授权访问,对资源予以保护所采取的软硬件措施和一系列管理措施等。访问控制一般是在操作系统的控制下,按照事先确定的规则决定是否允许主体访问客体,它贯穿于系统工作的全过程,是在文件系统中广泛应用的安全防护方法。其中访问控制表是一种应用广泛的技术。

访问控制表(Access Control Lists,ACLs)是以文件为中心建立访问权限表,利用访问控制表,对于特定客体的授权访问能够很容易地判断出哪些主体可以访问并且有哪些访问权限。同样也很容易撤销特定客体的授权访问,只要把该客体的访问控制表置为空。

访问控制表简单实用,虽然在查询特定主体能够访问的客体时,需要遍历查询所有客体的访问控制表,但它仍然是一种成熟且有效的访问控制实现方法,许多通用的系统使用访问控制表来提供访问控制服务。例如 Unix 和 VMS 系统利用访问控制表的简略方式,允许以少量工作组的形式访问控制表,而不允许单个的个体出现,这样可以使访问控制表很小而能够用几位就可以同文件存储在一起。另一种复杂的访问控制表应用是利用一些访问控制包,通过它制定复杂的访问规则,限制何时和如何进行访问,而且这些规则根据用户名和其他用户属性的定义进行单个用户的匹配应用。例如,网络安全产品的防火墙、路由器等设备都提供强大的安全访问控制策略功能。

8.2.3 加密技术

数据加密的基本思想是通过改变信息的表示形式来伪装需要保护的信息,使非授权者不能了解被保护信息的内容。明文是需要被伪装的信息;加密即伪装的过程;密文是最终产生的结果;密码算法就是在加密时使用的信息变换规则;加密者是对明文加密的人,接收者是接收明文的人;而破译者则是利用各种手段劫取信息的人。

加密技术是把需要存储或传输的信息(明文)经过加密技术进行各种变换和处理从而成为密文的过程。加密是数据安全的重要手段,经过加密的信息内容,即使被非法访问或窃取,也很难知道其中真实的内容。

目前国际上最流行的加密技术有两种：一种是分组密码；另一种是公钥密码。

1. 分组密码技术

又称对称加密技术，是指使用相同的秘密密钥来加密和解密信息，如图 8-2 所示。在这个示例中，发送方首先用秘密密钥加密信息，然后把加密后的信息发送给指定的接收方。而指定的接收方用相同的秘密密钥解密信息。对称加密有三个局限性：第一，双方必须找到一个安全的方法来交换秘密密钥方可安全地进行通信。第二，双方在交易时使用相同的密钥加密和解密信息，所以一方无法判断信息是从哪一方设立的。这使得第三方在捕获到了密钥之后，佯装成两位授权方中的一方设立信息。第三，为了确保通信的保密性，发送方需要给每一位接收方设立不同的密钥。因此，在一个大组织中要进行安全的计算，就需要为每一个用户提供密钥，并存储这些密钥数据。

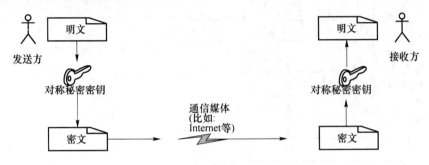

图 8-2　对称密钥加密和解密过程

DES 是目前研究最深入、应用最广泛的一种分组加密算法。已有长达 20 年的历史。DES 的研究丰富了设计和分析分组密码的理论、技术和方法。针对 DES，人们研制了各种各样的分析分组密码的方法，比如差分分析方法和线性分析方法，这些方法对 DES 的安全性有一定的威胁，但没有真正对 16 轮 D E S 的安全性构成威胁。自从 DES 公布之日起，人们就认为 DES 的密钥长度太短（只有 56 bit），不能抵抗最基本的攻击方法——穷搜索攻击。

DES 是一个分组加密算法，它以 64 位分组，对数据加密。64 位一组的明文从算法的一端输入，64 位的密文从算法的另一端输出。DES 是一个对称算法：解密和加密用的是同一算法（除密钥编排不同以外）。密钥的长度为 56 位（密钥通常表示为 64 位的数，但每个第 8 位都用作奇偶校验位，可以忽略）。密钥可以是任意的 56 位数，且可在任意的时候改变。其中极少量的数被认为是弱密钥，但能容易地避开它们。所有的保密性依赖于密钥。DES 的算法流程如图 8-3 所示。

DES 对 64 位的明文分组进行操作。通过一个初始置换，将明文分组成左半部分和右半部分，各 32 位长。然后进行 16 轮完全相同的运算，这些运算被称为函数 f，在运算过程中数据与密钥结合。经过 16 轮后，左、右半部分合在一起经过一个末置换（初始置换的逆置换）。

在每一轮中，密钥位移位，然后再从密钥的 56 位中选出 48 位。通过一个扩展置换将数据的右半部分扩展成 48 位，并通过一个异或操作与 48 位密钥结合，通过 8 个 s 盒将这 48 位替代成新的 32 位数据，再将其置换一次。这四步运算构成了函数 f。然后通过另一个异或运算，函数 f 的输出与左半部分结合，其结果即成为新的右半部分，原来的右半部分成为新的左半部分。将该操作重复 16 次，便实现了 DES 的 16 轮运算。

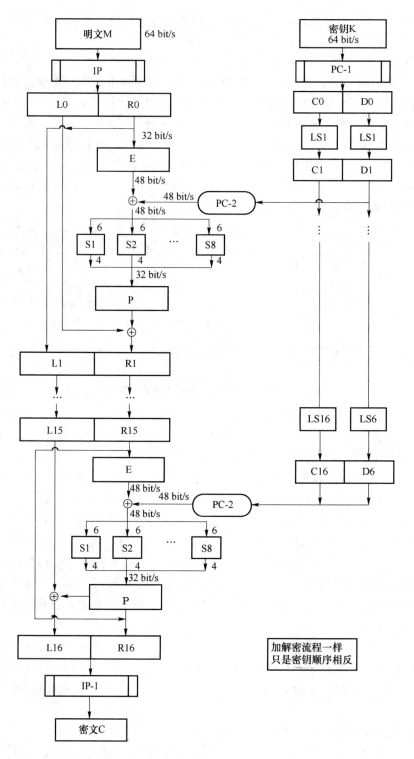

图 8-3　DES算法流程

2. 公钥加密技术

公钥加密技术,也称非对称加密技术,它使用两个相反而又互相关联的密钥:公钥和私钥。私钥由它的所有者来保密,而公钥则自有分配。如果由公钥来加密信息,那么仅有与之对应的私钥才能解密,反之亦然。公钥算法的安全性在于私钥,而私钥在合理的时间内都无法通过计算机计算方法从公钥中推断出来。如果第三方得到用于解密的私钥,那么整个系统的安全性就会受到危害。

使用公钥或私钥都能对信息进行加密或解密,如果加密密钥是接收方的公钥,解密密钥是接收方的私钥,那么信息的接收方是可以得到认证的。如果加密密钥是发送方的私钥,解密密钥是发送方的公钥,那么信息的发送方是能得到认证的。将这两种公钥加密的方法组合起来,就能让通信双方彼此得到认证。公钥算法认证如图 8-4 所示。

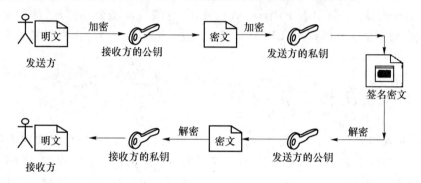

图 8-4 公钥算法认证

公钥密码体制的含义很广,不仅包括公钥加密体制,而且还包括各种公钥协议,如数字签名、身份识别协议、密钥交换协议等。

RSA 是最常用的公钥算法,它既能用于数据加密,也能用于数字签名,RSA 的理论依据:寻找两个大素数比较简单,而将它们的乘积分解开则异常困难。在 RSA 算法中,包含两个密钥,加密密钥 PK,和解密密钥 SK,加密密钥是公开的,其加密与解密过程如下。

(1) 随机选取素数 P 和 Q,还有 N,其中 $N = P * Q$,P 和 Q 保密,N 公开。

(2) 任取 $(n) = (P-1) * (Q-1)$,其中 (n) 表示比 n 小的素数的个数,任取 $2 <= e <= (n)$,且 $(e,(n)) = 1$,e 为加密密钥,公开。

(3) 计算 d,使 $e * d = 1(\mod (n))$,称 d 为 e 对模 (n) 的逆,其中 d 为解密密钥,保密。在 RSA 系统中,设 m 为明文,且明文块的数值大小小于 n,c 为密文,则其加密和解密算法如下:

加密算法 $C = E(m) = m^e (\mod n)$

加密算法 $m = D(c) = c^d (\mod n)$

在 RSA 系统中 (e,n) 构成加密密钥,即公钥,(d,n) 构成解密密钥,即私钥。

RSA 算法的优点是密钥空间大,缺点是加密速度慢,如果 RSA 和 DES 结合使用,则可以弥补 RSA 的缺点。即 DES 用于明文加密,RSA 用于 DES 密钥的加密。由于 DES 加密速度快,适合加密较长的报文;而 RSA 可解决 DES 密钥分配的问题。

RSA 算法的安全性是基于分解大整数的困难性。在 RSA 体制中使用了这样一条基本事实:一般地说,分解两个大素数之积是一件很困难的事情。

下面是 A 使用一个公钥密码体制发送信息给 B 的过程。

(1) A 首先获得 B 的公钥。

（2）A 用 B 的公钥加密信息，然后发送给 B。

（3）B 用自己的私钥解密 A 发送的信息。

目前已经制造出了许多不同的 RSA 加密芯片。破译 RSA 的一个直接的方法是分解 n，目前的分解能力大概为 130 位十进制数，但 512 bit（l54 位十进制数）模长的 RSA 体制安全性已经受到一定的威胁，人们建议使用 1 024 bit（308 位十进制数）模长。RSA 体制也有一些别的分析方法，如选择密文攻击、同模攻击和低指数攻击等。这些攻击告诫人们在选择 RSA 体制的参数和使用 RSA 体制时必须遵循一定的规则。

除了 RSA 外，还有其他公钥加密算法，如 ElGamal 算法、Rabin 算法、McEliece 算法、Merkie-Hellman 背包算法、Chor-Rivest 背包算法、有限自动机公钥算法、椭圆曲线的密码算法、细胞自动机公钥密码算法、LU 公钥密码算法、多重密钥的公钥密码算法和概率加密算法等。

8.2.4 防火墙技术

防火墙是网络安全最基本、最经济、最有效的手段之一。防火墙可以实现内部网、外部网或不同信任域网络之间的隔离，达到有效控制网络访问的作用。防火墙可以做到网络间的单向访问需求，过滤一些不安全服务；可以针对协议、端口号、时间、流量等条件实现安全的访问控制。有很强的记录日志的功能，可以对所要求的策略记录所有不安全的访问行为。如图 8-5 所示。

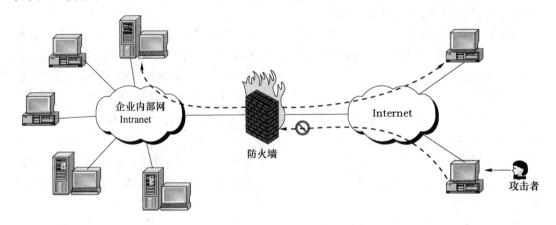

图 8-5 防火墙示意图

防火墙一般具有以下属性。

（1）双向信息必须经过它。

（2）只有被预定符合安全策略授权的信息流才被允许通过。

（3）该系统本身具有很高的抗攻击性能。

利用防火墙可以做到单向访问控制的功能，仅允许内部网用户及合法外部用户通过防火墙访问公开服务器，而公开服务器不可以主动发起对内部网络的访问。这样，假如公开服务器遭受攻击，内部网因为有防火墙的保护，依然是安全的。

1. 防火墙的主要技术

防火墙的主要技术有以下几种。

1）屏蔽路由技术

最简单和最流行的防火墙形式是"屏蔽路由器"。一般只在网络层工作（有的还包括传输层），采用包过滤或虚电路技术，包过滤通过检查每个 IP 网络包，取得其头信息，一般包括到达的物理网络接口、源 IP 地址、目标 IP 地址、传输层类型（TCP、UDP、ICMP）、源端口和目的端口。根据这些信息，判断是否规则集中、与某条目匹配，并对匹配包执行规则中指定的动作（禁止或允许）。包过滤系统通常可以重置网络包地址，从而流出的通信包看来不同于其原始主机地址转换（NAT），通过 NAT 可以隐藏内部网络拓扑和地址表，而虚电路技术的核心是验证通信包是一个连接中的数据包（两个传输层之间的虚电路）。首先，它检查每个连接的建立以确保其发生在合法的握手之后。并且，在握手完成前不转发数据包，系统维护一个有效连接表（包括完整的会话状态和序列信息），当网络包信息与虚电路表中的某一入口匹配时才允许包含数据的网络包通过。当连接终止后，它在表中的入口就被删除，两个会话层之间的虚电路也就被关闭了。如图 8-6 所示。

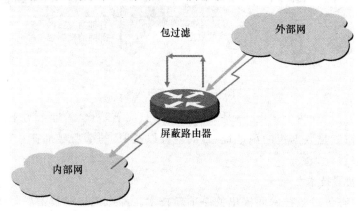

图 8-6　屏蔽路由器防火墙

2）基于代理的（也称应用网关）防火墙壁技术

它通常被配置为"双宿主网关"，具有两个网络接口卡，同时接入内部网和外部网。由于网关可以与两个网络通信，它是安装传递数据软件的理想位置。这种软件被称为"代理"，通常是为其所提供的服务定制的。代理服务不允许直接与真正的服务通信，而是与代理服务器通信（用户的默认网关指向代理服务器）。各个应用代理在用户和服务之间处理所有的通信，能够对通过它的数据进行详细的审计追踪，许多专家也认为它更加安全，因为代理软件可以根据防火墙后面主机的脆弱性来制定，以专门防范已知的攻击。如图 8-7 所示。

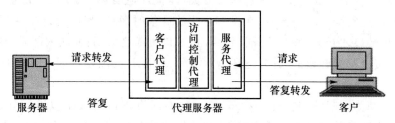

图 8-7　代理防火墙技术

3) 包过滤技术

包过滤技术是指在 ISO 的网络层上对流通的数据报进行选择,系统按照一定的信息过滤规则,对进出内部网络的信息进行限制,允许授权信息通过,而拒绝非授权信息通过。包过滤防火墙工作在网络层和逻辑链路层之间。截获所有流经的 IP 包,从其 IP 头、传输层协议头,甚至应用层协议数据中获取过滤所需的相关信息。然后依次按顺序与事先设定的访问控制规则进行一一匹配比较,执行其相关的动作。其原理和结构如图 8-8 所示。

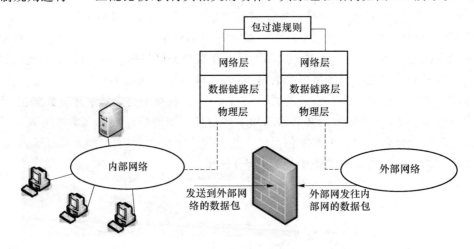

图 8-8　包过滤防火墙

数据包过滤技术有两个缺点:一是非法访问一旦突破防火墙,即可对主机上的软件和配置漏洞进行攻击;二是数据包的源地址、目的地址以及 IP 的端口号都在数据包的头部,很有可能被窃听或假冒。

4) 动态防火墙技术

它是针对静态包过滤技术而提出的一项新技术。静态包过滤技术局限于过滤基于源及目的地的端口和 IP 地址的输入/输出业务,限制了控制能力,并且由于网络的所有高位(1024—65 535)端要么开放,要么关闭,使得网络处于很不完全的境地。而动态防火墙技术可创建动态的规则,使其适应不断改变的网络业务量。根据用户的不同要求,规则能被修改并接受或拒绝条件。具体地讲,动态防火墙技术并不是根据状态来对包进行有效性检查,而是通过为每个会话维护其状态信息,提供一种防御措施和方法。它可以分辨通信是初始请求还是对请求的回应,即是否是新的会话通讯,以实现"单向规则"即在过滤规则中只允许一个方向上的通信。在该方向上的初始请求被允许和记录后,其连接的另一方向的回应也将被允许,这样不必在过滤规则中为其回应考虑,大大减少过滤规则的数量和复杂性。同时,它还为协议和服务的过滤提供了理想解决方案,能很好地实现"只允许内部访问外部"的策略,使内部网络更安全。从外部看,在没有合法的通信时,只有规则允许条件下外部访问的所有内部主机端口才开放,并且当连接结束时,端口也随之关闭;而从内部看,规则明确拒绝外,所有外部资源都是开放的,并且它还为一些针对 TCP 的攻击提供了在包过滤上进行防御的手段。

动态防火墙为了跟踪维护连接状态,它必须对所有进出的数据包进行分析,从其传输层、应用层中提取相关的通讯和应用状态信息,根据其源和目的 IP 地址、传输层协议和源及目的端口区分每一个连接,并建立动态连接表为所有连接存储其状态和上下文信息,同时为检查后续通信,应及时更新这些信息。当连接结束时,也应及时从连接表中删除其相应信息。其原理如图 8-9 所示。

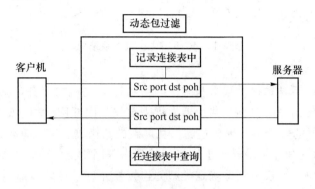

图 8-9　动态防火墙的结构

　　动态连接表是动态防火墙技术的核心,对所有进出的数据包,首先在动态连接表中查找相应的连接表项,若其存在,便可得到过滤结果,否则,查找相应过滤规则,并为某创建一连接表项。这样,就不必为每个数据包都在过滤规则中依次进行比较来查找响应规则,从而提高了过滤效率和网络通讯速度,但是动态防火墙包过滤技术在实现中也有一些缺陷。它通过检查关键词实现对应用协议和数据的过滤,无法对跨分组的关键词进行检查,而且一旦过滤掉分组后,它只能简单地关闭连接,不会向源端传送任何错误信息。

　　5) 一种改进的防火墙技术(或称复合型防火墙技术)

　　由于过滤型防火墙安全性不高,代理服务器型防火墙速度较慢,所以出现了一种综合上述两种技术优点的改进型防火墙技术,它保证了一定的安全性,又使通过它的信息传输速度不至于受到太大的影响。对于从内部网向外部网发出的请求,由于对内部网的安全威胁不大,所以可直接与外部网建立连接;对于从外部网向内部网提出的请求,先要通过包过滤型防火墙,在此经过初步安全检查,两次检查确定无疑后可接受其请求,否则就需要丢弃或做其他处理。

2. 防火墙体系结构

　　目前,防火墙的体系结构一般有以下几种。

　　(1) 双重宿主主机体系结构;

　　(2) 屏蔽主机体系结构;

　　(3) 屏蔽子网体系结构。

　　1) 双重宿主主机体系结构

　　双重宿主主机体系结构是围绕具有双重宿主的主机计算机而构筑的,该计算机至少有两个网络接口。这样的主机可以充当与这些接口相连的网络之间的路由器。它能够从一个网络到另一个网络发送 IP 数据包。然而,实现双重宿主主机的防火墙体系结构禁止这种发送功能。因此,IP 数据包并不是从一个网络(如 Internet)直接发送到其他网络(如内部的、被保护的网络)。防火墙内部的系统能与双重宿主主机通信,同时防火墙外部的系统(在 Internet 上)能与双重宿主主机通信,但是这些系统不能直接互相通信。它们之间的 IP 通信被完全阻止。双重宿主主机的防火墙体系结构是相当简单的:双重宿主主机位于两者之间,并且被连接到 Internet 和内部的网络。如图 8-10 所示。

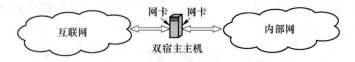

图 8-10　双重宿主主机体系结构

2) 屏蔽主机体系结构

双重宿主主机体系结构提供来自与多个网络相连的主机的服务(但是路由关闭),而被屏蔽主机体系结构使用一个单独的路由器提供来自仅与内部网络相连的主机的服务。在这种体系结构中,主要的安全由数据包过滤。在屏蔽的路由器上的数据包过滤是按这样一种方法设置的:即堡垒主机是 Internet 上主机连接到内部网络上的系统的桥梁(如传送进来的电子邮件)。即使这样,也仅有某些确定类型的连接被允许。任何外部的系统试图访问内部的系统或者服务必须连接到这台堡垒主机上。因此,堡垒主机需要拥有高等级的安全。数据包过滤也允许堡垒主机开放可允许的连接(什么是"可允许"将由用户的站点的安全策略决定)到外部世界。如图 8-11 所示。

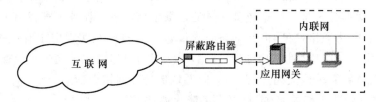

图 8-11　屏蔽主机体系结构

在屏蔽的路由器中,数据包过滤配置可以按下列之一执行:允许其他的内部主机为某些服务与 Internet 上的主机连接(即允许那些已经由数据包过滤的服务)。不允许来自内部主机的所有连接(强迫那些主机经由堡垒主机使用代理服务)。用户可以针对不同的服务混合使用这些手段;某些服务可以被允许直接经由数据包过滤,而其他服务可以被允许间接地经过代理。这完全取决于用户实行的安全策略。因为这种体系结构允许数据包从 Internet 向内部网的移动,所以它的设计比没有外部数据包能到达内部网络的双重宿主主机体系结构似乎更冒风险。实际上双重宿主主机体系结构在防备数据包从外部网络穿过内部的网络也容易产生失败(因为这种失败类型是完全出乎预料的,不大可能防备黑客侵袭)。因此,保卫路由器比保卫主机较易实现,这是因为它提供非常有限的服务组。多数情况下,被屏蔽的主机体系结构提供比双重宿主主机体系结构更好的安全性和可用性。

然而,比较其他体系结构,如在下面要讨论的屏蔽子网体系结构也有一些缺点。如果侵袭者没有办法侵入堡垒主机时,而且在堡垒主机和其余的内部主机之间没有任何保护网络安全的东西存在的情况下,路由器同样出现一个单点失效。如果路由器被损害,整个网络对侵袭者是开放的。

3) 屏蔽子网体系结构

屏蔽子网体系结构添加额外的安全层到屏蔽主机体系结构,即通过添加周边网络更进一步地把内部网络与 Internet 隔离开。堡垒主机是用户网络上最容易受侵袭的机器。如果在屏蔽主机体系结构中,用户的内部网络对来自用户的堡垒主机的侵袭门户敞开,那么用户的堡垒主机是非常诱人的攻击目标,尤其在它与用户的其他内部机器之间没有其他防御手段时(除了它们可能有的主机安全之外,这通常是非常少的)。如图 8-12 所示。

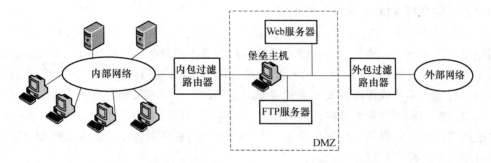

图 8-12　屏蔽子网体系结构

如果有人成功地侵入屏蔽主机体系结构中的堡垒主机,那就毫无阻挡地进入了内部系统。通过在周边网络上隔离堡垒主机,能减少在堡垒主机上侵入的影响。可以说,它只给入侵者一些访问的机会,但不是全部。屏蔽子网体系结构的最简单形式为两个屏蔽路由器,每一个都连接到周边网。一个位于周边网与内部的网络之间,另一个位于周边网与外部网络之间(通常为 Internet)。为了侵入用这种类型的体系结构构筑的内部网络,侵袭者必须要通过两个路由器。即使侵袭者设法侵入堡垒主机,他仍然必须通过内部路由器。在此情况下,没有损害内部网络的单一的易受侵袭点。作为入侵者,只是进行了一次访问。要点说明如下。

(1) 周边网络。周边网络是另一个安全层,是在外部网络与用户的被保护的内部网络之间的附加网络。如果侵袭者成功地侵入用户的防火墙的外层领域,周边网络在侵袭者与用户的内部系统之间提供一个附加的保护层。

对于周边网络的作用,举例说明如下。在许多网络设置中,用给定网络上的任何机器查看这个网络上的每一台机器的通信是可能的,对大多数以太网为基础的网络确实如此(而且以太网是当今使用最广泛的局域网技术);对若干其他成熟的技术,诸如令牌环和 FDDI 也是如此。探听者可以通过查看在 Telnet、FTP 以及 rlogin 会话期间使用过的口令成功地探测出口令。即使口令没被攻破,探听者仍然能偷看或访问他人敏感文件的内容,或阅读他们感兴趣的电子邮件等;探听者能完全监视何人在使用网络。对于周边网络,如果某人侵入周边网上的堡垒主机,他仅能探听到周边网上的通信。所有周边网上的通信来自或者通往堡垒主机或 Internet。因为没有严格的内部通信(即在两台内部主机之间的通信,这通常是敏感的或者专有的)能越过周边网。所以如果堡垒主机被损害,内部的通信仍然是安全的。一般来说,来往于堡垒主机或者外部世界的通信,是可监视的。防火墙设计工作的一部分就是确保这种通信不至于机密到阅读它将损害站点的完整性。

(2) 堡垒主机。在屏蔽的子网体系结构中,用户把堡垒主机连接到周边网,这台主机便是接受来自外界连接的主要入口。例如,对于进来的电子邮件(SMTP)会话,传送电子邮件到站点;对于进来的 FTP 连接,转接到站点的匿名 FTP 服务器;对于进来的域名服务(DNS)站点查询等。另一方面,其出站服务(从内部的客户端到 Internet 上的服务器)按下面两种方法进行处理:第一,在外部和内部的路由器上设置数据包过滤来允许内部的客户端直接访问外部的服务器。第二,设置代理服务器在堡垒主机上运行(如果用户的防火墙使用代理软件)来允许内部的客户端间接地访问外部的服务器。用户也可以设置数据包过滤来允许内部的客户端在堡垒主机上同代理服务器交谈,反之亦然。但是禁止内部的客户端与外部世界之间直接通信(即拨号入网方式)。

(3) 内部路由器。内部路由器(在有关防火墙著作中有时被称为阻塞路由器)保护内部的网络之免受 Internet 和周边网的侵犯。内部路由器为用户的防火墙执行大部分的数据包过滤工作。它允许从内部网到 Internet 的有选择的出站服务。这些服务使用户的站点能使用数据包过滤而不是代理服务安全支持和安全提供的服务。内部路由器所允许的在堡垒主机(在周边网上)和用户的内部网之间的服务可以不同于内部路由器所允许的在 Internet 和用户的内部网之间的服务。限制堡垒主机和内部网之间服务的理由是减少由此而导致的受到来自堡垒主机侵袭的机器的数量。

(4) 外部路由器。在理论上,外部路由器(在有关防火墙著作中有时被称为访问路由器)保护周边网和内部网,使之免受来自 Internet 的侵犯。实际上,外部路由器倾向于允许几乎所有数据从周边网出站,并且它们通常只执行非常少的数据包过滤。保护内部机器的数据包过滤规则在内部路由器和外部路由器上基本上应该是一样的。如果在规则中有允许侵袭者访问的错误,错误就可能出现在两个路由器上。

一般的,外部路由器由外部群组提供(如用户的 Internet 供应商),同时用户对它的访问被限制。外部群组可能愿意放入一些通用型数据包过滤规则来维护路由器,但是不愿意使维护复杂或者使用频繁变化的规则组。外部路由器能有效地执行的安全任务之一(通常别的任何地方不容易做的任务)是阻止从 Internet 上伪造源地址进来的任何数据包。这样的数据包自称来自内部的网络,但实际上是来自 Internet。

4) 防火墙体系结构的组合形式

建造防火墙时,一般很少采用单一的技术,通常是多种解决不同问题技术的组合。这种组合主要取决于网管中心向用户提供什么样的服务,以及网管中心能接受什么等级风险。采用哪种技术主要取决于经费,投资的大小或技术人员的技术、时间等因素。一般有以下几种形式:

(1) 使用多堡垒主机;

(2) 合并内部路由器与外部路由器;

(3) 合并堡垒主机与外部路由器;

(4) 合并堡垒主机与内部路由器;

(5) 使用多台内部路由器;

(6) 使用多台外部路由器;

(7) 使用多个周边网络;

(8) 使用双重宿主主机与屏蔽子网。

8.2.5 漏洞扫描技术

网络安全扫描技术是一种基于 Internet 远程检测目标网络或本地主机安全性脆弱点的技术。通过网络安全扫描,系统管理员能够发现所维护的 Web 服务器的各种 TCP/IP 端口的分配、开放的服务、Web 服务软件版本和这些服务及软件呈现在 Internet 上的安全漏洞。

网络安全扫描技术采用积极的、非破坏性的办法检验系统是否有可能被攻击崩溃。它利用了一系列的脚本模拟对系统进行攻击的行为,并对结果进行分析。这种技术通常被用来进行模拟攻击实验和安全审计。网络安全扫描技术与防火墙、安全监控系统相互配合可以为网络提供很高的安全性。

1. 网络安全扫描步骤和分类

一次完整的网络安全扫描分为 3 个阶段。

(1) 第 1 阶段:发现目标主机或网络。

(2) 第 2 阶段:发现目标后进一步搜集目标信息,包括操作系统类型、运行的服务以及服务软件的版本等。如果目标是一个网络,还可以进一步发现该网络的拓扑结构、路由设备以及各主机的信息。

(3) 第 3 阶段:根据搜集到的信息判断或者进一步测试系统是否存在安全漏洞。

网络安全扫描技术包括 PING 扫射(Ping Sweep)、操作系统探测(Operating System Identification)、如何探测访问控制规则(Firewalking)、端口扫描(Port Scan)以及漏洞扫描(Vulnerability Scan)等。这些技术在网络安全扫描的 3 个阶段中各有体现。

PING 扫射用于网络安全扫描的第 1 阶段,可以帮助识别系统是否处于活动状态。操作系统探测、如何探测访问控制规则和端口扫描用于网络安全扫描的第 2 阶段,其中操作系统探测顾名思义就是对目标主机运行的操作系统进行识别;如何探测访问控制规则用于获取被防火墙保护的远端网络的资料;而端口扫描是通过与目标系统的 TCP/IP 端口连接,查看该系统处于监听或运行状态的服务。网络安全扫描第 3 阶段采用的漏洞扫描,通常是在端口扫描的基础上对得到的信息进行相关处理,进而检测出目标系统存在的安全漏洞。

2. 端口扫描技术

端口扫描技术和漏洞扫描技术是网络安全扫描技术中的两种核心技术,广泛运用于当前较成熟的网络扫描器中,如著名的 Nmap 和 Nessus。

一个端口就是一个潜在的通信通道,也就是一个入侵通道。对目标计算机进行端口扫描,能得到许多有用的信息,从而发现系统的安全漏洞。它使系统用户了解系统目前向外界提供了哪些服务,从而为系统用户管理网络提供了一种手段。

1) 端口扫描技术的原理

端口扫描向目标主机的 TCP/IP 服务端口发送探测数据包,并记录目标主机的响应。通过分析响应来判断服务端口是打开还是关闭,进而得知端口提供的服务或信息。端口扫描也可以通过捕获本地主机或服务器的流入流出 IP 数据包来监视本地主机的运行情况,它仅能对接收到的数据进行分析,帮助发现目标主机的某些内在弱点,而不会提供进入一个系统的详细步骤。

2) 各类端口扫描技术

端口扫描主要有经典的扫描器(全连接)和所谓的 SYN(半连接)扫描器。此外还有间接扫描和秘密扫描等。

(1) 全连接扫描。全连接扫描是 TCP 端口扫描的基础,现有的全连接扫描有 TCP connect()扫描和 TCP 反向 ident 扫描等。其中 TCP connect()扫描的实现原理如下所述。

扫描主机通过 TCP/IP 协议的三次握手与目标主机的指定端口建立一次完整的连接。连接由系统调用 connect 开始。如果端口开放,则连接将建立成功;否则返回"−1",表示端口关闭。建立连接成功：响应扫描主机的 SYN/ACK 连接请求，这一响应表明目标端口处于监听（打开）的状态。如果目标端口处于关闭状态，则目标主机会向扫描主机发送 RST 的响应。

（2）半连接（SYN）扫描。若端口扫描没有完成一个完整的 TCP 连接，在扫描主机和目标主机的指定端口建立连接时只完成了前两次握手，在第三步时，扫描主机中断了本次连接，使连接没有完全建立起来，这样的端口扫描称为半连接扫描，也称为间接扫描。现有的半连接扫描有 TCP SYN 扫描和 IP ID 头 dumb 扫描等。

SYN 扫描的优点在于即使日志对扫描有所记录，但是尝试进行连接的记录也要比全扫描少得多。缺点是在大部分操作系统下，发送主机需要构造适用于这种扫描的 IP 包，通常情况下构造 SYN 数据包需要超级用户或者授权用户访问专门的系统调用。

3．漏洞扫描技术

1）漏洞扫描技术的原理

漏洞扫描主要通过以下两种方法检查目标主机是否存在漏洞：在端口扫描后得知目标主机开启的端口以及端口上的网络服务，将这些相关信息与网络漏洞扫描系统提供的漏洞库进行匹配，查看是否有满足匹配条件的漏洞存在；通过模拟黑客的攻击手法，对目标主机系统进行攻击性的安全漏洞扫描，如测试弱势口令等。若模拟攻击成功，则表明目标主机系统存在安全漏洞。

2）漏洞扫描技术的分类和实现方法

基于网络系统漏洞库，漏洞扫描大体包括 CGI 漏洞扫描、POP3 漏洞扫描、FTP 漏洞扫描、SSH 漏洞扫描和 HTTP 漏洞扫描等。这些漏洞扫描是基于漏洞库，将扫描结果与漏洞库相关数据匹配比较得到漏洞信息。漏洞扫描还包括没有相应漏洞库的各种扫描，比如 Unicode 遍历目录漏洞探测、FTP 弱势密码探测、OPEN Relay 邮件转发漏洞探测等，这些扫描通过使用插件（功能模块技术）进行模拟攻击，测试目标主机的漏洞信息。下面对这两种扫描的实现方法进行讨论。

（1）漏洞库的匹配方法。基于网络系统漏洞库的漏洞扫描的关键是它所使用的漏洞库。通过采用基于规则的匹配技术，即根据安全专家对网络系统安全漏洞、黑客攻击案例的分析和系统管理员对网络系统安全配置的实际经验，可以形成一套标准的网络系统漏洞库，然后再在此基础之上构成相应的匹配规则，由扫描程序自动地进行漏洞扫描的工作。

这样，漏洞库信息的完整性和有效性决定了漏洞扫描系统的性能，漏洞库的修订和更新的性能也会影响漏洞扫描系统运行的时间。因此，漏洞库的编制不仅要对每个存在安全隐患的网络服务建立对应的漏洞库文件，而且应当能满足前面所提出的性能要求。

（2）插件（功能模块技术）技术。插件是由脚本语言编写的子程序，扫描程序可以通过调用它来执行漏洞扫描，检测系统中存在的一个或多个漏洞。添加新的插件就可以使漏洞扫描软件增加新的功能，扫描出更多的漏洞。插件编写规范化后，用户可以自己用 Perl、C 或自行设计的脚本语言编写插件来扩充漏洞扫描软件的功能。这种技术使漏洞扫描软件的升级维护变得相对简单，而专用脚本语言的使用也简化了编写新插件的编程工作，使漏洞扫描软件具有更强的扩展性。

3）漏洞扫描中的问题及完善建议

现有的安全隐患扫描系统基本上是采用上述两种方法完成漏洞扫描，但是这两种方法在不同程度上也各有不足之处。下面将说明这两种方法中存在的问题,并针对这些问题给出相应的完善建议。

系统配置规则库问题:网络系统漏洞库是基于漏洞库漏洞扫描的灵魂,而系统漏洞的确认是以系统配置规则库为基础的。但是这样的系统配置规则库存在其局限性。

(1) 如果规则库设计的不准确,预报的准确度就无从谈起。

(2) 它是根据已知的安全漏洞进行安排和策划的,而网络系统的很多危险和威胁却是来自未知的漏洞。这样,如果规则库更新不及时,预报准确度也会降低。

(3) 受漏洞库覆盖范围的限制,部分系统漏洞可能不会触发任何一个规则,从而不被检测到。

完善建议:系统配置规则库应能不断地被扩充和修正,这样也是对系统漏洞库的扩充和修正,这在目前仍需要专家的指导和参与才能实现。

漏洞库信息要求:漏洞库信息是基于网络系统漏洞库的漏洞扫描的主要判断依据。如果漏洞库信息不全面或得不到及时的更新,不但不能发挥漏洞扫描的作用,还会给系统管理员以错误的引导,进而致使不能对系统的安全隐患采取有效措施并及时的消除。

完善建议:漏洞库信息不但应具备完整性和有效性,也应具有简易性的特点,这样即使是用户自己也易于对漏洞库进行添加配置,从而实现对漏洞库的及时更新。例如,漏洞库在设计时可以基于某种标准(如 CVE 标准)建立,这样便于扫描者的理解和信息交互,使漏洞库具有比较强的扩充性,更有利于以后对漏洞库的更新升级。

8.2.6　安全审计

安全审计就是通过各种技术或方法对网络的各种策略、活动进行监视、记录并提出安全意见和建议的一种机制,并通过日志的形式记录跟踪与安全相关的事件。利用安全审计可以分析、跟踪、查找可疑问题,用户可以通过审计对网络的状况进行全面的监控、分析和评估,保障网络的安全。

安全审计一般有两种类型:被动审计和主动审计。

1. 安全审计的技术分类

当前安全审计的技术分类一般有以下几种。

(1) 日志审计:目的是收集日志,通过 SNMP、SYSLOG、OPSEC 或者其他的日志接口从各种网络设备、服务器、用户电脑、数据库、应用系统和网络安全设备中收集日志,进行统一管理、分析和报警。

(2) 主机审计:通过在服务器、用户电脑或其他审计对象中安装客户端的方式进行审计,可达到审计安全漏洞、审计合法和非法或入侵操作、监控上网行为和内容以及向外拷贝文件行为、监控用户非工作行为等目的。根据该定义,主机审计包括主机日志审计、主机漏洞扫描产品、主机防火墙和主机 IDS/IPS 的安全审计功能、主机上网和上机行为监控等类型的产品。

(3) 网络审计:通过旁路和串接的方式实现对网络数据包的捕获,通过协议分析和还原,可达到审计服务器、用户电脑、数据库、应用系统的审计安全漏洞、合法和非法或入侵操作、监控上网行为和内容、监控用户非工作行为等目的。根据该定义,网络审计包括网络漏洞扫描产品、防火墙和 IDS/IPS 中的安全审计功能、互联网行为监控等类型的产品。

比较这三种审计方案之间的关系：日志审计的目的是日志收集和分析，它要以其他审计对象生成的日志为基础。而主机审计和网络审计这两种解决方案就是生成日志的最重要的技术方法。主机审计和网络审计的方案各有优缺点。

2. 安全审计的体系

安全审计体系一般分为以下几个组件。

（1）日志收集代理，用于所有网络设备的日志收集。

（2）主机审计客户端，安装在服务器和用户电脑上，进行安全漏洞检测和收集、本机上机行为和防泄密行为监控、入侵检测等。对于主机的日志收集、数据库和应用系统的安全审计也通过该客户端实现。

（3）主机审计服务器端，安装在任一台电脑上，收集主机审计客户端上传的所有信息，并且把日志集中到网络安全审计中心中。

（4）网络审计客户端，安装在单位内的物理子网出口或者分支机构的出口，收集该物理子网内的上网行为和内容，并且把这些日志上传到网络审计服务器。对于主数据库和应用系统的安全审计也可以通过该网络审计客户端实现。

（5）网络审计服务器，安装在单位总部内，接收网络审计客户端的上网行为和内容，并且把日志集中到网络安全审计中心中。如果是小型网络，则网络审计客户端和服务器可以合并。

（6）网络安全审计中心，安装在单位总部内，接收网络审计服务器、主机审计服务器端和日志收集代理传输过来的日志信息，进行集中管理、报警和分析，并且可以针对各系统进行配置和策略制定，方便统一管理。

3. 网络安全审计技术的发展趋势

（1）体系化。目前的产品实现未能涵盖网络安全审计体系。未来的产品应该逐渐向体系化方向发展，给客户以统一的安全审计解决方案。

（2）控制化。审计不应当只是记录，而且还要有控制的功能，目前许多产品都已经有了控制的功能，如网络审计的上网行为控制、主机审计的泄密行为控制、数据库审计中对某些SQL语句的控制等。

（3）智能化。网络产生的审计数据非常浩大，如何从浩大的数据中提炼出网络管理员、人力资源经理、上级主管部门关心的审计结果，就要求审计技术朝着智能化的方向努力。其中包含了数据挖掘、智能报表等技术。

网络安全审计作为一个新兴的概念和发展方向，已经表现出强大的生命力，围绕着该技术思想产生了许多新产品和解决方案，如桌面安全、员工上网行为监控、内容过滤等。这一领域也是网络安全需要不断发展和更新的。

8.3　网络管理

8.3.1　网络管理概述

网络管理这一学科领域自20世纪80年代起逐渐受到重视，许多国际标准化组织、论坛和科研机构先后开发了各类标准、协议来指导网络管理与设计,但各种网络系统在结构上存在着或大或小的差异,至今还没有一个大家都能接受的标准。当前,网络管理技术主要有以下三种:诞生于 Internet 家族的 SNMP 是专门用于对 Internet 进行管理的,虽然它有简单适用等特点,并已成为当前网络界的实际标准,但由于 Internet 本身发展的不规范性,使 SNMP 有先天性的不足,难以用于复杂的网络管理,只适用于 TCP/IP 网络,在安全方面也有欠缺。它已有 SNMPv1 和 SNMPv2 两种版本,其中 SNMPv2 主要在安全方面有所补充。随着新的网络技术及系统的研究与出现,电信网、有线网、宽带网等网络的融合,原来的 SNMP 已不能满足新的网络技术的要求。CMIP 可对一个完整的网络管理方案提供全面支持,在技术和标准上比较成熟,最大的优势在于协议中的变量并不仅仅是与终端相关的一些信息,而且可以被用于完成某些任务,但正由于它是针对 SNMP 的不足而设计的,所以过于复杂,实施费用过高,不能被广泛接受。分布对象网络管理技术是将 CORBA 技术应用于网络管理而产生的,主要采用了分布对象技术,将所有的管理应用和被管对象都看作分布对象,这些分布对象之间的交互就构成了网络管理。此方法最大的特点是屏蔽了编程语言、网络协议和操作系统的差异,提供了多种透明性,因此适应面广,开发容易,应用前景广阔。由于 SNMP 和 CMIP 这两种协议各自有其拥护者,所以在很长一段时期内不会出现相互替代的情况,而如果由完全基于 CORBA 的系统来取代,所需要的时间、资金以及人力资源等都过于庞大,也是不能接受的。因此,CORBA、SNMP、CMIP 相结合成为基于 CORBA 的网络管理系统是当前研究的主要方向。

8.3.2 网络管理协议

网络管理协议一般为应用层级协议,它定义了网络管理信息的类别及其相应的确切格式,并且提供了网络管理站和网络管理结点间进行通讯的标准或规则。

网络管理系统通常由管理者(Manager)和代理(Agent)组成,管理者从各代理那里采集管理信息,进行加工处理,从而提供相应的网络管理功能,达到对代理管理的目的。即管理者与代理之间需要利用网络实现管理信息交换,以完成各种管理功能。交换管理信息必须遵循统一的通信规约,我们称这个通信规约为网络管理协议。

典型的网络安全管理协议有公用管理信息协议 CMIP、简单网络管理协议 SNMP 和分布式安全管理协议 DSM。由 IETF 提出的简单网络管理协议 SNMP 是基于 TCP/IP 和 Internet 的。因为 TCP/IP 协议是当今网络互连的工业标准,得到了众多厂商的支持,所以 SNMP 是一个常用的网络管理标准协议。SNMP 的特点主要是采用轮询监控,管理者按一定时间间隔向代理者请求管理信息,根据管理信息判断是否有异常事件发生。轮询监控的主要优点是对代理的要求不高;缺点是在广域网的情形下,轮询不仅带来较大的通信开销,而且轮询所获得的结果无法反映最新的状态。

1. CMIS/CMIP 协议

公共管理信息服务/通用管理信息协议(CMIS/CMIP)是 ISO 定义的公共管理信息协议。CMIS 定义每个网络组成部分提供的网络管理服务,CMIP 则是实现 CMIS 服务的协议。CMIP 是以 OSI 的七层协议栈作为基础,对开放系统互连环境下的所有网络资源进行监测和控制,被认为是未来网络管理的标准协议。CMIP 的特点是采用委托监控,当对网络进行监控时,管理者只需向代理发出一个监控请求,代理会自动监视指定的管理对象,并且只有在异常事件（如设备、线路故障）发生时才向管理者发出告警，而且给出一段较完整的故障报告，包括故障现象、故障原因。委托监控的主要优点是网络管理通信的开销小、反应及时，缺点是对代理的软硬件资源要求高，要求被管站上开发许多相应的代理程序，因此短期内尚不能得到广泛的支持。

2. 简单网络管理协议 SNMP

1）简介

简单网络管理协议（Simple Network Management Protocol，SNMP）是由互联网工程任务组（Internet Engineering Task Force，IETF）定义的一套网络管理协议。该协议基于简单网关监视协议（Simple Gateway Monitor Protocol，SGMP）。利用 SNMP，一个管理工作站可以远程管理所有支持这种协议的网络设备，包括监视网络状态、修改网络设备配置、接收网络事件警告等。

SNMP 采用了 Client/Server 模型的特殊形式：代理/管理站模型。对网络的管理与维护是通过管理工作站与 SNMP 代理间的交互工作完成的。每个 SNMP 的从代理负责回答 SNMP 管理工作站（主代理）关于管理信息库（MIB）定义信息的各种查询。简单管理协议管理模型由 4 部分组成：网络管理站、被管设备、管理信息库（MIB）和管理协议（SNMP）。如图 8-13 所示。

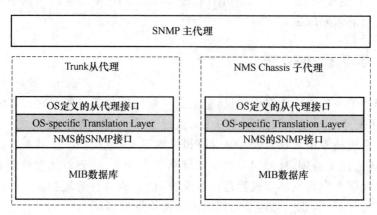

图 8-13　SNMP 模型

SNMP 管理模型的核心是由代理维护并且由管理器读写的管理信息。这些信息被称为对象。网络中所有可管对象的集合称为管理信息库。网络中要允许管理来自不同厂商的设备，就必须使用标准方式精确定义网络管理信息，还需要为他们定义一种适合网络传输的编码方式。

SNMP 代理和管理站通过 SNMP 协议中的标准消息进行通信，每个消息都是一个单独的数据报。SNMP 使用 UDP（用户数据报协议）作为第四层协议（传输协议），进行无连接操作。SNMP 消息报文包含两个部分：SNMP 报头和协议数据单元 PDU。数据报结构如图 8-14 所示。

版本标识符	团体名	PDU

图 8-14　数据报结构

版本标识符(Version Identifier)：确保 SNMP 代理使用相同的协议，每个 SNMP 代理都直接抛弃与自己协议版本不同的数据报。

团体名(Community Name)：用于 SNMP 从代理对 SNMP 管理站进行认证。如果网络配置成要求验证时，SNMP 从代理将对团体名和管理站的 IP 地址进行认证，如果认证失败，SNMP 从代理将向管理站发送一个认证失败的 Trap 消息。

协议数据单元(PDU)：指明了 SNMP 的消息类型及其相关参数。

2) 管理信息库 MIB

IETF 规定的管理信息库 MIB(定义了可访问的网络设备及其属性，由对象识别符(Object Identifier，OID)唯一指定。MIB 是一个树型结构，SNMP 协议消息通过遍历 MIB 树型目录中的结点来访问网络中的设备。

SNMP 模型采用 ASN.1(1 号抽象句法表示)描述对象的语法结构及信息传输。按照 ASN.1 命名方式，SNMP 代理维护的全部 MIB 对象组成一棵树，即 mib-2 子树。图 8-15 是管理信息库的一部分，它又称为对象命名(Objectnamingtree)。

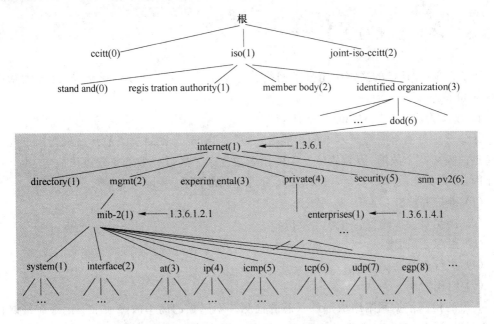

图 8-15　管理信息库对象命名

管理信息库的对象命名举例如下。

对象命名树的顶级对象有三个，即 ISO、ITU-T 和这两个组织的联合体。在 ISO 的下面有 4 个结点，其中一个结点(标号是 3)是被标识的组织，在其下面有一个美国国防部(Department of Defense，DOD)的子树(标号是 6)，再下面就是 Internet(标号是 1)。在只讨论 Internet 中的对象时，可只画出 Internet 以下的子树(图中带阴影的虚线方框)，并在 Internet 结点旁边标注上{1.3.6.1}即可。在 Internet 结点下面的第二个结点是 mgmt(管理)，标号是 2。再下面是管理信息库，原先的结点名是 mib。1991 年定义了新的版本 MIB-Ⅱ，故结点名现改为 mib-2，其标识为{1.3.6.1.2.1}，或{Internet(1).2.1}。这种标识为对象标识符。

最初的结点 mib 将其所管理的信息分为 8 个类别，见表 8-1。现在的 mib-2 所包含的信息类别已超过 40 个。

表 8-1　最初的结点 mib 管理的信息类别

类别	标号	所包含的信息
system	（1）	主机或路由器的操作系统
interfaces	（2）	各种网络接口及它们的测定通信量
address translation	（3）	地址转换（例如 ARP 映射）
ip	（4）	Internet 软件（IP 分组统计）
icmp	（5）	ICMP 软件（已收到 ICMP 消息的统计）
tcp	（6）	TCP 软件（算法、参数和统计）
udp	（7）	UDP 软件（UDP 通信量统计）
egp	（8）	EGP 软件（外部网关协议通信量统计）

8.3.3　网络管理的主要功能

ISO 在 ISO/IEC 的文档中定义了网络管理的五大功能，并被广泛接受，这五大功能具体内容如下。

1. 故障管理（Fault Management）

故障管理是网络管理最基本的功能之一，通常情况下，网络发生故障后网管人员往往不容易迅速隔离某个故障，因为故障发生的原因很复杂。所以一般都是先解决故障，再分析故障原因，防止类似故障再发生。网络故障管理包括故障检测、隔离、检测三个方面：

（1）维护并检查错误日志；

（2）接受错误检测报告并作出反应；

（3）跟踪、辨别错误；

（4）执行诊断测试；

（5）纠正错误。

故障的检测依据网络组成部件状态的检测。不严重的简单故障通常被记录在错误日志中，并不做特别处理。而严重的故障则需要通知网络管理器，即报警。网络管理器应根据相关信息对警报进行处理，排除故障并通知网管人员进行相应的处理。

2. 计费管理

计费管理记录网络资源的使用，目的是控制和检测网络检测的费用，估算出用户使用的网络资源费用。网管人员可以根据一定的规则控制用户过多地占用网络资源，提高网络的使用效率。

3. 配置管理

配置管理也很重要，它的功能是初始化网络并对网络元素进行配置。配置管理是一组辨别、定义、控制和监视组成一个通信网络对象所必需的相关功能。目的是为了实现某个特定功能使网络性能达到最优。配置管理的内容包括以下内容：

（1）设置开发系统中有关操作参数；

（2）被管对象或对象组名字管理；

（3）初始化或关闭被管对象；

（4）根据要求收集系统当前的有关状态信息；

（5）获取系统重要变化的信息；

（6）更改系统配置。

4. 性能管理

性能管理是估价系统资源的运行状况及通信效率等系统性能，包括监视和分析被管网络机器所提供服务的性能机制。性能分析的结果肯定会触发某个诊断过程或重新配置参数以维持网络的性能。性能收集分析被管网络当前状况的数据信息，并维持和分析性能日志。性能管理的典型功能如下。

（1）收集统计信息；

（2）维护并检查系统状态日志；

（3）确定系统性能；

（4）改变操作模式以进行系统性能管理的操作。

5. 安全管理

安全性一直是网络的薄弱环节之一，网络安全管理非常重要。网络中主要有以下几大安全问题。

（1）网络数据的私有性，即用户数据不被侵入者非法获取；

（2）授权控制，即防止入侵者进入网络并发送错误信息；

（3）访问控制，即控制对网络资源的访问。

8.3.4　数据保护与备份

数据保护就是对当前的数据采取有效的措施，保证数据不丢失或者在数据遭到破坏后能有效的恢复。网络环境下的数据安全有两层意思，一个是逻辑上的安全，如在数据传输交易过程中，防止被截获或篡改、防止病毒的破坏、防止黑客入侵等；另一个就是物理上的安全，如防止人为的修改、删除、破坏或不可抗拒的自然灾难。前者需要系统的安全防护，重点在于"防"，后者需要数据备份、快速恢复、异地存放、远程控制、灾难恢复等系统保护，重点在于"保"。

1. 数据备份

数据备份是指为了防止系统出现误操作或故障导致数据丢失，而将整个系统数据或部分重要数据集合打包，从应用主机的硬盘或阵列中复制到其他的存储介质的过程，在原始数据丢失或遭到破坏的情况下，利用备份数据恢复原始数据，使系统能够继续正常工作。

数据保护不丢失，可分为多个保护级别。这些级别是根据数据的可用性包括 RTO（恢复时间目标，指系统恢复所需要的时间）和 RPO（恢复点目标，指可接受的数据丢失量）来划分的。

数据保护级别越高，RTO 和 RPO 也就越少，实施的相对成本也就越高。这些级别分别是备份、本地复制、远程复制和实时连续复制。

还有一些衍生的数据保护备份方式，如多级备份（Backup To Disk Library To Tape，

B2D2T),先备份到虚拟磁带库,再备份到磁带,采用这种方式可以充分利用存储空间,将信息存放到适当的存储设备上。

备份关注以下几点:

(1) 备份的数据量;

(2) 备份和恢复的速度和可靠性;

(3) 备份和恢复操作的方便性等。

为了减少备份数据量、加快备份和恢复的速度,可以通过全面的备份、恢复和归档策略以及采用新一代的重复数据删除备份技术。其中,全面的备份、恢复和归档是指把不活动的、最终形式的数据进行归档,以缩小生产数据的大小,这样将减少备份的数据量,恢复时间也更短,性能更加稳定,并且可实现分层存储的优势。

任何备份技术的恢复机制都需要一个和备份过程相反的过程,这个过程一般时间会很长,如果用户对恢复时间 RTO 要求很高,采用磁带备份就已经缺乏时间了,为了满足要求就必须采用磁盘备份。本地复制和远程复制技术会为源数据制作一份副本,这个副本除了能够提供近于即时的恢复外,还可用于无中断备份、决策支持、应用程序测试和开发、第三方软件更新等。它们的目的在于保证系统数据和服务的"在线性",即当系统发生故障时,仍然能够提供数据和服务,使系统恢复正常。

2. 数据备份的存储方式

1) 磁带存储

虚拟磁带库(Virtual Tape Library,VTL),又称为磁盘库(Disk Library),用磁盘来存储数据,并且能够仿真成物理磁带库。这种备份方式是磁盘备份的主流方式,它的优点是相对磁带备份的数据保护性能大幅提高;同时,还能沿用原有的磁带备份软件和备份策略。

磁带存储是指目前使用磁带存储设备解决企业数据备份保存问题,它依然是行之有效的方法。磁带设备既是存储备份设备的元老,又是存储备份设备最有生气的主力军,磁带这种最基本的存储单元,依然会在存储技术突飞猛进的今天,发挥着巨大的作用。

通常在下列情况中,可以考虑采用磁带介质。

(1) 有充足的备份时间。磁带的一个缺点就是速度慢。如果你对备份时间不敏感,那就没问题。通过磁盘到磁带的备份方式十分稳定,充分发挥了磁带的优势。

(2) 不需要进行快速的文件/目录恢复工作,或者可以通过别的手段来实现这一目标。任何基于块存储的系统(通常磁带都采用这种存储方式)都不适合进行快速文件恢复。在有些情况下,的确不需要进行快速恢复。在其他情况下,可以采用实时快照或者镜像备份方式实现快速恢复的目的。

(3) 需要进行离线的大块数据恢复工作。新一代的 SDLT(超级线性数据磁带)可以在单个磁带上存储 600 G 的压缩数据,同时,昆腾公司声称,他们研发的可以实现 1.6 TB 存储容量的 DLT-S4 标准磁带即将面向市场。这些因素都使得磁带的容量远远领先于其他的移动存储介质。

(4) 需要长时期、高质量的文档存储。越来越多的企业已经意识到,文档存储和备份存储是不一样的。尽管在备份存储领域,磁带的地位已经受到了强有力的挑战,但是,磁带存储仍然是最好的文档存储方案之一。通过正确的存储方式,磁带存储的文档至少可以保留20 年。

（5）需要进行高质量、可移动的文档存储。磁带具有高容量、易移动的特点。如果打算采用可移动的数据存储进行灾难性数据恢复，那么自然要首选磁带介质。

（6）需要低成本的解决方案。磁带是目前能够解决备份与灾难性数据恢复的最经济的解决方案之一。

目前磁带存储主要应用的技术有三种：LTO(Linear Tape-Open，开放线性磁带)、DLT(Digital Linear Tape，数码线性磁带)和 AIT(Advanced Intelligent Tape，先进智能磁带)。

2）网络存储

网络存储技术是基于数据存储的一种通用网络术语。网络存储结构大致分为三种：直连式存储（Direct Attached Storage，DAS)、网络存储设备（Network Attached Storage，NAS)和存储网络(Storage Area Network，SAN)。

直连式存储(DAS)：这是一种直接与主机系统相连接的存储设备，如作为服务器的计算机内部硬件驱动。到目前为止，DAS 仍是计算机系统中最常用的数据存储方法。DAS已经有近 40 年的使用历史，随着用户数据的不断增长，尤其是数百 GB 以上时，其在备份、恢复、扩展、灾备等方面的问题日益困扰着系统管理员。

网络存储设备(NAS)：NAS 是一种采用直接与网络介质相连的特殊设备来实现数据存储的机制。由于这些设备都分配有 IP 地址，所以客户机通过充当数据网关的服务器可以对其进行存取访问，甚至在某些情况下，不需要任何中间介质客户机也可以直接访问这些设备。

存储网络(SAN)：SAN 是指存储设备相互连接且与一台服务器或一个服务器群相连的网络。其中的服务器用做 SAN 的接入点。在有些配置中，SAN 也与网络相连。SAN 中将特殊交换机当做连接设备。它们看起来很像常规的以太网络交换机，是 SAN 中的连通点。SAN 使在各自网络上相互通信成为可能，并带来了很多有利条件。

3. 灾难备份与恢复

1）灾难备份

通过第三方的服务来完成数据灾难备份工作，作为备份中心（备份地点），一方面要具有系统环境，即有一个计算机配置，购置相应的计算机设备并安装相应的软件；另一方面还要具备网络环境，即确保客户端能够顺利地访问备份中心。与此同时，灾备中心要将数据和应用准备就绪，时刻处于待命状态。

一旦遭遇灾难事故，数据和应用可以在远程备份地点尽快得到恢复。要达到这个目标，一定要考虑三个要素：备份地点准备就绪；数据在备份地点准备就绪；两个不同地点(site)之间的数据如何传递。

2）灾难恢复

数据备份的最终目的就是灾难恢复，灾难恢复技术也称业务连续性技术，是目前在发达国家十分流行的 IT 技术。它为重要的计算机系统提供在断电、火灾等各种意外事故发生时，甚至在洪水、地震等严重自然灾害发生时，保持持续运行的能力。

灾难恢复措施在整个数据备份策略中占有相当重要的地位，因为它关系到系统在经历灾难后能否迅速恢复。灾难恢复措施包括以下几个方面。

（1）灾难预防制度：为了预防灾难的发生，需要做灾难恢复备份。企业信息系统在数据实现大集中的结点上，应采用网络连接存储或存储区域网络备份技术进行灾难恢复备份系统建设,在紧急情况下,它会自动恢复系统的重要信息。

(2)灾难演练制度:要保证灾难恢复的可靠性,只进行备份系统的建设是不够的,还要进行灾难恢复演练。各企业可以利用淘汰的计算机或多余的存储介质进行灾难模拟,以熟练灾难恢复的操作过程,检验在用的存储备份系统运行是否正常和备份的数据是否可靠。

(3)灾难恢复拥有完整的备份方案,严格执行制定的备份策略,当企业信息系统遭遇突如其来的灾难时,它可以应付自如。

习 题 八

一、填空题

1. 网络存储结构大致分为三种:＿＿＿＿＿、＿＿＿＿＿和＿＿＿＿＿。

2. 网络信息安全重点保护的是数据信息的完整性、＿＿＿＿＿、＿＿＿＿＿以及不可否认性。

3. 防火墙的体系结构一般有＿＿＿＿＿、＿＿＿＿＿和＿＿＿＿＿三种。

4. 强制访问控制的安全级别一般有四级:分别是＿＿＿＿＿、秘密级、机密级和＿＿＿＿＿。

5. 目前国际上最流行的加密技术有＿＿＿＿＿和＿＿＿＿＿两种。

6. 防火墙的主要技术有＿＿＿＿＿。

7. DES 密码是＿＿＿＿＿位分组对数据加密。

8. RSA 算法中,包含两个密钥,分别是＿＿＿＿＿和＿＿＿＿＿。

9. 防火墙的体系结构一般有＿＿＿＿＿、＿＿＿＿＿和＿＿＿＿＿三种。

10. 网络管理系统通常由＿＿＿＿＿和＿＿＿＿＿组成。

二、选择题

1. 下面( )选项不是认证的目的。

A. 验证信息在传送或存储过程中是否被篡改

B. 验证消息的收发者是否持有正确的身份认证码

C. 验证信息的长度是否符合要求

D. 防止消息重放或延迟等攻击

2. 下面对网络安全说法错误的是( )。

A. 网络实体安全主要指网络物理方面的安全,如网络机房的物理环境及设施安全,网络传输线路的安全和配置等方面的安全

B. 软件安全主要指网络系统中通信软件、系统软件安全

C. 数据安全指网络上用户的数据不被非法篡改、截取,数据保持完整

D. 网络安全管理是指网络上用户的安全管理

3. 下面( )选项不属于网络安全扫描技术。

A. 防火墙技术　　　　B. PING 扫射　　　　C. 操作系统探测　　　　D. 漏洞扫描

4. 在企业内部网与外部网之间,用来检查网络请求分组是否合法,保护网络资源不被非法使用的技术是( )。

A. 防病毒技术　　　　B. 防火墙技术　　　　C. 差错控制技术　　　　D. 流量控制技术

5. 下面关于防火墙的说法错误的是(　　)。

A. 静态包过滤技术局限于过滤基于源及目的的端口,IP 地址的输入输出业务

B. 防火墙通过改变信息的表示形式来伪装需要保护的信息,使非授权者不能了解被保护信息的内容

C. 动态防火墙技术可创建动态的规则,使其适应不断改变的网络业务量。根据用户的不同要求,规则能被修改并接受或拒绝条件

D. 利用防火墙可以做到单向访问控制的功能,仅允许内部网用户及合法外部用户可以通过防火墙来访问公开服务器

6. 对网络管理协议说法错误的是(　　)。

A. 网络管理协议一般为应用层级协议

B. CMIP 协议基于简单网关监视协议

C. SNMP 协议消息通过遍历 MIB 树型目录中的结点来访问网络中的设备

D. CMIP 的特点是采用委托监控

7. 灾难备份不需要的要素是(　　)。

A. 备份地点准备就绪

B. 数据在备份地点准备就绪

C. 两个不同地点(site)之间的数据如何传递

D. 数据的类型有哪些

8. RSA 属于(　　)加密方法。

A. 非对称　　　　　　B. 对称　　　　　　C. 流密码　　　　　　D. 密钥

9. DES 算法是分组密码,数据分组长度是(　　)位。

A. 8　　　　　　　　B. 16　　　　　　　C. 32　　　　　　　D. 64

10. 数字证书由 CA 发放,用(　　)来识别证书。

A. 私钥　　　　　　　B. 公钥　　　　　　C. SRA　　　　　　D. 序列号

三、简答题

1. 角色访问策略具有哪些优点?

2. 什么是网络安全技术? 主要有哪些技术?

3. 简述 RSA 加密过程。

第9章　网络规划与设计

网络规划与设计是一项复杂的系统工程,它涉及网络工程建设和网络技术的多个方面,不仅包含技术问题,也有组织和管理问题,在网络建设时必须遵守一定的系统分析和设计原则。

9.1　网络规划概述

网络规划与设计就是为计划建设的网络系统提出一套完整的规划和方案,网络规划主要包括网络系统的可行性要求,需求分析与网络建设目标,网络总体设计,设备选型、网络安全和网络管理等主要方面,其他还包括工程实施、系统软件、应用系统设计等方面。网络规划与设计是组建计算网络系统、网络工程施工的纲要性文件。

9.1.1　网络规划与设计原则

一般说来,网络规划与设计的原则要使得用户在技术和服务上得到最优的设计。以用户为中心的建网原则一般有以下几点。

(1) 网络建设的先进性。网络规划具有前瞻性,具有先进的设计思想和理念,采用开放标准协议,选择符合先进性的设备,有利于网络使用和维护,具有向后兼容的体系结构。选择成熟的设备和软硬件产品。

(2) 可靠性原则。具有容错功能,管理、维护方便。对网络的设计、选型、安装和调试等各个环节进行统一的规划和分析,确保系统运行可靠,需从设备本身和网络拓扑两方面考虑。

(3) 可扩展性原则。为了保证用户的已有投资以及用户不断增长的业务需求,网络和布线系统必须具有灵活的结构,并留有合理的扩充余地,既能满足用户数量的扩展,又能满足因技术发展需要而实现低成本的扩展和升级的需求。需从设备性能、可升级的能力和 IP 地址、路由协议规划等方面考虑。

(4) 可运营性原则。仅仅提供 IP 级别的连通是远远不够的,网络还应能够提供丰富的业务,足够健壮的安全级别,为关键业务的 QoS 提供保证。搭建网络的目的是真正能够给用户带来效益。

(5) 可管理原则。提供灵活的网络管理平台,利用一个平台实现对系统中各种类型的设备进行统一管理;提供网管对设备进行拓扑管理、配置备份、软件升级、实时监控网络中的流量及异常情况。

（6）安全性原则。在设计规划网络时，应考虑提供多层次的安全控制机制，建立全面的安全管理防范体系。防止数据受到侵犯和破坏，有可靠的安全措施和设备。

（7）灵活性原则。在网络规划时应充分考虑利用和保护现有资源，充分发挥现有设备的功能，采用模块化和结构化设计原则，满足用户逐步完善网络的需要，使网络具有强大的增长性和成长性。

（8）经济性原则。在满足用户需要和在一定时期内保持先进性的前提下，尽可能使得网络建设的投资合理，选择的设备性价比更高。

9.1.2　网络规划的主要步骤

通过科学合理的规划能够用最低的成本建立最佳的网络，达到最高的性能，提供最优的服务，对业务需求、网络规模、网络结构、管理需要、增长预测、安全要求、网络互联等指标给出尽可能明确的定量或定性分析和估计。

网络规划的主要步骤如下。

1. 需求分析

网络设计与规划的前提是做好需求分析，首先要了解用户的网络现状，明确用户建网的目的和目标，并且掌握用户现有网络状态和环境，确定用户的数据流管理模式和规模大小，明确用户建网的当前需要和未来需求，这样规划设计的网络才能是最适合用户需要的。在需求分析阶段，和用户的沟通交流是必须的，在沟通交流阶段，要掌握以下内容。

（1）用户建网的目的和基本目标：了解用户需要通过组建网络解决什么样的问题，用户希望网络提供哪些应用和服务。

（2）网络的物理布局：充分考虑用户的位置、距离、环境，并到现场进行实地查看。

（3）用户的设备要求和现有的设备类型：了解用户数目、现有物理设备情况以及还需配置设备的类型、数量等。

（4）通信类型和通信负载：根据数据、语音、视频以及多媒体信号的流量等因素对通信负载进行估算。

（5）网络安全程度：了解网络在安全性方面的要求有多高，以便根据需要选用不同类型的防火墙并采取必要的安全措施。

（6）网络总体设计：网络总体设计是网络设计的主要内容，关系到网络建设质量的关键，包括局域网技术选型、网络拓扑结构设计、地址规划、广域网接入设计、网络可靠性与容错设计、网络安全设计和网络管理设计等。

2. 网络总体设计

网络总体设计是网络设计的主要内容，关系到网络建设质量的关键，包括局域网技术选型、网络拓扑结构设计、地址规划、广域网接入设计、网络可靠性与容错设计、网络安全设计和网络管理设计等。

3. 设备选型

在完成需求分析、网络设计与规划之后就可以结合网络的设计功能要求选择合适的传输介质、集线器、路由器、服务器、网卡和配套设备等各种硬件设备。硬件设备选型应遵从以下原则:必须综合考虑网络的先进合理性、扩展性和可管理性等要素;设备要既具有先进性,又具有可扩展性和技术成熟性。

因此,对所选设备既要看其可扩充性和内核技术的成熟性,还要具备较高的性价比。同时,在设计方案中应对设备产品的主要技术性能指标做详细的分析解释。

4. 系统软件及应用系统选定

目前国内流行的网络操作系统有 Windows Server 2003/2008、Linux(Red Hat、Ubuntu)、Unix 等,它们的应用层次各有不同。Unix 主要应用于高端服务器环境,其操作系统的安全性能级别高于其他操作系统。Unix 通常被用在系统集成的后台,用于管理数据服务。系统集成前台或者一般的局域网环境可采用 Linux 和 Windows Server 2003/2008 等网络操作系统。选用哪种操作系统,还要根据用户的应用环境来确定。另外,还要根据网络操作系统及相关应用环境选择数据库系统等系统软件。

一般网络系统的基本应用包括数据共享、门户网站、电子邮件和办公自动化系统等。不同性质的用户需求也不尽相同,如校园网的网络教学系统和数字化图书馆系统、企业的电子商务系统、政府的电子政务系统等。目前的应用系统都是基于服务器的,有 C/S(客户机/服务器模式)和 B/S(浏览器/服务器模式)两种模式。其主要涉及内容如下:

(1) 应用系统设计;

(2) 计算机系统设计;

(3) 系统软件的选择;

(4) 确定软件系统集成详细方案。

9.2　网络总体设计

网络总体设计从网络组建技术选型、网络拓扑结构设计、Internet 接入、IP 地址规划、网络安全性和网络管理性等方面入手。网络总体设计涉及大量的网络技术,这些技术都贯穿在整个网络设计中。

9.2.1　网络拓扑设计原则

网络拓扑结构设计主要确定网络以什么方式组建,采取的网络体系结构,采用的协议等。

按照分层结构设计规划网络,应遵循以下原则。

(1) 网络中因拓扑结构改变而受影响的区域应被限制到最小程度。

(2) 路由器及其他三层设备应传输尽量少的信息。

网络的拓扑结构在传统的局域网中一般分为星型结构、总线结构、环型结构以及混合网络结构。在一个大的网络环境中,也会有无线局域网接入作为有线网络的补充,无线局域网的结构一般有点对点的 Ad-Hoc 对等结构和 Infrastructure 结构。在网络规划时根据网络规模大小、网络性能要求等因素考虑网络的拓扑结构。

当今,一般的大中型网络拓扑的设计通常采用网络分层设计技术,在互联网组件的通信中引入了三个关键层的概念。这三个层次分别是：核心层（Core Layer）、汇聚层（Distribution Layer）和接入层（Access Layer）。如图 9-1 所示。

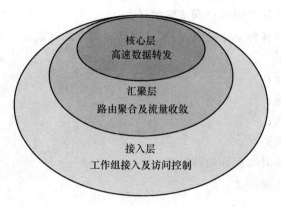

图 9-1　网络分层结构

各层的功能和特点如下。

1. 接入层

接入层为用户提供网络的访问接口，是整个网络的可见部分，也是用户与该网的连接场所，同时进行接入访问控制，带宽交换，网段划分等网络资源优化工作。

接入层的设计目标：将流量接入网络；对接入用户进行控制访问。

接入层特点如下：

（1）建立独立的冲突域；

（2）建立工作组与汇聚层的连接；

（3）部署用户的安全接入控制策略。

2. 汇聚层

用来把大量接入层的路径进行汇聚和集中，并连接到汇聚层。主要完成数据包处理，数据过滤，地址寻址，增强策略部署等数据处理任务。汇聚层是核心层和接入层的分界点，定义网络链接，对数据分组进行复杂的运算，在核心层和接入层之间提供协议转换和带宽管理。

汇聚层的设计目标主要是隔离网络拓扑结构的变化，控制路由表的大小以及网络流量的收敛。

汇聚层特点如下：

（1）广播域的划分；

（2）不同网段之间的相互访问；

（3）用户访问网络的权限控制；

（4）策略定义。

3. 核心层

为网络提供骨干组件或高速交换组件，是网络所有流量的最终承受者和汇聚地。在传统的分层设计中，核心层只是完成数据交换的特殊任务。

核心层的设计目标是处理高速数据流，尽可能地交换数据分组而不是负责具体数据的计算，为网络提供优质的数据运输功能。

设计策略如下：

（1）核心层的所有设备应具有充分的可到达性；

（2）核心层不执行任何网络访问策略的计算；

（3）禁止内部网的各种策略路由，减少处理器和内存的过载。

核心层特点如下：

（1）提供高可靠性；

（2）提供冗余链路；

（3）提供故障隔离；

（4）迅速适应升级；

（5）提供较少的延时和良好的可管理性。

分层结构如图 9-2 所示。

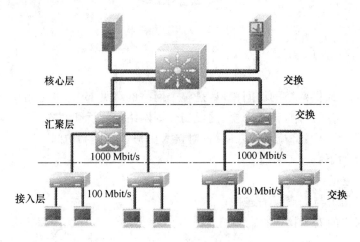

图 9-2　分层结构的示意图

从上面可以看出层次化设计的主要特点，具体如下：

（1）可扩展性；

（2）高可用性；

（3）低时延；

（4）故障隔离；

（5）模块化；

（6）高投资回报；

（7）网络管理。

9.2.2　Internet 接入设计

目前的网络一般都接入互联网络，享受网络带来的资源和信息。网络接入是网络总体设计的重要内容，在网络总体设计中，需要从网络的整体目标和当地网络运营商的实际情况出发，对网络接入技术作出正确的选择，规划内部的网络和服务商的连接方式。在选择广域网的接入方式时，要规划网络带宽、网络连接性、地址的识别和地址转换以及网络安全性。

局域网接入 Internet 要考虑的几个方面如下。

（1）接入方式：目前接入 Internet 的方式主要有光纤接入、传统的以太网技术、无线接入以及电视线缆接入，根据自己网络设备、网络规模、网络安全和网络维护等几个方面选择接入技术。

（2）接入带宽：接入 Internet 的带宽是付费的，要仔细理解网络的主要应用和主要业务带宽保证，申请合乎要求的带宽。

（3）接入维护：选择维护方便容易的接入方式，容易管理的技术和营运商也是很重要的。

（4）接入内容：接入 Internet 网络，还应考虑局域网中哪些服务是向外提供服务的，如何提供，安全要求以及地址转换。

Internet 接入是一个与安全、IP 地址相关的设计技术。

9.2.3　IP 地址规划

IP 地址的规划是网络设计过程中一个很重要的环节。IP 地址规划的好坏，将影响到网络路由协议算法的效率，影响到网络的性能、网络的扩展性及网络的管理，也将直接影响到网络应用的进一步发展。

1. IP 地址的分配原则

IP 地址空间分配应该与网络拓扑层次结构相适应，既要有效地利用地址空间，又要体现出网络的可扩展性和灵活性，同时要能满足路由协议的要求，以便网络中的路由聚类，减少路由器中路由表的长度，减少对路由器 CPU 和内存的消耗，提高路由算法的效率，加快路由变化的收敛速度，同时还要考虑网络地址的可管理性。具体分配时要遵循以下原则。

（1）唯一性：一个 IP 网络中不能有两个主机采用相同的 IP 地址。

（2）简单性：地址分配应简单且易于管理，降低网络扩展的复杂性，简化路由表项。

（3）连续性：连续地址在层次结构网络中易于进行路由表聚类，大大缩减路由表，提高路由算法的效率。

（4）可扩展性：地址分配在每一层次上都要留有余量，在网络规模扩展时能保证地址聚合所需的连续性。

（5）灵活性：地址分配应具有灵活性，以满足多种路由策略的优化，充分利用地址空间。

2. IP 地址分配方案

IP 地址包括申请的公有 IP 地址和内部私有分配地址。

（1）公有 IP 地址的分配。这里的公有地址也称为实地址（又叫合法地址），作为和国际互联网互联的地址。一般公有地址都是作为局域网与 Internet 网络接入时使用的地址，在Internet 网络上使用的地址才是可以被识别的地址，才能与外部的网络进行通信。

（2）私有 IP 地址的分配。在进行网络规划时，应先设计网络的私有部分。原则上所有的内部连接都应使用私有地址空间，然后通过统一的出口，利用公有子网与外部连接。内部的网络结构变化不应影响外部网络的链接，使用私有 IP 地址的用户要和国际互联网联系，须采用 NAT 地址转换技术将内部地址转换成外部地址。

9.2.4　网络可靠性与冗余性设计

在网络规划与设计时,网络的可靠性是非常重要的一个考虑因素。网络的可靠和冗余是保证网络正常运行的条件。

1. 网络可靠性

网络系统的可靠性主要有三个方面:即抗毁性、生存性和有效性。

抗毁性是指网络或系统在部分结点或者线路失效后,网络仍然能够提供一定的服务。

生存性是网络系统在随机被破坏部分系统后是否仍然运行,主要表现在网络拓扑结构的可靠性上。

有效性主要反映在网络信息系统在不同情况下满足业务性能要求的程度。例如,网络部件失效虽然没有引起网络失效,但却加大了其他设备的工作负荷,造成系统质量下降、处理演示增加和网络阻塞等现象。

网络可靠性设计主要反映在系统本身的质量和规范管理上。另外,在网络中设计冗余部件,构建网络备份体系,也能增强容错能力。

2. 冗余设计

冗余设计也称为备用设计,在网络设计中,即使合理的网络结构也存在故障隐患,通常是指单点故障。冗余设计就是用于解决单点故障而设计的,包括硬件冗余、软件容错、网络结构和线路备份等,来解决单点故障点,提供安全的方法解决故障隐患。

常见的硬件冗余有设备冗余、模块冗余、磁盘镜像和磁盘阵列等几个方面。

(1) 设备冗余。指采用多台设备来保证当一台设备发生故障时,其他的设备能接管故障设备的工作。正常情况下,多台设备在网络中可以根据系统配置各自完成自己的工作,但相互之间互相监控,互相交换各自的运行数据,一旦一台设备有问题,另外的设备可以马上接管他的工作,使系统和网络能正常工作。在核心层往往需要有冗余网络设备,避免单点故障发生而引起整个网络的瘫痪。

其他的冗余硬件有服务器的网卡、网络设备模块、电源模块等。

(2) 软件容错。软件容错一般在服务器中使用,用来解决因服务器、交换机、防火墙、磁盘等设备和部件故障所造成的业务停机、业务中断和数据丢失等损失。软件容错包括操作系统和业务应用系统容错。Oracle 数据库的迁移功能也属于软件容错的范围。

(3) 网络结构和网络线路将冗余。网络可靠性中,网络主干的容错能力一般采用的技术就是冗余技术,包括核心设备冗余,核心交换之间的链接链路冗余以及服务器通道的冗余等。

9.2.5　网络安全性设计

1. 网络安全的概述

在网络设计和规划中,网络安全处于非常重要的地位。在网络安全性设计中,主要考虑网络的物理安全、系统安全、网络安全、应用安全以及安全管理。

(1) 物理环境的安全性(物理层安全)。该层次的安全包括通信线路的安全、物理设备的安全、机房的安全等。物理层的安全主要体现在通信线路的可靠性(线路备份、网管软件、传输介质),软硬件设备安全性(替换设备、拆卸设备、增加设备),设备的备份,防灾害能力和防干扰能力,设备的运行环境(温度、湿度、烟尘)以及不间断电源保障等。

(2) 操作系统的安全性(系统层安全)。该层次的安全问题来自网络内使用的操作系统的安全,如 Windows NT,Windows 2000 等。主要表现在三个方面,一是操作系统本身的缺陷带来的不安全因素,主要包括身份认证、访问控制、系统漏洞等。二是对操作系统的安全配置问题。三是病毒对操作系统的威胁。

(3) 网络的安全性(网络层安全)。该层次的安全问题主要体现在网络方面的安全性,包括网络层身份认证,网络资源的访问控制,数据传输的保密与完整性,远程接入的安全,域名系统的安全,路由系统的安全,入侵检测的手段以及网络设施防病毒等。

(4) 应用的安全性(应用层安全)。该层次的安全问题主要由提供服务所采用的应用软件和数据的安全性产生,包括 Web 服务、电子邮件系统和 DNS 等。此外,还包括病毒对系统的威胁。

(5) 管理的安全性(管理层安全)。安全管理包括安全技术和设备的管理、安全管理制度、部门与人员的组织规则等。管理的制度化极大程度地影响着整个网络的安全,严格的安全管理制度、明确的部门安全职责划分、合理的人员角色配置都可以在很大程度上降低其他层次的安全漏洞。

网络安全设计主要实现以下功能。

(1) 通过身份验证实现网络安全访问,做到访问有记录,事后有据可查。

(2) 通过网络隔离与控制,实现网络边界的安全。

(3) 通过数据的保密性和完整性,实现数据网络传输的安全。

(4) 通过网络行为监控和流量管理,实现网络安全检测。

(5) 实施网络安全策略和管理,实现网络全方位管理。

(6) 网络安全设计时还应从系统安全、网络安全检测、访问控制、入侵检测、设计分析、病毒防范、网络运行安全、安全备份与应急措施等方面进行详细的规划和考虑。

2. 网络安全设计准则

1) 网络信息安全的木桶原则

网络信息安全的木桶原则是指对信息进行均衡与全面的保护。"木桶的最大容积取决于最短的一块木板"。网络信息系统是一个复杂的计算机系统,它本身在物理上、操作上和管理上的种种漏洞构成了系统的安全脆弱性,尤其是多用户网络系统自身的复杂性、资源共享性使单纯的技术保护难上加难。攻击者使用"最易渗透原则",必然在系统中最薄弱的地方进行攻击。因此,充分、全面、完整地对系统的安全漏洞和安全威胁进行分析、评估和检测(包括模拟攻击)是设计信息安全系统必要的前提条件。安全机制和安全服务设计的首要目的是防止最常用的攻击手段,根本目的是提高整个系统"安全最低点"的安全性能。

2) 网络信息安全的整体性原则

要求在网络发生被攻击和破坏事件的情况下,必须尽可能快速地恢复网络信息中心的服务,减少损失。因此,信息安全系统应该包括安全防护机制、安全检测机制和安全恢复机制。安全防护机制是根据具体系统存在的各种安全威胁采取的相应防护措施,避免非法攻击的进行。安全检测机制是检测系统的运行情况,及时发现和制止对系统进行的各种攻击。

安全恢复机制是在安全防护机制失效的情况下，进行应急处理和尽量及时地恢复信息，减少攻击的破坏程度。

3）安全性评价与平衡原则

对任何网络，绝对安全难以达到，也不一定是必要的，所以需要建立合理的实用安全性与用户需求评价与平衡体系。安全体系设计要正确处理需求、风险与代价的关系，做到安全性与可用性相容，做到组织上可执行。评价信息是否安全，没有绝对的评判标准和衡量指标，只能决定于系统的用户需求和具体的应用环境，具体取决于系统的规模和范围、系统的性质和信息的重要程度。

4）标准化与一致性原则

系统是一个庞大的系统工程，其安全体系的设计必须遵循一系列的标准，这样才能确保各个分系统的一致性，使整个系统安全地互联互通、信息共享。

5）技术与管理相结合原则

安全体系是一个复杂的系统工程，涉及人、技术、操作等要素，单靠技术或单靠管理都不可能实现。因此，必须将各种安全技术与运行管理机制、人员思想教育与技术培训、安全规章制度建设相结合。

6）统筹规划，分步实施原则

由于政策规定、服务需求的不明朗，环境、条件、时间的变化，攻击手段的进步，安全防护不可能一步到位，所以可以在一个比较全面的安全规划下，根据网络的实际需要，先建立基本的安全体系，保证基本的和必须的安全性。随着网络规模的扩大及应用的增加，网络应用和复杂程度的变化，网络脆弱性也会不断增加，调整或增强安全防护力度，保证整个网络最根本的安全需求。

7）等级性原则

等级性原则是指安全层次和安全级别。良好的信息安全系统必然是分为不同等级的，包括对信息保密程度分级，对用户操作权限分级，对网络安全程度分级（安全子网和安全区域），对系统实现结构的分级（应用层、网络层、链路层等），从而针对不同级别的安全对象，提供全面、可选的安全算法和安全体制，以满足网络中不同层次的各种实际需求。

8）动态发展原则

要根据网络安全的变化不断调整安全措施，适应新的网络环境，满足新的网络安全需求。

9）易操作性原则

首先，安全措施需要人为去完成，如果措施过于复杂，对人的要求过高，本身就降低了安全性；其次，措施的采用不能影响系统的正常运行。

9.3　网络设备和系统选型

根据网络规划中需求分析的要求，选择合适的软硬件产品，是构建完整网络非常关键的一环。硬件设备主要包括交换机、路由器、防火墙、服务器等，硬件设备的选择应遵从以下原则。

应综合考虑网络的先进性、可扩展性、可管理性等要素。所选设备除了能满足当前网络的需要外,还应考察设备的可扩充性和内核技术的先进性和成熟性,同时要有较高的性价比。应详细列出设备的具体技术性能指标,尽可能作出详细分析。

1) 接入层设备选型

接入层设备需支持的功能如下:

(1) 二层数据的快速交换;

(2) 支持多用户的接入;

(3) 能够提供和汇聚层设备连接的高带宽链路;

(4) 支持 ACL 和端口安全功能,保证用户的安全接入;

(5) 支持网络远程管理,支持 SNMP 协议。

2) 汇聚层设备选型

汇聚层设备需支持的功能如下:

(1) 不同 IP 网络之间的数据转发;

(2) 高效的安全策略处理能力;

(3) 提供高带宽链路保证高速数据转发;

(4) 支持提供负载均衡和自动冗余链路;

(5) 支持远程网络管理,支持 SNMP 协议。

3) 核心层设备选型

核心设备需支持功能如下:

(1) 数据的高速交换;

(2) 高稳定性,保证设备的正常运行和管理;

(3) 路由功能;

(4) 支持提供数据负载均衡和自动冗余链路。

9.3.1　网络设备选型

在网络使用中涉及许多设备,包括交换机、路由器、防火墙、服务器、磁盘阵列等,因此选择合适的网络设备也涉及许多因素。

1. 交换机选择

在选择交换机时,要从交换机的主要性能指标入手,交换机的主要性能指标如下。

(1) 交换机类型。交换机的类型包括插槽式(机架式)与非插槽式(不具有扩展槽),主要表现在扩展性上。

(2) 端口。端口指交换机的接口数量与类型,例如,是 RJ45 接口,还是光口(如支持 SPF 类型等)。

(3) 传输速率与传输模式。一般都支持 10M/100M/1 000M 自适应模式。传输模式指双工、半双工等模式。

(4) 交换方式。交换机采用的数据交换方式是"存储转发"还是"直通方式"。

(5) 背板带宽。也称背板数据吞吐量,指交换机接口处理器和数据总线之间所能吞吐的最大数据量,交换机的背板带宽越高,其处理数据的能力就越强,是交换机很重要的一个指标。

（6）安全性支持。交换机能否把非法的客户隔离，是否有地址过滤功能和 WLAN 的划分等。

（7）冗余支持。交换机是否支持冗余部件，在一个模块发生故障时冗余部件能否接替工作。

选择交换机时，要注意以下原则。

（1）实用性与先进性相结合的原则。在选择交换机的时候，不能只看品牌或追求高价，应选择性价比高的，既能满足目前的需要，又能适应未来几年的发展，以免超前投资。

（2）安全可靠的原则。交换机的安全是网络安全实施的重要因素，交换机的安全主要表现在 VLAN 的划分和过滤技术上。

（3）产品服务相结合的原则。选择交换机，既要看交换机产品的质量和性能，还要了解是否有强大的技术支持和良好售后服务体系。

2. 路由器的选择

路由器是网络中路由汇聚和网络通信的桥梁，路由器的选择尤为重要。

路由器的主要性能指标有以下几个方面。

（1）路由器配置参数。路由器配置参数包括路由器的接口种类、接口插槽的数量、CPU 能力、内存大小和端口密度等。

（2）对协议的支持。能否对主流的路由协议支持。

（3）吞吐量大小。包括设备本身背板的数据吞吐量和端口数据的吞吐量。

（4）背靠背帧数。指路由器以最小帧间隔发现最多数据包而不丢包的数据包大小。主要测试路由器的缓存能力。

（5）丢包率。指路由器在测试中丢失数据包占发送数据总量的比例。

（6）路由表能力。通常依靠建立和维护路由表来决定如何转发数据包，它是路由器重要的性能指标。

（7）支持 QoS。QoS 主要用来解决网络阻塞和延迟问题。好的路由器在服务质量策略功能上有较强的解决能力。

路由器的指标还包括其他参数，用户在选择的时候，根据自身的业务需求选择路由器。

选择路由器的一些基本原则如下。

首先选择满足自身需求的路由器。其中包括几个方面。

（1）实用性原则：采用市场成熟技术和成熟产品，既能满足当前业务需要，又能满足今后几年的发展需要。

（2）可靠性原则：要尽量选择高可靠性的产品，保证网络的正常运行。

（3）高性价比：不盲目追求高性能，尽量选择合乎自身要求的产品。

选择核心路由器时，更加注重可靠性和先进性，具体指标包括以下几个方面。

（1）无故障连续工作时间的要求：一般大于 10 万小时。

（2）故障恢复时间要求：一般小于 30 min。

（3）是否具备主、备系统，以及系统切换时间。主、备引擎切换时间一般小于 50 ms。

（4）高可靠性和高稳定性：一般要求主处理器、模块、电源、内存、线路等主要部件有冗余配置。

3. 防火墙的选择

要选择合适的防火墙,必须了解防火墙的主要性能指标。

防火墙的主要性能指标如下。

(1) 接口类型。防火墙接口类型决定其接入网络的网络,包括以太网、光纤网络等。

(2) 加密支持。指防火墙支持的机密算法,防火墙提供的加密方法有两种,硬件加密和软件加密,加密除了用于数据传输外,还应用于其他方面,如身份认证、密钥分配等。

(3) 认证支持。指支持的认证类型,即防火墙支持的身份认证协议,一般情况下具有一个或多个认证方案,如 RADIUS、Kerberos、TACACS/TACACS＋、口令方式、数字证书等。防火墙能够为本地或远程用户提供经过认证与授权的对网络资源的访问,防火墙管理员必须决定客户以何种方式通过认证。

(4) 访问控制。防火墙的访问控制是防火墙的重要性能指标,主要表现在访问控制的策略方式,一般有包过滤、应用层代理及 NAT 等技术。其中包过滤由若干过滤规则组成,它涵盖出入防火墙的数据包的条件。

(5) 防御能力。防火墙的主要功能之一,体现在几个方面:能否支持病毒扫描、是否支持数据内容过滤、主动防御功能方面。

(6) 安全特性。识别、记录防止来自网络方面的欺骗等。

选择防火墙因素有很多,主要遵从以下几个方面。

(1) 确定防火墙的总体防御目标:选择的防火墙应实现系统的安全策略。

(2) 明确系统目标:明确用户需要防火墙完成的网络监视、冗余度及控制安全的程度。

(3) 列出防火墙的基本功能:端口数量及类型、支持的协议数量、不同的安全特性等。

(4) 满足用户的特殊要求:用户的安全策略中,防火墙并不是所有都满足。一定要认真筛选满足自己安全要求的防火墙。

(5) 防火墙本身是安全的:作为安全产品,防火墙本身应该是安全的。

(6) 不同级别用户选择的防火墙类型也不同:要根据实际选择满足自身要求的,因为防火墙的价格差距很大,选择适合自己要求的即可。

4. 服务器的选择

用户在选择服务器的时候,注意服务器的几个重要参数。

(1) CPU 和内存:CPU 的类型、主频和数量在很大程度上决定服务器的性能好坏。

(2) 芯片组与主板。

(3) 磁盘和 RAID 类型。

(4) 热拔插,指带电进行的磁盘或板卡的操作。

选择服务器的基本原则如下。

(1) 稳定可靠:服务器的选择,首先要可靠。

(2) 扩展性要好。

(3) 易于管理。

5. 存储设备选择

在网络规划设计中,一个成功存储局域网的设计是保证网络系统成功的关键技术。在存储局域网的设计中首先要从设计角度出发,保证在实施后存储局域网能够满足以下要求:

(1) 满足客户对存储设备性能和容量方面的要求;

（2）满足相关的数据高可用性和容灾的要求；

（3）强大的数据管理性；

（4）满足数据备份的要求；

（5）满足未来数据与业务增长的要求；

（6）高性价比。

存储局域网的设计过程，主要包括以下几个步骤。

1）体系结构的选择

磁盘阵列的体系结构是整个存储设备的基础，最终决定了磁盘阵列能够实现的最大性能、能够达到的最大扩展能力。目前的体系结构主要包括：双控制器共享总线式的结构，这一结构一般用于中端的模块化存储；另一主流的结构是交换式结构，即把应用于高端主机中的 CrossBar Switch 技术引入到存储系统当中来，这一结构能够提供最大的系统扩展性和最卓越的性能。此外还有一种介于二者之间的点对点的直连结构，由于受直接连接的局限性，能够提供的性能和存储容量的扩展能力都非常有限。

2）Cache 技术的选择

在决定了整个系统体系结构之后，影响系统性能最关键的因素之一就是系统的 Cache 带宽，在这里一定要注意把实际 Cache 带宽和系统整体带宽区分开来，因为磁盘阵列的任何读写操作都必须通过 Cache 进行交换，所以实际的 Cache 带宽才是对系统性能有直接意义的。此外还有 Cache 是否支持写镜像，所谓写 Cache 镜像就是当数据从主机写入到阵列时是一式两份写在两部分 Cache 之中，确保当 Cache 模块出现故障时，写入的数据在另一 Cache 模块中依然保留，保证了数据写入的完整性。Cache 分区，这一功能允许根据不同应用的要求，对有限的 Cache 资源进行分区，每个应用拥有相对独立的 Cache 分区，可以保证在有限容量的 Cache 下，提供最大的 Cache 利用率和命中率。

3）前端主机接口的选择

磁盘阵列前端主机接口除了评价能够提供的物理接口的数量外，重要的还要看能否支持逻辑端口划分和主机存储域，即要求磁盘阵列的主机端口可以划分出多个逻辑端口。每个逻辑端口可以设定独立的对应主机连接特性，多个异构平台的主机可以通过逻辑端口共享同一物理端口，既保证 SAN 环境中系统安全，又充分提高了主机连接能力，节省了端口资源。

此外，在集中存储环境下，还要看能否支持多种类型的端口，包括 NAS、iSCSI 等，以满足 SAN 访问和 NAS 访问的需要以及某些大型机环境的访问需要。

4）后端磁盘接口的选择

对于后端磁盘接口，重点考察能够扩展的磁盘数量、后端磁盘环路的数量、磁盘环路是否能够支持更好的负载均衡特性、系统最大容量、支持 RAID 级、是否支持不同 RAID 组的混用以及是否支持全局热备盘等。

5）存储功能的选择

存储系统已经日益成为数据中心最重要的设备，已经完全脱离主机等设备和厂商实现更为丰富的功能。

例如，是否能够实现缓存分区功能，可以根据不同应用的运行和管理需要，合理分配缓存资源，实现"一机多用"，既满足了多种应用对缓存的差异需求，又实现了集中存储（为未来集中备份、集中容灾做好了铺垫）；

是否能够实现分级存储，对于那些要求处理性能高、可靠性高的应用数据可以存放在高性能的 FC 磁盘上；对于那些可靠性相对较低、访问频率较低、关注于容量的应用数据，可以存放在 SATA 盘上，充分降低系统的建设成本。

其他功能还包括是否支持基于阵列的数据内部镜像和快照、是否支持基于存储的远程数据复制等。

9.3.2　网络软件选择

网络软件包括网络操作系统、数据库、应用系统等多方面。

网络操作系统选择合适，会大大提高系统的效率。一旦选择不当，往往会破坏原有的数据库和文件，甚至更换已有的应有系统，造成资源浪费。

1. 操作系统选择准则

选择网络操作系统的准则要根据实际情况确定，既要分析原来系统的情况，也要分析将要选择的操作系统的情况。一般原则如下。

（1）对原有系统的分析：分析需要实现的目标，要建立具有什么功能的网络。

（2）对现有系统配置、实现的难度和技术配置分析。

（3）对将要选择的操作系统的分析：该操作系统的主要功能、优势以及配置是否能达到要求；该操作系统的技术主流、技术支持和服务是否满意；该操作系统与市场上其他系统之间在性能和技术生命周期等方面是否领先等。

对当前比较流行的网络操作系统应该有所了解，知道其特点。

1) Microsoft 供公司的 Windows NT 系操作系统

（1）硬件独立性强，能在不同的硬件平台上运行；

（2）具有强大的管理性，如系统备份、容错性能控制等；

（3）支持多种网络协议；

（4）具有目录服务功能；

（5）良好的用户界面，支持多窗口。

2) Unix 系列的操作系统

Unix 系列操作系统在结构上分为核心层和应用层：核心层用于和硬件联系，提供系统服务；应用层给用户提供接口。其特点如下：

（1）能运行在非常广泛的硬件平台上；

（2）支持异构系统互连；

（3）安全性高；

（4）广泛的网络互连性能；

（5）支持网络文件和提供数据库服务。

3) Novell 公司的 Netware 操作系统

Netware 是一个真正的网络操作系统，它直接对微处理器编程，能随着微处理器的发展而发展，充分发挥微处理器的高性能，达到高效服务。其特点如下：

（1）支持多种硬件；

（2）支持异构系统互连；

（3）安全性高；

（4）广泛的网络互连性能；

（5）出色的容错特性，提供一、二、三级容错；

（6）整体系统的保密、安全性高。

2. 数据库管理系统选型

选择数据库管理系统时，用户应从以下各方面加以考虑。

（1）构造数据库的难易程度：主要分析数据库管理系统有没有范式要求，即是否必须按照系统规定的数据模型建立相应的数据结构，数据库语句是否符合国际标准；是否有面向用户的易用的开发工具；所支持的数据库容量等方面。

（2）程序开发的难易程度。

（3）数据库管理系统的性能：主要包括性能评估（响应时间、数据单位时间、数据吞吐量），性能监控（内存使用情况、系统 I/O 速率），性能管理（参数设定与调整）等。

（4）对分布式应用的支持：指对数据和网络的透明程度，就是指用户在应用中不需要指出数据在网络中的结点位置，数据库管理系统可以自动搜索网络，获得需要的数据；用户在应用中无需指出网络使用的协议，数据库管理系统自动将数据包转换成相应的协议数据。

（5）并行处理能力：指数据库管理系统能支持多 CPU 模式的系统，能进行负载分配，并行处理数据等。

（6）可移植性和可扩展性：数据库向前和向后的兼容性方面的性能，是否支持硬件的升级和迁移等。

（7）数据完整性约束。

（8）并发控制功能：对于分布式数据库管理系统，并发控制功能是很重要的，面临多任务分布环境，为保护数据的一致性，需要数据库管理系统功能的并发功能来实现。

（9）容错能力：指数据库管理软件在异常情况下对数据的容错处理。

目前，常见的数据库系统包括 SQL Server、Oracle、DB2、Informix 和 Mysql 等，它们各有优点，适合不同级别的系统。

（1）Informix 数据库：Informix 数据库不仅可以建立数据库，还可以方便地重构数据库，系统保护措施健全；可移植性强，兼容性好。

（2）Oracle 数据库：Oracle 数据库是一个开放型的关系数据库系统，支持多种不同的硬件和操作系统。支持对称多处理器、群集多处理器、大规模处理器等，也是一个多用户系统。它属于大型数据库，用于大中型应用系统中。

（3）DB2 数据库系统：是 IBM 公司研制的一种关系数据库，主要应用在大型应用系统，具有良好的可伸缩性，支持大型机到单机，其提供了高层次的数据完整性、安全性、可恢复性以及大规模程序执行能力。具有与平台无关的基本功能。另外，具有良好的网络支持能力，每个子系统可以支持十几万个分布式用户，对大型分布式应用系统尤为适合。

（4）SQL Server 数据库系统：由 Microsoft 公司推出的一种关系型数据库系统，实现了与 Windows NT 操作系统的有机结合，是一个高性能的、系统管理先进的数据库系统。支持对称多处理器结构，是小型和中型公司的良好选择。

9.4　网络规划案例

通过对证券行业网络组建解决方案来模拟网络规划的主要方面。

9.4.1　用户需求

证券公司涉及金融方面,每天要处理大量的数据和进行信息交换,对数据的实时性和准确性要求高,对网络的可靠性、安全性、高效性、可管理性等方面要求也很高。其网络应用主要在两个方面:营业部网络和公司后台管理平台。整个系统组成证券的业务网络和增值服务。

主要要求包括以下几点。

(1) 可靠性、不停机:要求系统有冗余和备份系统,故障恢复迅速。

(2) 高效性:在营业厅行情好、用户数量较多、数据流量井喷的情况下,不容许出现网络断网、网络阻塞、网络流量出现瓶颈的情况。

(3) 安全型:保证数据在各环节的安全,防止数据被修改和截取,防止计算机病毒侵害以及外部攻击。

(4) 可管理型:保证系统的良好运行、网络易于管理。

9.4.2　网络建设方案设计

目前,网络主干技术有快速以太网、FDDI、ATM 和千兆位以太网等。其中千兆位以太网是从以太网和快速以太网发展而来的局域网技术,它采用与以太网相同的原理,具有和以太网相同的帧格式及管理方式,并具有性能高、成本低及易于维护等特点。千兆位以太网提高了带宽,能通过交换机进行扩展,可使用新的协议,如带宽预留协议(RSVP)等,其 VLAN 标准能为网络中的数据包提供明确的优先级信息。此外,千兆位以太网使用了先进的视频压缩技术,使图像和多媒体数据的高效传输成为可能。证券公司一般下设许多营业厅,因此公司设有总部和营业厅,它们之间有广域网连接要求。

1. 网络设计和设备选型

网络的可靠性和稳定性是极为重要的,特别是像证券公司这样的金融机构,一旦网络系统崩溃,损失会很大。这套方案中证券总部选择双主干互备。核心采用两台高性能的 Catalyst 6500 系列交换机,以 GEC 构造 4 万兆级主干,能够负担大量的数据传输要求。它们之间通过两条 1 000Base 通道互连,提供高达 4 Gbit/s 的总通道带宽,各个服务器通过两块网卡分别连入两台 Catalyst 6500 交换机,主干路由器 Cisco 7507 也通过快速以太网端口接入 Catalyst 7000 交换机。当一条网络链路出现故障时,网络系统会自动切换至另一条链路,这样整个网络就有了一个可靠、高效与可管理的中心,证券公司总部网络拓扑如图 9-3 所示。

2. 与各营业厅广域网连接方式与备份

采用 Cisco 7507 路由器作为广域网络主干路由设备,其 E0 口接主机房内部网络。Cisco 7507 路由器的 MIB 模块可接带宽为 2 Mbit/s 的光纤设备,目前分配了十余个时隙,每个时隙带宽为 64 kbit/s,采用 DDN 方式和其他各营业部相连。Cisco 7507 路由器的 16 个高速串口接主机。

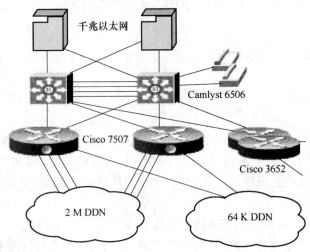

图 9-3 证券公司总部网络拓扑

公司通讯网络第二层和第三层分别是各分支机构机房和下属各营业部机房,通过 DDN 专线相互连通;分支机构配有 Cisco 2522 路由器。

备份网独立于通信主干网,采用二级结构,拨号备份。主机房配备若干台 Cisco 2511 作为拨入设备。分支机构 Cisco 2522 路由器的 AUX 端口作为路由拨号端口外接 Modem。当双向卫星通信中断后,路由器自动切换到 AUX 端口进行拨号,拨入主机房 Cisco 2511 路由器恢复通信。

各营业厅网络拓扑如图 9-4 所示。

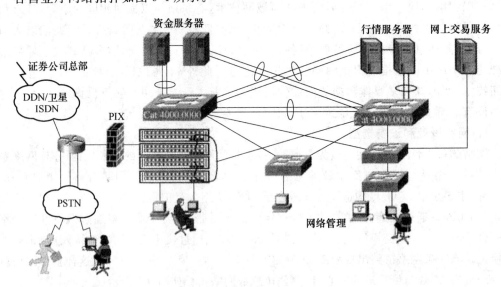

图 9-4 营业厅网络拓扑

3. 安全性与可靠性

通过在网络设备上设置权限列表,不同 IP 网段的用户可以访问对方特定的网段或主机,但是拒绝这些用户对整个系统网段和主机的访问。更重要的是利用 AccessList Control,不仅可以对不同端口进行不同的访问控制,同时还可以对不同的应用使用不同的 TCP 端口进行分类控制。例如,在同一台管理信息系统主机上,同时运行电子邮件应用和 WWW 应用,通过在路由器上设置控制表,可以控制其他用户只能访问电子邮件应用,而不能访问 WWW 应用。

4. 网络管理

证券公司网络系统相当庞大而且复杂,因此在网络应用中采用强大而全面的网络管理系统显得愈加重要。网络管理系统应该直观、动态显示设备的工作状态和利用效率,具有图形操作界面,并支持网络自动报警、故障诊断、在线升级和维护等功能。

为了实现对网络系统的统一管理,本方案选择 Cisco Works 2000 作为网络管理工具,Cisco Works 2000 可探测网络设备的型号、软件版本、图像类型以及所安装接口的数目和类型。这些信息自动放置在配置文件中。利用 Show Commands 命令能够快速查看有关路由选择设备的系统和协议的详细信息,同时允许机房管理员集中分布和管理互连网络上的路由器软件,因而降低了升级费用。Cisco Works 2000 为所有 Cisco IOS 软件提供中央存储区,无需执行乏味的人工管理工作,使机房管理员能够快速和方便地查找到想升级的路由器,自动跟踪网络上运行的软件版本。

该网管软件可收集以前的网络数据,以便对性能趋势和通信量模式进行脱机分析。集成的 Sybase SQL 关系数据库服务器存储指定的 SNMP MIB 变量,包括字节数和包总数等,可以从中建立查询并生成有关的统计图形。

此外,通过使用 Cisco Works 2000 还建立了授权检查程序,以保护被选定的 Cisco Works 2000 应用程序和网络设备不接受非授权个人的访问。这种保护措施可以保证只有具有合法账户和口令的用户与工作组才能执行配置路由器、删除数据库设备信息以及确定存储程序等功能。

方案总结:文中给出的是针对证券营业部需求的具体解决方案案例。方案从网络设备、链路、服务器网卡方面进行了容错设计,采用带宽聚合、Uplink Fast、MAC 地址限制等独特技术,达到了证券营业业务对网络提出的高可靠性、高实时性和高安全性要求。

习 题 九

一、简答题

1. 网络的安全性主要包括哪些方面?
2. 网络操作系统选型时应遵从什么原则?
3. 网络规划的主要步骤有哪些?
4. 交换机的主要指标有哪些?
5. IP 地址的分配原则是什么?
6. 局域网接入 Internet 时,主要考虑哪些方面的内容?
7. 选择路由器的基本原则是什么?
8. 网络安全设计应遵循什么原则?

参 考 文 献

[1] 卓文. 计算机网络基础. 北京:电子科技大学出版社,2009.

[2] 徐亮. 计算机网络基础 . 天津:天津大学出版社,2009.

[3] 甘刚. 网络设备配置与管理. 北京:人民邮电出版社,2011.

[4] 李飞. 网络设备配置与管理. 西安:西安电子科技大学出版社,2008.

[5] 金刚善,包英捷,等. 局域网组建和治理入门与提高. 北京:人民邮电出版社,2004.

[6] Stevens W. R. TCP/IP 详解. 范建华,陆雪莲,胡谷雨,等,译.北京:机械工业出版社,2007.